Henning Beck
Besser denken

Henning Beck

BESSER DENKEN

Fokussieren, verstehen, entscheiden –
Der neueste Stand der Wissenschaft

Econ

MIX
Papier | Fördert gute Waldnutzung
FSC
www.fsc.org
FSC® C014496

PRODUZIERT MIT VERANTWORTUNG

Econ ist ein Verlag
der Ullstein Buchverlage GmbH

ISBN: 978-3-430-21207-6
2. Auflage 2025

Bei Fragen zur Produktsicherheit wenden Sie sich bitte an
produktsicherheit@ullstein.de
Gesetzt aus der Aldus nova Pro
Layout und Satz: LVD GmbH, Berlin
Druck und Bindearbeiten: GGP Media GmbH, Pößneck
Printed in Germany

Inhalt

Vorwort

Es ist brütend heiß, und ich stehe in der staubigen Savanne in Südafrika. Um mich herum trockene Sträucher, ein paar Bäume und sonst nichts. »Steig bloß nicht aus«, hatten sie gewarnt, bevor wir mit unserem Auto in den Nationalpark gefahren sind, um Großwild zu beobachten. Hier gibt es schließlich Löwen, und kein Ranger ist in der Nähe, der im Ernstfall helfen könnte. Aber ich muss mir die Beine vertreten. Und obwohl ich im Umkreis von Hunderten von Metern keinerlei Großkatzen erkennen kann, habe ich ein ungutes Gefühl. Ganz so, wie man es aus populären Erklärungen über unser »Steinzeitgehirn« kennt: wie wir völlig gestresst waren, weil hinter dem nächsten Busch ein Säbelzahntiger lauern könnte.

In diesem Moment wird mir klar: Hier bin ich ein potenzielles Opfer. Ich habe nichts, was mich in dieser feindseligen Welt am Leben halten könnte. Würde man mich in einer Überlebens-Show mitten in der Savanne aussetzen, ich würde keinen Tag durchhalten. Meine Haut ist so hell, dass sie schon nach einem Nachmittag in der afrikanischen Sonne Blasen wirft. Meine Fußsohlen sind butterzart, weil ich ständig gutes Schuhwerk trage. Barfuß hundert Meter über unwegsames Gelände? Vergessen Sie's. Mich blendet Sonne so schnell, dass ich die Augen so fest zusammenkneifen muss, bis ich fast nichts mehr sehe. Ich bin zu empfindlich für diese harte Natur.

Dafür bin ich an das Großstadtleben in Deutschland so

gut angepasst wie ein Löwe an seine Savanne: Ich bewege mich zielsicher und ohne aufzuschauen durchs Gewirr aus U- und S-Bahnen, nehme blinkende Werbeanzeigen kaum noch wahr und tippe nebenbei Nachrichten an Verwandte im europäischen Ausland. Auf der linken Spur der Autobahn bewege ich mich traumwandlerisch sicher. Das ist mein natürliches Habitat, nicht das Buschland in Afrika. Und wenn ich auf all meinen Reisen dorthin eines gelernt habe, dann, wie gnadenlos die Natur sein kann. In meiner Erinnerung sind die Mücken dort fingergroß, das Gestrüpp so scharf wie Rasierklingen und die Sonne so erbarmungslos, als würde ich unter einem Brennglas stehen. Ich bin nicht gemacht für diese wunderschönen Gegenden, in denen Menschen schon als Vegetarier gelten, wenn sie nur Hühnchen essen.

In dem Moment, als ich neben meinem Auto in der Steppe stand, begriff ich zum ersten Mal wirklich, was es bedeutet, ein Gehirn zu haben. Ich hatte nichts, womit ich mich gegen einen Löwen hätte verteidigen können – außer meinem Gehirn. Anderthalb Kilogramm Fett und Eiweiß, clever in Wasser verwoben, reichen aus, um die Welt zu beherrschen. Dass ich besser denken konnte als ein Löwe, war mein Vorteil: Ich stieg wieder ins Auto, ein Produkt jahrtausendelanger menschlicher Erfindungskraft, drückte das Gaspedal und verfügte über die Leistung von 120 Pferden. Heute mache ich Selfies mit dem König der Tiere hinter Panzerglas im Frankfurter Zoo. 20 Watt Denkleistung sind genug, um vom potenziellen Opfer zum Herrscher zu werden. Das ist lächerlich wenig. Mein Backofen hat 2.000 Watt. Aber der denkt nicht hundertmal so gut wie ich. Denke ich zumindest.

Unsere Anpassungsfähigkeit verdanken wir unserem Denken. Das ist unser Erfolgsmodell: Wer besser denkt, ist überlegen: Er kann andere austricksen, ihnen Fallen stellen oder mit ihnen kooperieren. Alle Säugetiere haben Emotionen und bauen Sozialsysteme auf. Doch unser Erfolgsrezept ist nicht, besser zu fühlen, sondern besser zu denken: zu planen, zu kooperieren, zu verstehen, zu lernen und sich zu hinterfragen.

Die Geschichte der Menschheit ist deswegen auch eine Geschichte der Optimierung des Denkens. Praktisch alle bahnbrechenden Erfindungen führten dazu, das Denken zu erleichtern: die Schrift, der Buchdruck, Taschenrechner, Computer, das Internet. Ständig lagerten wir Denkfähigkeiten aus, um uns Freiraum für noch mehr Nachdenken und neue Ideen zu schaffen. Genau diese Entwicklung hat dazu geführt, dass wir heute so denken müssen wie nie zuvor.

Meine Mutter lernte noch Stenografie und rechnete mit Logarithmentafeln, mein Vater musste mit dem Rechenschieber arbeiten – Fähigkeiten, die heute niemand mehr braucht. Früher bestand ein großes Problem darin, überhaupt an Informationen zu kommen und diese dann nicht mehr zu vergessen. Kein Wunder, dass ich in der Schule Gedichte auswendig lernen musste. Das schulte nämlich (unter anderem) meine Fähigkeit, Informationen zu behalten. Heute wäre es undenkbar, alle wichtigen Informationen zu memorieren. Denn mittlerweile besteht das größte Problem nicht im Erlangen von Informationen, sondern im Sortieren und Priorisieren. Andernfalls drohen wir, in der Flut von Nachrichten unterzugehen.

Seit zwei Millionen Jahren muss der Mensch sein Denken immer wieder an neue Bedingungen anpassen. Und genau deswegen erleben wir heute, wie sehr unser Verstand an seine Grenzen stößt: Neue Medien überfluten uns mit Informationen, deren Menge sich alle drei Jahre verdoppelt. Wir verlieren den Überblick in einer immer komplexer werdenden Welt, wir haben das Gefühl, dass die Zeit zu rasen scheint, wir werden vergesslich, können schlecht abschalten oder uns nur schwer konzentrieren. Und als wäre das alles nicht genug, steht aktuell die größte Kränkung der Menschheitsgeschichte vor der Tür: künstliche Intelligenz, die uns endgültig vom Thron zu stoßen droht. Nach Kopernikus sind wir nicht mehr der Mittelpunkt des Universums, nach Darwin nicht mehr die Krone der Schöpfung – und nun verlieren wir im Angesicht neuer intelligenter Technologien auch noch unser letztes Alleinstellungsmerkmal: am besten denken zu können. Was soll aus uns werden, wenn wir nicht mehr die Cleversten auf diesem Planeten sind?

Auf den nächsten Seiten lade ich Sie ein, Ihr Denken fit zu machen für die Herausforderungen unserer Zeit. Ein Crashkurs in den wichtigsten »Waffengattungen« des menschlichen Denkens, damit Sie auch in Zukunft noch kraftvoll nachdenken können. Ich möchte zeigen, welche Denkstärken wir wirklich brauchen, wenn wir in der heutigen Welt unser Gehirn besser nutzen wollen. Denn einige Fähigkeiten von früher sind überflüssig geworden. Deshalb finden Sie in diesem Buch keine Gedächtnistricks, mit denen man sich zwei Telefonnummern mehr merken kann. Viel wichtiger als das Auswendiglernen ist heute das Anwendenkönnen von Informationen. Ich zum Beispiel kenne nicht mal die Telefonnummer meiner Schwester (die ist in meinem Telefon gespeichert). Aber ich weiß, wann und wie ich sie anrufen muss. Das ist viel wichtiger, als wenn es andersrum wäre.

Was sind also die wichtigsten Denktechniken für das 21. Jahrhundert? Für dieses Buch habe ich unzählige Studien analysiert, Publikationen durchforstet und mit klugen Köpfen aus aller Welt gesprochen. Das Ergebnis ist ein kompaktes Destillat des aktuellen Wissens, das ich in neun handliche Kapitel verdichtet habe. Betrachten Sie dieses Buch am besten als eine Art »Rezeptsammlung« fürs Denken. Sie können Kapitel auslassen, vor- oder zurückspringen oder sich gleich auf Denkfähigkeiten konzentrieren, die für Sie am wichtigsten sind.

Im ersten Teil lernen Sie die Grundlagen kennen, um mit der Informationsflut unserer Zeit klarzukommen: Wie behalten Sie die Übersicht? Wie filtern Sie die für Sie wichtigen Infos heraus? Wie konzentrieren Sie sich auf Ihr Problem, planen die nächsten Schritte – und durchbrechen alte Gewohnheiten, um Ihr Denken nachhaltig zu verändern?

Im zweiten Teil geht es um das »Denken für Fortgeschrittene«: Wie lernt man clever und wertet Informationen so aus, dass echte Einsichten entstehen? Wie trifft man gute Entscheidungen, gerade unter Stress und wenn die Widerstände groß sind? Am Ende erfahren Sie die Tricks der »Champions League des Denkens«, einige harte Nüsse, bei denen sich das Knacken wirklich lohnt. Denn sie verschaffen Ihnen einen echten Denkvorsprung: Sie entwickeln ein Gespür dafür, wie Sie Veränderungen nicht nur hinnehmen, sondern aktiv mitgestalten. Wie Sie flexibel denken, Dinge kritisch erfassen und sich nicht von KI die Butter vom Brot nehmen lassen. All das mit dem Ziel, auch in Zukunft noch auf kluge Ideen zu kommen und Probleme auf neue Weise zu lösen.

All diese Denkfähigkeiten sind nicht neu. Schon als die Menschheit in Afrika ihren Anfang nahm, waren diese Möglichkeiten im Gehirn angelegt. Dass wir heute mit einem »Steinzeithirn« durch die Welt laufen (und ebendieses »steinzeitliche Denken« die Ursache für unsere Probleme sei), halte ich allerdings für ein Gerücht. Ich drehe den Spieß gerne um: An unserem Gehirn hat sich seit der späten Steinzeit anatomisch nicht allzu viel getan. Wahrscheinlich könnte man Ötzi rasieren, ihm einen Anzug verpassen – und er würde heute in keinem Meeting besonders auffallen. Denn das eigentlich Beeindruckende am menschlichen Gehirn ist nicht seine ursprüngliche Ausstattung, sondern seine Anpassungsfähigkeit. Ob Sie vor 5.000 Jahren im Allgäu, heute in New York City oder in 300 Jahren auf dem

Mars geboren werden, Ihr Gehirn wird klarkommen – wenn Sie wissen, wie Sie es clever nutzen.

Was sich geändert hat, sind die Herausforderungen. In diesem Buch erfahren Sie, welches geistige Rüstzeug man heute braucht, um diese zu meistern und auch in Zukunft besser zu denken. Denn völlig egal, wie diese Zukunft aussehen wird: Es werden Menschen sein, die sie gestalten. Menschen, die besser denken als je zuvor.

KONZENTRATION & FOKUS 1

Wie Sie die Informationsflut bändigen und Ablenkungen vermeiden

»Wahrscheinlich erwarten Sie hier ein schlaues Zitat. Doch tatsächlich zeigen diese Zeilen nur, wie gut man Ihre Aufmerksamkeit steuern kann, wenn man unerwartete Informationen zielgenau platziert.«

Henning Beck

Vor ziemlich genau 25 Jahren bekam ich mein erstes Handy. Es war zwar so groß wie zwei Fäuste, sein Display hatte allerdings nur zwei Zeilen. Eine Kurznachricht zu verschicken kostete umgerechnet 20 Cent, dafür hatte man aber auch ganze 160 Zeichen Platz. Was für ein großartiges Gefühl von Freiheit.

Was waren die frühen 2000er-Jahre beseelt von der Hoffnung, dass nun das Zeitalter des mündigen Menschen anbrechen würde. Praktisch die gesamte Menschheitsgeschichte kämpfte man damit, an Informationen zu kommen. Menschen wurden manipuliert, indem man ihnen wichtige Informationen vorenthielt oder gezielt Informationen streute. Doch dieses Zeitalter schien nun vorbei. Erstmals konnte man nicht nur jederzeit mit Freunden kommunizieren, sondern dank des aufkommenden Internets in Sekundenschnelle auf Informationen zugreifen, für die man früher stundenlang Bücher wälzen musste.

Die Zukunft war verheißungsvoll: Wenn Wissen nun endlich kostenlos und frei verfügbar wäre, würden die Menschen zunächst klüger werden und später besser handeln können. So sah es zumindest Bill Clinton, der damalige US-Präsident, als er Ende 1999 über die Zukunft digitaler Medien sprach: »Zusammen haben wir die Macht, darüber zu bestimmen, was das Internet sein soll. Ein Instrument der Mitwirkung, der Bildung, der Aufklärung, des wirtschaftlichen Fortschritts und der Bildung von Gemeinschaften.«[1]

Damals glaubte man, das größte Problem bestünde darin, die »digitale Kluft« zwischen Menschen mit Internetzugang und Menschen ohne Internetzugang zu überwinden. Sobald alle Menschen Zugang zu digitalen Informationen hätten, wäre der wichtigste Schritt getan, um besseres Denken zu fördern. Was für ein Irrtum. 2021 wertete man über 3,7 Milliarden Smartphone-Interaktionen von mehr als 15 Millionen Personen in Frankreich über einen Zeitraum von anderthalb Monaten aus. Das Ergebnis: Je ungebildeter die Menschen waren, desto häufiger schauten sie banale Videos oder scrollten stundenlang durch Social Media – je höher der Bildungsabschluss und das Vermögen der Personen waren, desto eher wurden auf dem Smartphone Nachrichten gelesen, Informationen gesucht oder E-Mails verschickt. Tatsächlich ließ sich allein anhand des digitalen Nutzungsverhaltens feststellen, wie hoch der Bildungsstand und wie ausgeprägt die soziale Ungleichheit in bestimmten Regionen war.[2] Gib den Menschen Zugang zum Internet, und sie werden besser denken? Eine naive Vorstellung.

Wer hätte vor 25 Jahren gedacht, dass das größte Problem unserer Zeit nicht darin besteht, Zugang zu Informationen zu bekommen, sondern sich gegen einen Overkill an Informationen zu verteidigen? Menschen werden nicht frei, nur weil man ihnen uneingeschränkten Zugang zu Informationen gewährt. Im Gegenteil: Menschen können ebenso in ihrer Denkfreiheit eingeschränkt sein, wenn sie von einer Flut an Nachrichten, Bildern, Videos, Meldungen so überfordert werden, dass sie nicht mehr in der Lage sind, das

Wesentliche zu erkennen. Man muss nur das Falsche oft genug wiederholen, dann glaubt man selbst den größten Unsinn.[3] »*Flood the zone with shit*«, »Überflute die Nachrichtenwelt mit Schwachsinn«, so die Parole von Steve Bannon, dem früheren Medienstrategen von Donald Trump.[4] Sie steht für ein Konzept, das über parteipolitische Grenzen hinaus die größte Herausforderung unserer Zeit beschreibt: Je mehr Informationen man verarbeiten muss, desto wahrscheinlicher ist es, dass man irgendwann darunter kollabiert.

Hinzu kommt: Das menschliche Denken ist im Grunde nicht dafür geeignet, eine Vielzahl an Informationen gleichzeitig zu verarbeiten. Im Gegenteil. Was wir besonders gut beherrschen, ist die Ablenkung. Je größer das Angebot an medialen Inhalten, desto leichter lassen wir uns davon vereinnahmen. Unser Gehirn, über Jahrtausende auf geistige Unterversorgung eingestellt und deswegen gierig nach jeder neuen Information, findet sich nun plötzlich im digitalen Schlaraffenland wieder. Wie ein Kind in einer Schokoladenfabrik stürzen wir uns – selbst als Erwachsene – in diese Welt des medialen Überflusses. Kein Wunder, dass wir dabei die Selbstbeherrschung verlieren.

Es sind nicht allein die allseits verfügbaren Geräte, die uns ablenken, wir selbst sind das Problem. Knapp 90 Prozent der Smartphone-Nutzung gehen von uns aus.[5] Nicht das vibrierende Telefon oder die aufpoppende Nachricht reißt uns aus den Arbeitsabläufen, sondern wir selbst greifen zum Gerät und unterbrechen uns dabei ständig. Je öfter das passiert, desto häufiger haben wir geistige Aussetzer, erinnern uns schlechter und beenden unsere Aufgaben nicht, weil wir gedanklich nicht bei der Sache sind.[6] Paradoxerweise greifen wir gerade deshalb öfter zum Smartphone, weil wir uns schlechter konzentrieren können, woraufhin wir uns noch schlechter konzentrieren können. Ein Teufelskreis.

Mehr als die Hälfte aller Beschäftigten betrachtet Smartphones als den größten Produktivitätskiller bei der Arbeit.[7] Laut einer Umfrage des Marktforschungsunternehmens Screen Education verbringen Angestellte pro Tag etwa zwei Stunden damit, private Nachrichten zu durchstöbern, online zu shoppen oder auf Social Media zu verweilen.[8] Das ist natürlich nichts im Vergleich zum Smartphone-Gebrauch der 16- bis 18-Jährigen. Diese sind im Durchschnitt fast fünf Stunden pro Tag am Handy.[9] Und da sind die ganzen heimlichen Nutzungen während des Unterrichts noch gar nicht eingerechnet.

Vielleicht haben Sie Glück, dieses Buch in gedruckter Form zu lesen. Dann entgehen Sie zumindest der ständigen Versuchung, am Bildschirm zu einer anderen Aufgabe zu wechseln. Tatsächlich unterbrechen Menschen ihre Bildschirmarbeit alle vierzig Sekunden, weil sie dort anderweitig abgelenkt werden oder selbst aktiv nach Zerstreuung suchen.[10] Die Kosten dieser ständigen Unterbrechungen sind gewaltig: So schätzt man den volkswirtschaftlichen Schaden durch Unterbrechungen, Ablenkungen und überflüssige Meetings allein in Deutschland auf fast 60 Milliarden Euro.[11]

Die größte geistige Herausforderung unserer Zeit ist es deswegen, die Informationsflut zu bändigen und Ablenkungen konsequent zu vermeiden. Die schlechte Nachricht an dieser Stelle: Vergessen Sie es, das wird nicht funktionieren! Ihr Gehirn ist keine Maschine, die sich nach Belieben programmieren lässt. Wenn Sie versuchen, ständig fokussiert zu sein, werden Sie nur eines sein: enttäuscht. Ich kenne Menschen, die sich seit zehn Jahren jedes neue Buch besorgen, in dem erklärt wird, wie sie (nun aber endgültig!) dauerhaft konzentriert sind. Und trotzdem schaffen sie es nicht, weil die Versuchung, nach dem Smartphone zu greifen, größer ist als der Wille, konzentriert zu bleiben.

Der Schlüssel liegt nicht darin, dass wir Ablenkungen krampfhaft vermeiden, sondern darin, dass wir akzeptieren, dass Ablenkungen dazugehören, wenn wir uns auf die wichtigen Sachen konzentrieren wollen. Werfen wir also einen Blick hinter die Kulissen des Gehirns: Warum fällt es uns so schwer, dauerhaft konzentriert zu bleiben? Was sind die größten digitalen Verführungen zur Ablenkung? Und was sollten wir tun, um uns in einer Welt vor Ablenkungen dennoch klug (und manchmal konzentriert) zu verhalten?

Die Schwäche des Gehirns

Henning Beck aus Frankfurt wettet, dass Sie, verehrte Leserin, verehrter Leser, es nicht schaffen, dieses Kapitel am Stück zu lesen, ohne dabei nicht ein einziges Mal abgelenkt oder unterbrochen zu werden. Topp, die Wette gilt!

Was mich so sicher macht, gegen Ihre Willenskraft anzutreten? Ich habe die Wissenschaft auf meiner Seite. Dieses Kapitel umfasst nämlich etwa 7.300 Wörter. Wenn Sie die Pubertät hinter sich gelassen haben, beträgt Ihre Lesegeschwindigkeit etwa 250 Wörter pro Minute. Sie brauchen also etwa 30 Minuten, um dieses Kapitel zu Ende zu lesen. Wenn Sie sich deswegen fragen, warum ich in praktisch allen meinen Büchern meine Kapitel auf diese Maximallänge bringe: Das tue ich mit Absicht. Denn das ist in etwa die Höchstdauer, die Menschen beim Lesen aufbringen können, um sich auf ein Thema zu konzentrieren.

Während Sie lesen, unterliegen Sie permanent der Versuchung, gedanklich abzuschweifen oder von äußeren Einflüssen unterbrochen zu werden. Denn natürlich ist das Gehirn nicht am Stück 30 Minuten gleich gut konzentriert, sondern denkt in Etappen. So beträgt die mittlere Aufmerksamkeitsspanne von Erwachsenen gute 70 Sekunden und, wenn Sie das 65. Lebensjahr hinter sich gelassen haben, noch etwa 60 Sekunden.[12] Sprich: Jede Minute muss man gedanklich kurz innehalten, um dem Impuls nach Ablenkung zu widerstehen. Das ist ziemlich genau jetzt der Fall, denn in diesem Unterkapitel haben Sie bisher 210 Wörter gelesen.

In dieser Sekunde halten Sie gedanklich also kurz inne. Sie verschnaufen einen Moment, um nun (hoffentlich unabgelenkt) weiterzulesen.

Sie merken schon, es fällt nicht ganz so leicht, dauerhaft konzentriert zu sein. Der Grund: Unser Gehirn ist fortwährend auf der Suche nach Neuem. Dabei hat es ein Problem: Es gibt sehr viel Neues. Ständig werden wir von Sinnesreizen stimuliert, von denen natürlich nur ein Bruchteil wirklich relevant ist. Um dabei nicht die Übersicht zu verlieren, ist es entscheidend, die unwichtigen Reize rauszufiltern. Dabei nutzt das Gehirn einen Trick.

Der Türsteher des Gehirns

Wer in einen beliebten Club möchte, kennt das Problem: Man muss am Türsteher vorbei. Gäbe es diese Einlasskontrolle nicht, wäre der Club schnell überfüllt, Chaos bräche aus. Ganz ähnlich funktioniert unser Gehirn: Kontinuierlich wird es mit Sinnesreizen konfrontiert, die potenziell alle ins Bewusstsein vorstoßen könnten. Würde das unkontrolliert passieren, würden wir die Übersicht verlieren. Wir wären kognitiv verloren in einem heillosen Durcheinander aus unbedeutenden Informationen.

Auch wir haben deswegen einen »Türsteher« im Gehirn: den Thalamus. Getreu seines Namens (griech. *thalamos* bedeutet so viel wie »Raum«) ist er gewissermaßen das »Vorzimmer zum Großhirn«. Bevor ein Sinnesreiz ins Bewusstsein vorstoßen darf, muss er erst am Thalamus vorbei (einzige Ausnahme ist der Geruchssinn). Nun ist der Thalamus recht wählerisch und blockt die allermeisten Sinnesreize ab. Sie lesen beispielsweise gerade dieses Buch. Sehr wahrscheinlich tragen Sie Kleidung. Aber Sie achten in aller Regel nicht darauf, wie sich Ihre Hose anfühlt. Kurzum: Die allermeisten Sinnesreize nehmen wir nicht wahr, weil sie es gar nicht ins Bewusstsein schaffen.

Andererseits ist es offenbar möglich, die Durchlässigkeit des Sinnesfilters zu beeinflussen. Ganz so, als würde der Türsteher die Order bekommen, doch einen bestimmten Typ von Gästen bevorzugt in den Club zu lassen. Im Gehirn wird diese Order vom sogenannten Kontrollnetzwerk ausgesprochen – einer Region, die vor allem im vorderen Bereich Ihres Gehirns liegt. Indem Sie sich also bewusst vornehmen, auf etwas zu achten, können Sie diesen Sinnesreizen einen bevorzugten Zugang gewähren. Haben Sie zum Beispiel gerade Schuhe an? Eine Brille auf der Nase? Einen Ring am Finger? Spüren Sie, wie Sie das Buch in den Händen halten? Jetzt tun Sie das, aber bis vor ein paar Sekunden hatten Sie diese Empfindungen schlicht ausgeblendet.

Im Grunde scannt unser Gehirn die ganze Zeit unsere Umgebung, ob uns nicht doch ein bedeutender Sinnesreiz durch die Lappen geht. Ganz ähnlich wie ein Radar, das etwa alle zwei Sekunden einmal die komplette Umgebung erfasst. Im Gehirn läuft dieser Scan-Vorgang deutlich schneller ab: etwa fünfmal pro Sekunde überprüft das Gehirn die Umgebung nach potenziell spannenden Reizen[13] – so kann unser Sinnesfilter angepasst werden. Kurzum: Nicht die Ablenkung entscheidet, ob uns etwas ablenkt, sondern unser Gehirn.

Wie sich Informationen ins Gehirn drängeln

Aufmerksamkeit und Konzentration sind nicht dasselbe. Aufmerksam sind Sie in den allermeisten Fällen, wenn Sie wach sind. Ihr Gehirn scannt permanent, ob es interessanten Reizen den Zutritt zum Bewusstsein gewährt, und gleicht dafür die Aufgabe, die Sie gerade bearbeiten, mit den eintreffenden Sinnesreizen ab. Das ist Aufmerksamkeit. Konzentration hingegen ist die Fähigkeit, unerwünschte Störreize aktiv auszublenden, damit man sich einer bestimmten Aufgabe (und zwar nur dieser) widmen kann.

Es gibt zwei Gründe, weshalb wir in einem konzentrierten Zustand abgelenkt werden. Erstens, wenn Informationen neuartig sind. Wenn Sie stundenlang dieselben Klamotten anhaben, spüren Sie diese nicht mehr. Aber sobald Sie einen Stein im Schuh haben, fällt er Ihnen auf. Denn die Situation hat sich geändert. Der Fachbegriff für diese hervorstechende Neuartigkeit lautet »Salienz« (also Auffälligkeit). Sie erkennen die Gesichter Ihrer Freunde und Verwandten in einer Gruppe besonders leicht, achten auf rote Signalfarben oder schrecken hoch, wenn eine Spinne über den Boden krabbelt. Im Gehirn übernimmt ein separates Nervennetzwerk, das Salienz-Netzwerk, die wichtige Aufgabe, solche neuartigen Reize zu bewerten. Sobald ein Reiz besonders auffällig ist, wird er vom Salienz-Netzwerk erkannt, ans Kontrollnetzwerk weitergeleitet und schließlich dem Thalamus die Order erteilt, diesen hervorstechenden Sinnesreiz durchzulassen.

Es gibt noch ein zweites Kriterium, das Reize besonders ablenkend macht: die Aussicht auf eine Belohnung. Sobald wir erwarten, dass wir durch eine Information belohnt werden, suchen wir aktiv danach. Wenn Sie denken, dass Ihr Beitrag auf Social Media viele Likes bekommen könnte, greifen Sie aktiv zum Smartphone, um das zu überprüfen. Oder wenn Sie eine Nachricht auf WhatsApp verschickt haben, wollen Sie sehen, ob die andere Person sie schon gelesen hat – und nehmen deswegen das Handy von sich aus zur Hand.

Ich fasse zusammen: Unsere Konzentration, also die

Fähigkeit, unsere Sinnesfilter scharf zu stellen, wird von drei Arealen beeinflusst. Das Kontrollnetzwerk scannt permanent nach potenziell interessanten Sinnesreizen. Das Salienz-Netzwerk achtet vor allem auf Auffälligkeiten in unserem Umfeld. Belohnungsareale erzeugen eine Erwartungshaltung, wenn wir uns potenziell angenehmen Informationen zuwenden. Das eigentliche Problem ist jedoch: Alle drei Areale werden durch moderne Ablenkungsindustrien gekapert. Und genau darin liegt der Kern unserer Konzentrationsschwäche.

Problem 1: Wir suchen, ohne zu finden

Das Problem digitaler (und sozialer) Medien liegt nicht unbedingt im Inhalt. Sondern darin, dass sie nichts bieten, worauf man am Ende stolz sein könnte. Fast alles in unserem Leben hat ein Ziel, einen Abschluss, bei dessen Erreichen man sich rühmen kann, etwas geschafft zu haben. Bei Social Media ist das anders. Man scrollt durch unerschöpfliche Feeds, vergisst darüber die Zeit und fragt sich schließlich: Was habe ich erreicht? Ich kann es Ihnen sagen: gar nichts.

In den 1990ern habe ich Computerspiele gespielt – stundenlang. Und dennoch besteht ein Unterschied zur allgegenwärtigen Zerstreuung durch digitale Medien: Computerspiele hatten damals ein Ende. Wenn man nach fünf Stunden »Civilization 2« endlich den Weltraum besiedelt hatte, war man geschafft, aber glücklich. Warum? Weil unsere Belohnungsareale nur dann aktiv werden, wenn wir etwas erreichen (am besten mehr als erwartet). Sprich: Dinge, die kein Ende haben, können nicht glücklich machen.

Dieses Buch hat eine letzte Seite. Wenn Sie es weglegen, können Sie es zu den anderen Büchern ins Regal stellen, die zeigen, welche geistigen Errungenschaften Sie bereits angehäuft haben. So wird jedes gelesene Buch zum sichtbaren Fortschritt Ihrer geistigen Verbesserung. Nur deswegen konnte die Bücherwand einst zum Statussymbol des Bildungsbürgertums werden.

Musikalben haben einen letzten Song. Filme eine letzte Szene. Fernsehserien eine letzte Folge. Das macht sie wertvoll. Deswegen hat man früher Musikalben, CDs oder DVDs für alle sichtbar im Wohnzimmer präsentiert. Heute leben wir in einer Welt ohne Abschluss – ohne Letztes. Es gibt kein letztes Video, das Sie auf TikTok anschauen können. Es gibt auch keine letzte E-Mail, keinen letzten Post auf Instagram, kein letztes Lied auf Spotify. Denn das ist das Prinzip: Wer niemals fertig ist, macht immer weiter – weil es kein Ankommen gibt.

Niemand prahlt damit, wie viele Videos er online geschaut hat. »Wow, gestern habe ich ganze 500 Videos auf Instagram geschafft« – ein selten vorgetragener Beweis der eigenen geistigen Fähigkeit. Denn es ist keine Leistung, sich dauerhaft berieseln zu lassen. Man scrollt ewig durch endlose Reels, um doch am Ende nirgendwo anzukommen. Ein Leben ohne Selbstwirksamkeit.

»Zwinge den Nutzer nicht, nach mehr Inhalten zu fragen. Gib sie ihm einfach«, schrieb Aza Raskin 2006[14] – und stellte dann seine Designlösung für die Suchmaschine der Zukunft vor: das Endlosscrollen. Was so elegant und harmlos daherkommt, hat den Erfolg von Social Media überhaupt erst ermöglicht. Früher bestanden Internetseiten tatsächlich aus einzelnen Seiten. Wie in einem Bilderbuch blätterte man sich durch die Fotos, Texte und Menüs. Klick für Klick. Wie umständlich! Aza Raskin hingegen ließ sich von Google Maps inspirieren. Dort konnte man sich schon immer durch die Karten bewegen, ohne Umblättern. Google Maps ist bis heute endlich, aber zugleich grenzenlos. Man kann immer weitersuchen. Genau dieses Prinzip prägt nun heute große

Teile unserer Medienwelt. Indem man Menschen dorthin führt, wo es keine Grenze des Konsums mehr gibt, macht man sie zu Dauerkonsumenten. Wir sind zu ewig Suchenden geworden – aber wir finden nie etwas.

Das liegt daran, dass die Inhalte von Social Media eben nicht sättigen sollen. Man bleibt in dem seltsamen Zwischenzustand, etwas zu konsumieren, ohne jemals eine echte Befriedigung zu erhalten. Interessanterweise ist das sogar messbar. Als man 2021 untersuchte, warum junge Menschen besonders gerne zu Social Media greifen, kam heraus: Nicht das gute Gefühl, das sie durch die Nutzung bekommen, ist entscheidend, sondern die Hoffnung, dass es ein gutes Gefühl werden *könnte.*[15] Anders gesagt: Es liegt im Interesse digitaler Plattformen, dass sie niemals ein gutes Gefühl vermitteln. Stattdessen zielen sie darauf ab, dass wir immer weiter hoffen. Hoffende Menschen sind viel bessere Konsumenten als glückliche Menschen.

Das bleibt nicht ohne Folgen. In einer repräsentativen US-Umfrage vom Marktforschungsinstitut The Harris Poll kam Ende 2024 heraus:[16] 47 Prozent der 18- bis 27-Jährigen wünschen sich, sie hätten TikTok niemals kennengelernt. 57 Prozent verknüpfen Social Media mit Langeweile. Knapp 60 Prozent möchten, dass der Smartphonegebrauch bis zur Oberstufe (der High School) von den Eltern limitiert wird. Wohlgemerkt: Das sagen die jungen Leute über sich. Ich habe auch noch nie einen Zwanzigjährigen getroffen, der damit angibt, früh mit Social Media begonnen zu haben: »Seht her, ich habe schon mit neun Jahren auf Instagram angefangen.« Wer so etwas sagt, blamiert sich intellektuell – und das völlig zu Recht.

Das Gefühl, dass Social Media bei allem Überfluss irgendwie »leer« wirkt, ist gewollt. Denn genau diese Leere sorgt dafür, dass wir immer wieder zugreifen. Die eigene Leistung wird dabei niemals sichtbar, und man erreicht kein greifbares Ende – was für wunderbare Zutaten, um unser Belohnungszentrum (ich sollte besser sagen: Erwartungszentrum) im Gehirn anzukurbeln. Im Grunde lenkt Social Media nicht ab. Wir sind das Problem: Wir lenken uns selbst ab, weil wir nicht erkennen, dass endlose Inhalte eigentlich bedeutungslos sind. Wenn ich mir unendlich viele Videos anschauen kann, dann verliert das einzelne zwangsläufig an Wert.

Am Ende bleiben wir atemlos, getrieben von ewiger Unrast, auf der Suche nach dem beglückenden Video, dem lustigen Bild, dem spannenden Post, damit wir sagen können: »Prima, jetzt hat es sich gelohnt.« Doch dieser Moment tritt nie ein.

»Wir müssen uns Sisyphos als einen glücklichen Menschen vorstellen«, so Albert Camus 1942. Das war 62 Jahre, bevor Facebook gegründet wurde. Vielleicht würde er seine Meinung heute ändern. So wie Aza Raskin, der mittlerweile zu einem der größten Kritiker von Social Media geworden ist.

Problem 2: Unsere Aufmerksamkeit nutzt sich ab

Neulich schaute ich wieder einmal den Hitchcock-Klassiker *Die Vögel*. Nicht nur, weil er an der wirklich schönen Westküste der USA spielt (übrigens meiner Meinung nach die spektakulärste Küstenstrecke der Welt), sondern auch, weil er ein bahnbrechendes Meisterwerk des Thrillers und Horrors ist. Vögel, die die Herrschaft über die Menschen übernehmen, spektakuläre Kamerafahrten, die einen gruseln lassen, ein heraufziehendes Unheil, das man im Gegensatz zu den Hauptfiguren längst spürt.

Der Film war eine einzige Enttäuschung! Er funktioniert heute nicht mehr. Er ist unfassbar langsam, die Kameraeinstellungen ziehen sich endlos. Es gibt noch nicht mal Filmmusik. Jedes Mal, bevor irgendein nichts ahnender Trottel von einer Möwe attackiert wird, hatte ich längst zum Smartphone gegriffen. Damit bin ich nicht allein. Über 90 Prozent aller Deutschen nutzen das Handy regelmäßig parallel zum Fernsehen.[17] Denn wir sind anderes gewohnt, als es sich Hitchcock in den 1960ern gedacht hat. Mein Gehirn ist durch brutal schnelle Schnitte à la *Jason Bourne* derart hochgepusht, dass ich bei jeder noch so gruseligen Möwe fast einschlafe. Ganze Generationen von Kino-Superhelden haben in meinem Denken vor allem eines hinterlassen: den kaum zu befriedigenden Anspruch nach einer noch spektakuläreren Sequenz.

Im Grunde setzt die Verfügbarkeit von Informationen auf Social Media die Messlatte für unser Gehirn extrem hoch: Unser Salienz-Netzwerk scannt ständig nach neuen und auffälligen Reizen in der Umgebung. Digitale Geräte liefern das im Überfluss. Noch bin ich stolz, dass meine vierjährige Nichte bisher tatsächlich nur eine einzige Fernsehsendung gesehen hat: die *Sendung mit dem Elefanten*. Schauen Sie sich gerne mal an, wie gemütlich und langsam dieser Elefant ist! Ein Leben in Zeitlupe. Was wird mit dem Gehirn meiner Nichte passieren, wenn sie einmal *PAW Patrol* erlebt hat: die populäre Kinder-Trickfilmsendung, in der die Hundehelden in einem blinkenden Feuerwerk aus Bilderreizen über den Bildschirm springen und jedes frühkindliche Salienz-Netzwerk an die Grenzen bringt? Sie wäre nicht das erste Kind, das einem Bilderrausch überlassen wird. Das mit Abstand meistgesehene YouTube-Video ist keineswegs ein Musikclip von Ed Sheeran oder der »Gangnam Style«, sondern der »Baby Shark Dance« – mit knapp 16 Milliarden Aufrufen. Und in den Top 5 der meistgesehenen YouTube-Videos sind vier Kindervideos, die wohl kaum dazu gedacht sind, Kontemplation und Fokus zu fördern. Eine Umfrage der US-

Medienagentur Common Sense Media zeigte im Frühjahr 2025: Ein Viertel der Eltern zeigt ihren Kindern Videos, um sie ruhigzustellen.[18] Unter Vierjährige verbringen im Durchschnitt 61 Minuten pro Tag mit solchen YouTube-Videos – und je niedriger der Bildungsgrad der Eltern, desto mehr Videos werden konsumiert.[19]

Es ist nicht grundsätzlich schlecht, schnell geschnittene oder grelle Videos anzusehen. Doch dabei definiert man »Auffälligkeit« für das Gehirn völlig neu. Oder anders gesagt: Man gewöhnt sich an das Erregungslevel, das durch solche Stimuli ausgelöst wird.[20] Gerade digitale Medien eröffnen einen endlosen Strom an Unterhaltung, der paradoxerweise dazu führt, dass sich Menschen schneller gelangweilt fühlen. Denn die Maßstäbe für spannende Sinnesreize werden immer weiter hochgeschraubt, bis man unweigerlich enttäuscht ist. So wie ich mir keinen Hitchcock-Film mehr anschauen kann, weil ich einfach mehr erwarte als ein Messer in Zeitlupe hinter einem Duschvorhang.

Es ist ein perfides Prinzip: Wie eine Nahrung, die nicht sättigt, sondern immer hungriger macht, erhöhen digitale Medien das Erregungslevel, während sie letztlich nur die Konkurrenz des Banalen bieten. Eine niederländische Studie von 2021 untersuchte, wann Menschen bei ihrer Arbeit besonders häufig zum Smartphone greifen. Das Ergebnis: Je gelangweilter oder mental erschöpfter sie waren, desto öfter griffen sie zum Handy. Doch anstatt mentale Erfrischung oder neue Energie zu tanken, fühlten sich die Studienteilnehmer nach der Nutzung noch gelangweilter als zuvor.[21] Eine repräsentative Untersuchung von Nutzern der Plattform X zeigte 2024: Je öfter sich Menschen auf der Plattform tummelten, desto radikaler wurden sie (das sollte nichts Neues sein) und desto gelangweilter fühlten sie sich.[22] Und am perfidesten finde ich den Effekt, der ebenfalls 2024 gemessen wurde: Je stärker sich Menschen beim Konsum von digitalen Medien langweilen, desto häufiger spulen sie Videos vor, springen zwischen Clips hin und her und werden dabei immer ungeduldiger, um letztlich durch genau dieses Vorspulen und Hin und Her am Ende noch gelangweilter zu sein.[23]

Zahlreiche Studien belegen inzwischen, dass digitale Medien unsere Erwartungshaltung so hochschrauben, dass wir nur enttäuscht und abgestumpft zurückbleiben. Damit schaffen sie sich ihre eigene Kundschaft. Leider ist die Welt kein ständiger »Baby Shark Dance«. Es gibt Momente, in denen wir uns in reizarmen Umgebungen auf etwas konzentrieren müssen. Das halten wir allerdings immer schlechter aus, woraufhin wir als vermeintliches Gegenmittel mehr digitale Medien konsumieren, um dadurch noch ungeduldiger und gelangweilter zu sein. Danke für nichts!

Problem 3: Digitale Medien zerteilen unsere Aufmerksamkeit

Als kleiner Junge habe ich sehr gerne ferngesehen, am liebsten Naturdokumentationen. Ich hatte sogar mein eigenes VHS-Mixtape mit meinen Lieblingssendungen: eine Heinz-Sielmann-Dokumentation über Wale und Delfine, einen Bericht über Polarlichter und die erste große deutsche Forschungsexpedition zum Quastenflosser vor der Küste Ostafrikas. Ich schaute viel Fernsehen – aber wenn ich fertig war, machte ich das Gerät aus und ging aus dem Raum. Damit war der Fernsehkonsum für mich mental erledigt, und ich konnte mich auf etwas Neues stürzen.

Diese Zeiten sind vorbei. So ausgefeilt die Software digitaler Medien auch sein mag, die größte Veränderung liegt im Gerät selbst. Smartphones und Tablets sind klein und mobil und begleiten uns überallhin. Früher war der Fernseher an ein bestimmtes Zimmer gebunden, und Computerspiele wurden am stationären Rechner gespielt. Auf diese Weise hatte man die Kontrolle über das Gerät. Zur Not konnte man einfach weglaufen. Oder leicht Fernsehverbot erteilen, weil das Gerät an einen bestimmten Ort gebunden war.

Die Mediennutzung ist heutzutage vollständig entgrenzt. Man kann praktisch an jedem Ort der Welt sein Telefon benutzen. Pro Jahr fallen 1,8 Millionen Smartphones in britische Toiletten[24] (eine entsprechende Statistik zu deutschen Toilettenpannen konnte ich leider nicht in Erfahrung bringen). Das sollte uns zu denken geben.

Das Design des Geräts und seine ständige Verfügbarkeit fragmentieren unsere Aufmerksamkeit. Wenn es immer und überall greifbar ist, ist man auch ständig bereit, es zu nutzen. Doch das kostet geistige Ressourcen, denn Menschen sind nicht besonders gut darin, schnell zwischen Dingen hin- und herzuspringen. Digitales Multitasking ist ein Mythos und ebenso unsinnig, wie mehrere Fernsehsendungen gleichzeitig schauen zu wollen. Wenn Sie das versuchen, werden Sie feststellen: Erstens wird der Bildschirm kurz schwarz, wenn Sie umschalten. Dasselbe passiert auch, wenn Sie von einem Smartphone aus dem Arbeitsrhythmus gerissen werden. Sprich: Sie werden langsamer. Zweitens: Wenn Sie umgeschaltet haben, müssen Sie sich kurz neu orientieren. Und genau in diesen Momenten passieren Fehler. Diese sogenannten Umschaltkosten sind wissenschaftlich unstrittig.[25]

Es kommt allerdings noch schlimmer: Je öfter Menschen ihren Fokus verlieren und abgelenkt werden, desto schwerer fällt es ihnen, sich wieder zu konzentrieren. Allerdings nur dann, wenn die Ablenkung digital erfolgt. Wird die Aufmerksamkeit hingegen durch ein gedrucktes Magazin unterbrochen, hat dies keinen nachteiligen Effekt.[26] Tatsächlich ist sogar messbar, dass sich das Gehirn durch häufiges Multitasking strukturell verändert – und zwar nimmt genau in den Regionen des Salienz-Netzwerks die Dichte der Nervenzellen ab.[27] Damit zeigt sich erneut: Digitale Medien schaffen sich ihre Nutzergruppe selbst. Sie verleiten durch ihre Allverfügbarkeit zur Unterbrechung von Tätigkeiten, was dazu führt, dass Menschen ihre Konzentrationsfähigkeit verlieren und dadurch noch öfter zum Gerät greifen.

Tragbare Geräte rauben uns nicht nur den Ort des geistigen Abschaltens und zerschneiden unseren Arbeitsrhythmus, sie sind auch inhaltlich zersplittert. Alle bisherigen Medien, die Menschen hervorgebracht haben, hatten einen inneren Zusammenhang, eine Struktur. Jemand hat sich Gedanken gemacht, wie Informationen präsentiert werden sollen. Dieses Buch etwa folgt einer erzählerischen Linie – genauso wie dieses Buchkapitel. Radioprogramme, Zeitungen, Fernsehsendungen, sogar Musikalben oder Kinofilme werden (noch) von Menschen kuratiert. Sie besitzen einen roten Faden, damit die Inhalte nicht komplett beliebig nebeneinanderstehen. Erst diese Struktur ermöglicht es, dass Dinge einen Sinn ergeben.

Mit digitalen Medien hat sich das geändert. Obwohl man von sozialen »Netzwerken« spricht, sind die dort angebotenen Inhalte gänzlich zusammenhangslos. Direkt nacheinander wird mir auf Instagram ein Video über einen belgischen Radrennfahrer, dann eines über die Aussprachevarianten japanischer Dialekte angezeigt. Ich weiß nicht, wie diese Inhalte zusammenhängen sollen. Niemand weiß es. Denn es gibt niemanden mehr, der die medialen Inhalte betreut.

Am Ende verlieren solche digitalen Medien ihren Wert, weil sie nichts anderes tun, als zusammenhangslose Banalitäten aneinanderzureihen. Ohne erzählerischen Zusammenhang, ohne eine redaktionelle Vision, sind Menschen eben nicht in der Lage, in diesen Inhalten eine Bedeutung zu erkennen.[28] So wird geistige Zerstreuung zum Erfolgsmodell. Würde man (oder würde ein Algorithmus) digitale Inhalte zusammenhängend aufbereiten, könnte hingegen die Gefahr bestehen, dass sie irgendwann einen Abschluss finden. Denn jede Erzählung läuft auf ein Ziel hinaus. Weil das gerade nicht passiert, bleiben wir in einem digitalen Raum, in dem immer unterschiedliche Dinge angeboten werden. So wird unsere Schwäche für das Auffällige (oder Andersartige) ausgenutzt, damit wir niemals das Interesse an den Plattformen verlieren.

Was sollen wir tun?

Im Grunde zeigen digitale Medien nicht, wie schwach unser Gehirn ist, sondern wie leistungsfähig. Wir richten unsere Konzentration mit einer derartigen Konsequenz auf Smartphones, Tablets und Bildschirme, weil sie die idealen Bedingungen schaffen, um unsere Aufmerksamkeit zu fesseln. Statt zu fragen: »Warum lenken uns diese Medien ab?«, könnte man den Spieß auch umdrehen: Was kann man von diesen Medien lernen? Ganz offenbar nutzen sie ja sehr erfolgreiche Prinzipien, um unsere Aufmerksamkeit zu gewinnen. Selbst in lebenswichtigen Situationen sind Menschen bereit, ihre Konzentration auf das Smartphone zu lenken – mit fatalen Folgen: Ablenkung durch Smartphones beim Autofahren verursacht jährlich inzwischen mehr Todesfälle als Alkohol im Straßenverkehr.[29]

Erstens: Passen Sie den Schwierigkeitsgrad an!

Warum verlieren wir uns in Social Media und scrollen ewig durch Videos und Bilder? Weil Algorithmen nicht doof sind. Sie präsentieren uns immer die Inhalte, die uns gerade am besten fordern: nicht so belanglos, dass sie langweilen, aber auch nicht zu tiefgängig, dass sie überfordern. Das ist clever, denn unsere Konzentration ist immer dann am größten, wenn wir passend zu unseren Fähigkeiten gefordert werden.

Haben Sie schon mal versucht, einen Spielsüchtigen von einem Spielautomaten abzulenken? Es ist praktisch unmöglich. Der Grund liegt in der automatisierten Handlung, die beim Spielen entsteht, ein festes Bewegungsmuster, das schnell abläuft. Eine kanadische Forschungsgruppe untersuchte 2022, wie schnell. Sie setzten sechzig Nicht-Spielsüchtige vor einen Spielautomaten und ließen sie für gut zwanzig Minuten spielen. Es gab kleine Gewinne, aber keinen großen Jackpot. Dies wiederholte man zweimal – das reichte aus, damit die Teilnehmer ein festes Handlungsmuster aufbauten.[30] Ein Schema, das sie anschließend besonders robust und handlungssicher den Spielautomaten bedienen ließ.

Dieses Prinzip kann man sich auch bewusst zunutze machen. In der Fluglotsenausbildung wird konsequent darauf geachtet, dass Handlungsschritte nach einem speziellen Muster durchgeführt werden. Ähnliches kennt man auch von Chirurgen. So operieren erfahrene Chirurgen bei einem einfachen Eingriff genauso gut wie frisch Ausgebildete. Wenn man die Chirurgen während der Operation jedoch ablenkt (was immer wieder passiert, weil Assistenzärzte neue Informationen mitteilen), lassen sich die älteren weniger aus der Ruhe bringen, machen weniger Fehler und sind schneller wieder konzentriert bei der Sache.[31] Der Grund dafür liegt in routinierten Abläufen: Diese machen ihre Arbeit besonders robust.

All das verdeutlicht: Wenn Aufgaben genau den Schwierigkeitsgrad treffen, den wir gerade noch gut beherrschen, können wir uns am besten darauf konzentrieren. Je schwerer eine Aufgabe wird, desto besser konzentrieren wir uns und desto weniger lassen wir uns ablenken, bis wir den Punkt erreichen, an dem die Aufgabe so schwer wird, dass wir überlastet sind und jede Ablenkung als Möglichkeit zur Entspannung nutzen. Es kann deswegen sinnvoll sein, den Schwierigkeitsgrad einer Aufgabe schrittweise zu erhöhen. So bleibt die Herausforderung im optimalen Bereich, und wir können unsere Konzentration kontinuierlich aufrechterhalten.

Zweitens: Strukturieren Sie die Zeitabläufe!

Wenn jemand nicht im Verdacht steht, ein Spießer zu sein, dann wohl der erfolgreichste Rapper aller Zeiten (gemessen an verkauften Alben): Eminem. Doch sein Arbeitsstil ist absolut konventionell, wie sein Hip-Hop-Kollege Akon in einem Interview 2019 berichtete: »Er kommt jeden Morgen um 9 Uhr ins Studio, macht seine Mittagspause um 13 Uhr und geht um 17 Uhr nach Hause. Es ist wie ein fester Plan.«[32] Und damit macht er alles richtig.

Wann sind Ablenkungen am verführerischsten? Wenn sie auf ein überfordertes oder gelangweiltes Gehirn treffen. Sie können gerne versuchen, stundenlang konzentriert zu arbeiten, Ihr Smartphone beiseitelegen, alle Nachrichten ausschalten – irgendwann werden Sie selbst beim kleinsten Geräusch gestört sein, weil niemand so lange seinen Fokus aufrechterhalten kann. Wir fordern von uns, dass wir funktionieren sollen wie eine fehlerfreie Konzentrationsmaschine, aber das ist illusorisch. Besser ist es da, unseren Drang nach Ablenkung zu nutzen. Planen Sie lieber eine gute Ablenkung ein, als von einer schlechten Ablenkung aus der Arbeit gerissen zu werden.

Genau das machen die produktivsten Menschen ohnehin. In einer groß angelegten Studie untersuchte 2021 der Hersteller der Zeiterfassungsapp »DeskTime« genau diese Frage. Weil die eigene Software die Arbeitszeiten aller Nutzer minutengenau aufzeichnet, erhielt man ein einzigartiges Bild des Arbeitsverhaltens von über 350.000 Menschen.

Das Ergebnis: Die produktivsten zehn Prozent arbeiten für etwa achtzig Minuten und machen dann knapp zwanzig Minuten Pause.[33] Das deckt sich sehr gut mit der wissenschaftlichen Studienlage, dass ein Verhältnis von etwa vier Teilen Arbeit und einem Teil Pause (manchmal auch fünf zu eins) ideal ist, um nach der Pause konzentriert weiterzuarbeiten.

Drittens: Wechseln Sie Umgebungen!

Vor einigen Jahren war ich an einem Projekt beteiligt, das sich mit der Gestaltung von Bürowelten beschäftigte, um die optimalen Bedingungen für menschliches Arbeiten zu schaffen. Wie sähe sie wohl aus: die bestmögliche Arbeitsumgebung, in der man fokussiert, aber auch inspiriert arbeiten kann?

Ich mache es kurz: Diese Umgebung gibt es nicht. Konzepte, die den Menschen vorschreiben wollen, einen optimalen Ort zu nutzen, schlagen fehl. Vor der Pandemie war das Großraumbüro der letzte Schrei in den Tech-Firmen des Silicon Valley. Facebook konzipierte seinen Hauptsitz als gigantisches Großraumbüro mit Platz für 2.800 Menschen. In einer solchen Umgebung konzentriert zu arbeiten – viel Glück! In der Pandemie dann der Gegenentwurf: Im Homeoffice verwandelten Menschen ihr Arbeitszimmer in persönliche Produktivitätsoasen. Dabei ist die Idee eines Arbeitszimmers Unsinn und in etwa so sinnvoll wie die Vorstellung, in seiner Wohnung nur einen einzigen Raum für alles zu haben: Kochen, Schlafen, Fernsehen, Spielen, sogar aufs Klo gehen – das macht niemand. Je nach Bedürfnis nutzt man unterschiedliche Räume. Nur beim Arbeiten soll das funktionieren: ein einziger Ort, an dem man je nach Bedarf konzentriert, kreativ, kommunikativ oder inspiriert sein soll? Was für eine bekloppte Idee.

Eine gute Arbeitsumgebung zeichnet sich dadurch aus, unterschiedlichen Tätigkeiten in verschiedenen Räumen nachzugehen. Brauchen Sie einen Ort, in dem Sie fokussiert und ungestört arbeiten? Dann sollte dieser Bereich von Orten getrennt sein, in denen Sie sich mit anderen austauschen. Solche Arbeitsräume müssen konsequent von Bereichen abgeschirmt werden, in denen man nicht arbeitet: wie eine Cafeteria, eine Kantine oder ein Entspannungsbereich, in dem man abschaltet und andere Leute treffen kann. Encoding-Effekt nennt sich das dahinterstehende psychologische Phänomen: Wenn wir an bestimmten Orten nur bestimmte Tätigkeiten durchführen, dann werden wir diese Tätigkeiten im Laufe der Zeit dort besonders gut durchführen können. Menschen schreiben Klausuren dort am besten, wo sie zuvor am meisten gelernt haben. Wer im Schlafzimmer nur schläft (und nicht arbeitet), schläft dort umso besser. Und wenn Sie einen Ort haben, an dem Sie nur arbeiten, werden Sie das dort besonders gut tun.

Viertens: Werden Sie unerreichbar!

In einem ähnlichen Projekt entwickelten wir die Idee, Menschen gezielt die Möglichkeit zu geben, ungestört zu arbeiten. Denn in einer Welt des Informationsüberflusses wird ein reizfreier Raum zu einem Geschenk. Die Idee: Man nehme ausgemusterte Telefonzellen, rüste sie mit einem kleinen Arbeitstisch aus, schirme sie schalldicht (und in Teilen blickdicht) ab, baue einen Faraday'schen Käfig darüber (damit man noch nicht mal physikalisch erreichbar ist für einen Telefonanruf) und stelle sie im Büro auf. Diese Arbeitsräume waren immer ausgebucht – Menschen lieben es offenbar, für eine oder zwei Stunden fokussiert an einer Tätigkeit zu arbeiten in der Gewissheit, dass sie nicht abgelenkt werden können.

Ich kenne Menschen, die Millionen mit den Apps und den Geräten verdient haben, deren manipulative Strategien ich in diesem Kapitel beschrieben habe. Die cleversten Köpfe, die ich je aus dem Silicon Valley getroffen habe, haben alle ein Hobby, bei dem sie nicht erreichbar sind. Das kann alles Mögliche sein: Musizieren, Sport, Spaziergänge mit dem Hund oder Gärtnern. Fragen Sie selbst ruhig einmal Menschen, wo sie auf gute Ideen kommen. Die meisten nennen Orte oder Tätigkeiten, bei denen sie, erstens, nicht erreichbar sind oder, zweitens, keinen Bildschirm vor sich haben. Ich fahre zum Beispiel sehr gerne und viel Rennrad. In diesen Momenten checke ich keine E-Mails. Mein Gehirn hat dann die Möglichkeit, das zu verdauen, was es zuvor aufgenommen hat. Diese Pausen sind keine verlorene Zeit, sondern Teil der Arbeit. Wobei: Mittlerweile gibt es Radcomputer, die, gekoppelt mit dem Smartphone, live während der Fahrt eingehende Nachrichten und E-Mails anzeigen. Irgendwann ist man wohl nirgendwo mehr vor Ablenkungen sicher.

Schaffen Sie sich deswegen Zeiten, in denen Sie keine Nachrichten bearbeiten oder durch Social Media scrollen. Faustregel: Vor dem morgendlichen und nach dem abendlichen Zähneputzen keine Smartphones nutzen. Sie werden überrascht sein, wie Ihr Schlaf (und Ihre Gedanken) davon profitieren.

Je konsequenter Sie sich die Phase der Nicht-Erreichbarkeit (gerade bei mobilen Geräten) gönnen, desto mehr profitiert Ihr Denken davon. Wie stark dieser Effekt sein kann, zeigte eine nordamerikanische Forschergruppe in einer Studie, die im Frühjahr 2025 publiziert wurde.[34] Über 450 Teilnehmer ließen sich auf das Experiment ein: Die eine Hälfte durfte ihr Smartphone weiter nutzen, während bei der anderen Hälfte für zwei Wochen genau das blockiert wurde, was das Smartphone »smart« macht: der Zugang zum mobilen Internet. Apps wie WhatsApp, Instagram oder TikTok waren deaktiviert, doch man konnte noch telefonieren und SMS verschicken – also so leben wie ich in meiner Schulzeit.

Das Ergebnis war verblüffend: Die Konzentrationsfähigkeit der Teilnehmer, die keinen Internetzugang hatten, stieg signifikant an, und zwar in einem Ausmaß, das einem zehnjährigen Abbau der geistigen Leistungsfähigkeit im Alter entspricht. Mit anderen Worten: Die Teilnehmer wurden kognitiv betrachtet zehn Jahre jünger. Besonders ausgeprägt war der Effekt übrigens gerade bei denjenigen, die am meisten unter der Smartphone-Nutzung litten: Menschen mit Angst, etwas auf Social Media zu verpassen (FOMO – »Fear of Missing Out«), und Personen, die zu Beginn der Studie Symptome von ADHS zeigten.

Neben der Konzentrationsverbesserung fühlten sich übrigens 90 Prozent der Probanden auch mental ausgeglichener. Das lässt sich leicht dadurch erklären, dass die »Smart«phone-Abstinenten häufiger in der Natur waren, Freunde trafen und besser schliefen. Immerhin war der Effekt größer als der, der oft durch die Einnahme von Antidepressiva erreicht wird. Warum jedoch auch die objektiv gemessene Konzentrationsfähigkeit zunahm, konnten selbst die Studienautoren nicht abschließend erklären. Dennoch zeigt diese Studie, dass es einen ursächlichen Zusammenhang zwischen der Smartphone-Nutzung und der Konzentrationsfähigkeit gibt.

Sie müssen in Zukunft zwar nicht Ihr Smartphone abschaffen, aber für gewisse Phasen die Nutzung zu blockieren, kann offenbar große Effekte haben. Selbst diejenigen, die in der Studie die zwei Wochen Internetabstinenz nicht ganz konsequent durchhielten und gelegentlich schummelten, zeigten deutliche kognitive Verbesserungen. Ein bisschen weniger (Internet auf dem Smartphone) ist also oft mehr (Qualität im Denken).

Fünftens: Locken Sie den Flow an!

Er gilt als der ideale Zustand des produktiven Denkens: der »Flow«, der Moment, in dem man hochfokussiert und ablenkungsfrei eine Aufgabe bearbeitet, darüber die Zeit vergisst und hyperproduktiv wird. Ein solches Flow-Erlebnis entsteht jedoch nicht zufällig, sondern erfüllt in aller Regel bestimmte Kriterien.

Flow-Erlebnisse stellen sich ein, wenn der Schwierigkeitsgrad einer Aufgabe genau zu Ihren Fähigkeiten passt: also weder zu leicht noch zu schwer ist. Tatsächlich sollte die Aufgabe am oberen Limit Ihrer Leistungsfähigkeit liegen,[35] sodass sie Sie maximal fordert, ohne Sie zu überfordern. Im optimalen Fall bekommen Sie nach Ihrer Leistung schnell und unmittelbar Feedback: Sie sehen konkret Ihren Leistungsfortschritt, was Sie wiederum anspornt, weiterzumachen.[36] Wie bereits erwähnt, werden Spielautomaten nach diesem Prinzip optimiert, um eine verstärkende Rückkopplung zu erzeugen. Man wird durch die eigene Handlung immer weiter angetrieben, bis man die Welt um sich herum vergisst. Viele Menschen beschreiben ein Flow-Erlebnis als völliges Aufgehen in der Tätigkeit, so sehr, dass nicht nur störende Ablenkungen, sondern auch das Gefühl für Zeit und manchmal sogar für sich selbst in den Hintergrund treten. Man wird eins mit der Tätigkeit.[37] Das klingt nach Kontrollverlust, doch das Gegenteil ist der Fall, denn Menschen machen in einem solchen Zustand erstaunlich wenig Fehler.[38]

Auch das Gehirn ist dabei auf eine besondere Form aktiv – als würden die in diesem Kapitel genannten Areale bestmöglich zusammenspielen: Das Kontrollnetzwerk justiert seine Aktivität so, dass der Fokus auf die Aufgabe maximiert wird. Dabei sind vor allem seitliche Bereiche stärker aktiv, während gleichzeitig unnötige Denkvorgänge unterdrückt werden. Unterstützt wird dieser Prozess von einem speziellen Botenstoff, der im Hirnstamm (am Übergang unseres Rückenmarks ins Gehirn) ausgeschüttet und weit im Gehirn verteilt wird: Noradrenalin.[39]

Noradrenalin stellt einem Kontrastregler gleich unsere Sinne scharf und sorgt dafür, dass wir uns im Moment auf das fokussieren, was wichtig ist – und den Rest ausblenden. Diese Fähigkeit ist besonders entscheidend in herausfordernden Situationen, wie eine Messung aus dem Jahr 2020 eindrucksvoll zeigt. Damals untersuchte man die Hirnaktivität eines Seiltänzers, der in luftiger Höhe ein über 160 Meter langes Kabel überquerte. Während dieser Balance-Übung war seine Hirnaktivität genau in den Regionen verringert, die normalerweise für die Selbstwahrnehmung zuständig sind.[40] Ein Glück, könnte man sagen, denn so war er mehr bei der Sache als bei sich selbst.

Während das Kontrollnetzwerk unsere Konzentration auf die Aufgabe richtet, werden Regionen deaktiviert, die normalerweise fürs gedankliche Umherwandern und das Suchen nach Abwechslung zuständig sind.[41] Diese Bereiche werden wir im Kapitel über Kreativität noch genauer kennenlernen. Doch, so viel sei hier schon verraten, der Flow zeichnet sich gerade dadurch aus, dass es nicht ums kreative Abschweifen und das Suchen nach Abwechslung geht. Im Gegenteil: Meistens ist man hochfokussiert und damit beschäftigt, eine konkrete Aufgabe zu bewältigen. Selbst im künstlerischen Prozess sind Flow-Erlebnisse selten abschweifend. Oft geht es darum, bereits gesammelte Ideen umzusetzen: auf Papier, Leinwand oder in Musik.

Den Zustand ultra-konzentrierten Arbeitens erlebt man positiv – allerdings weniger als euphorischen Rausch, sondern vielmehr als eine Form angstfreier Produktivität. Das drückt sich auch in der Aktivität der beteiligten Belohnungsareale im Gehirn aus. Sie sind gar nicht so aktiv, wie man es eigentlich bei einem intensiven Glücksgefühl erwarten würde.[42] Vielmehr scheint uns die Aussicht, ein Ziel durch optimale Leistung zu erreichen, besonders zu motivieren.

Zusammengefasst: Unser Kontrollnetzwerk schärft unseren Fokus auf die Aufgabe, während das Salienz-Netzwerk (unterstützt durch Noradrenalin) nur die wichtigsten Sinnesreize herausfiltert. Gleichzeitig werden Areale fürs Abschweifen aktiv unterdrückt, und wir sind fokussiert und motiviert, aber nicht euphorisch. Sie können diesen Zustand aktiv provozieren, indem Sie die Funktionen genau dieser Hirnregionen berücksichtigen und fördern.

Entdecken Sie Ihren persönlichen »Sweet Spot« der Leistungsfähigkeit: Finden Sie genau die Grenze, an der Sie gerade noch Leistung bringen, ohne überfordert zu werden. Planen Sie Ihre Tätigkeit so, dass Sie sich ein bisschen herausfordern, und fangen Sie im Zweifel etwas unterhalb Ihres maximalen Leistungsniveaus an. Sobald Sie merken, dass Sie unterfordert sind, erhöhen Sie den Schwierigkeitsgrad (verknappen Sie die Deadline oder bauen Sie noch eine Zusatzaufgabe ein).

Setzen Sie sich messbare und erreichbare Ziele: Schreiben Sie sich vor Beginn Ihrer Tätigkeit drei Dinge auf, die Sie erreichen möchten. Eine Studie aus dem Jahr 2021 zeigte, dass diese klare Zielsetzung die Chance für Flow-Erlebnisse signifikant erhöht.[43] So sollten die Studienteilnehmer an fünf aufeinanderfolgenden Tagen vor Beginn ihrer Arbeit genau drei Ziele definieren – was dazu führte, dass sie nicht nur öfter in den Flow, sondern generell stressfreier durch den Tag kamen. Definieren Sie also zu Beginn das, was Sie erreichen wollen und wie Sie Ihren Erfolg messen können. Denn das Timing ist entscheidend: Der Flow stellt sich nur ein, wenn Sie die Ergebnisse unmittelbar nach Ihrer Arbeit sehen können.

Flow stellt sich nicht bei neuen Tätigkeiten ein, sondern nur bei jenen, die Sie bereits gut beherrschen. Je routinierter Sie eine Aufgabe ausführen, desto wahrscheinlicher geraten Sie in diesen Zustand. Flow-Erlebnisse entstehen vor allem dann, wenn wir Dinge tun, die wir unzählige Male geübt haben. So wie nur professionelle Musiker in einen Flow kommen und nicht Anfänger,[44] gilt auch für Sie: Nur wer mit seiner Sache vertraut ist, kann ganz in ihr aufgehen.

Deswegen wird die Bedeutung von Übung und Beharrlichkeit für den Flow oft unterschätzt. Je besser Sie die Grundlagen einer Tätigkeit eingeübt haben, desto weniger Energie müssen Sie im Moment der Ausführung für die Technik aufwenden, und Sie können sich voll auf das Ergebnis fokussieren. Flow bedeutet auch, nicht bewusst über jeden Schritt nachdenken zu müssen, sondern sich dem Prozess ganz hinzugeben.[45] In Kapitel sechs zum Thema »Leistung unter Druck« wird das noch eine große Rolle spielen.

Sechstens: Nutzen Sie Ablenkungen!

Wir verteufeln Ablenkungen, dabei sind sie wichtig, um überhaupt auf neue Ideen zu kommen. Wir streben danach, uns immer bestmöglich zu fokussieren – doch bedenken Sie, was Sie dann wären: eine inspirationsresistente Konzentrationsmaschine. Vielleicht unfähig, den Moment zu nutzen, in dem man über den Tellerrand blickt und die Ablenkung produktiv werden könnte.

Tatsächlich sind kreative Menschen besonders anfällig für Ablenkungen. Vermutlich, weil ihre Filtermechanismen weniger konsequent funktionieren. Das ist sogar organisch messbar: Besonders einfallsreiche Personen können unwichtige Reize im Hintergrund nicht so gut ausblenden wie weniger kreative Menschen.[46] Diese Eigenschaft hat jedoch zwei Seiten. Wenn die Hintergrundreize keinen Bezug zur aktuellen Aufgabe haben, dann wirken sie wie reine Störgeräusche. Lässt sich aber auf irgendeine Weise eine Verbindung zur Aufgabe herstellen, wird aus der Störung eine Inspiration.

Ob uns etwas ablenkt oder inspiriert, entscheidet sich auch dadurch, wie wir mit der Ablenkung umgehen: Lässt man sie einfach geschehen, weil Smartphones und digitale Medien unkontrolliert in unsere Arbeitsabläufe eindringen? Oder nutzt man Ablenkungen gezielt, um sich zu bestimmten Zeiten vom Problem zu lösen, sich gedanklich zu erfrischen und vielleicht auf neue Ideen zu kommen? Letzteres kann tatsächlich gelingen, aber nur dann, wenn die Ablenkung auch wirklich inhaltlich zur Aufgabe passt. Ein Beispiel: Werden Menschen beim Lesen eines Textes durch Einblendungen von Lebensmittelbegriffen gestört, sind sie später besser in der Lage, neue Kochrezepte zu entwickeln.[47]

Kurzum: Unser Gehirn ist nicht für dauerhafte Konzentration gemacht. Anstatt sich jedoch ungezügelt von digitalen Medien ablenken zu lassen und dabei die kognitive Kontrolle zu verlieren, sollte man selbst das Heft in die Hand nehmen: Definieren Sie klare Ziele und konkrete Arbeitsschritte. Arbeiten Sie, bis Sie Ihr Zwischenziel erreicht haben. Machen Sie dann Pausen, in denen Sie den Raum wechseln oder nicht erreichbar sind. Und wenn Sie mal nicht weiterkommen: Brechen Sie die Arbeit ab, bevor Ihr Smartphone diese Entscheidung für Sie trifft.

Haben Sie es geschafft, dieses Kapitel ohne Ablenkung zu lesen? Glückwunsch, dann haben Sie die Wette gegen mich gewonnen. Gönnen Sie sich jetzt ruhig eine Pause. Ich lege ebenfalls eine ein. Denn unter uns: Auch für mich war dieses Kapitel beim Schreiben anstrengend.

PLANUNG & AUFSCHIEBEN 2

Wie Sie Aufgaben clever planen und sich nicht mehr verzetteln

Auch berühmte fiktive Figuren verfallen gelegentlich dem unnötigen Trödeln – oft mit fatalem Ausgang. Vor einigen Jahren saß ich in einer Aufführung von Shakespeares wohl berühmtestem Theaterstück *Hamlet*, als mir schlagartig klar wurde, welche verheerenden Auswirkungen es haben kann, wenn man Aufgaben permanent vor sich herschiebt und nicht zur Sache kommt. Falls Sie das Stück nicht kennen: Zu Beginn erscheint der Geist von Hamlets Vater und fordert Hamlet auf, seinen Mörder, König Claudius, zu rächen. »Sein oder Nichtsein, das ist hier die Frage«, überlegt Hamlet erst mal Grundsätzliches. Nein, dachte ich mir, komm auf den Punkt! Die eigentliche Frage ist doch: Willst du Claudius töten oder nicht? Da dämmerte es mir, dass diese Geschichte kein gutes Ende nehmen würde. Der Rest des Stückes besteht im Grunde daraus, dass Hamlet fast vier Stunden lang zaudert, trödelt und in seiner endlosen Aufschieberitis erst den Falschen tötet, dann seine Geliebte verliert und am Ende schließlich doch Claudius umbringt. Da sind allerdings schon fast alle wichtigen Figuren tot, inklusive seiner Mutter. Er selbst stirbt natürlich auch. So kann es enden, wenn man das vor sich herschiebt, was ohnehin erledigt werden muss. 4042 Zeilen hat der Text und ist damit das mit Abstand längste Werk Shakespeares. Zum Glück bleibt dabei noch Platz für philosophische Tiefe und jede Menge Drama.

Was man Hamlet vorwerfen kann, trifft auf Shakespeare jedoch keineswegs zu. Vermutet wird, dass er bloß zwei Jahre (zwischen 1599 und 1601) benötigte, um die vielleicht größte Tragödie aller Zeiten zu schreiben. Das ist flott. So konsequent war Goethe nicht, als er sein bedeutendstes Werk, den *Faust*, entwickelte. Insgesamt sechzig Jahre arbeitete er an der Geschichte. Für *Faust – der Tragödie erster Teil* brauchte er fast 36 Jahre, dabei ist sie nahezu genauso lang wie *Hamlet*. Und hätte der fleißige Schiller nicht permanent seinen Freund Goethe animiert, vielleicht wäre er nie mit dem vielleicht besten Drama der deutschen Literatur fertig geworden.

Selbst die Besten sind vor chronischem Aufschieben nicht gefeit. Prokrastination (vom Lateinischen *procrastinare* für »vertagen«) nennt man diese geistige Schwäche, Dinge nicht sofort zu erledigen, sondern sie immer wieder aufzuschieben, bis es zu spät sein kann. Und auch wenn es nicht immer in einem Hamlet'schen Blutvergießen endet, sind die Folgen gewaltig. Eine große Studie aus dem Jahr 2022 mit 50.000 amerikanischen College-Studenten zeigte, dass drei Viertel von ihnen regelmäßig prokrastinieren. Für die Hälfte war chronisches Aufschieben tatsächlich die Hauptursache für schlechtere akademische Leistungen, weit vor dem nächstschlimmeren Problem, nämlich knappen Finanzen.[1] Jeden Tag vertrödeln Menschen beim Arbeiten anderthalb bis drei Stunden mit Aktivitäten, die sie nicht produktiver machen.[2] Prokrastinierende Menschen verdienen weniger Geld und wechseln häufiger den Job,[3] haben schlechtere Noten,[4] mehr Schulden,[5] höhere Scheidungsraten,[6] sie schlafen schlechter, weil sie das Zubettgehen hinausschieben,[7] sind häufiger depressiv,[8] haben schlechtere Zähne[9] und mehr Rücken- und Nackenschmerzen.[10] Unfassbar, was es für Kreise ziehen kann, nur weil man inkonsequent zu sich selbst und seinen Plänen ist.

Wenn Prokrastination offenbar so weit verbreitet ist, ist es naheliegend, dass ihr ein grundlegendes Denkphänomen zugrunde liegt. Auch ich bin nicht frei von dieser Schwäche. Glauben Sie bloß nicht, dass ich diese Buchkapitel in entspannter, zeitloser Atmosphäre voller Muße und Langsamkeit verfasse. Ich zögere Dinge bewusst hinaus, bis der zeitliche und inhaltliche Druck so groß wird, dass ich dann umso fokussierter bin. Wobei: Ist das noch Prokrastinieren – oder schon eine bewusste Technik, um effektiver zu arbeiten? Nicht jede Verzögerung ist zwangsläufig ein unnötiges Aufschieben, sie könnte auch eine Taktik sein.

Schauen wir uns doch einmal genauer an, was hinter unserem Drang zum Rumtrödeln und Zeitvergeuden steckt. Nur wenn wir die Ursachen verstehen, können wir wirksame Strategien entwickeln, um besser zu planen und die Dinge rechtzeitig umzusetzen. Ob dann alle Rückenschmerzen, finanziellen Sorgen und Zahnprobleme der Menschheit verschwinden, kann ich nicht garantieren. Aber dennoch könnte das Bekämpfen der Rumtrödelei der vielleicht wirkungsvollste Hebel sein, um sein Leben zu verbessern. Hamlet hätte von diesem Kapitel sicher profitiert.

Die Gleichung des Aufschiebens

Warum schieben Menschen so gerne Dinge auf? Eine naheliegende Vermutung ist, dass wir die benötigte Zeit bis zur Fertigstellung schlecht einschätzen: Wir unterschätzen systematisch, wie lange eine Aufgabe tatsächlich dauert – und schon fangen wir zu spät an. Doch das ist nicht die ganze Geschichte.

Das vielleicht beste wissenschaftliche Modell zur Erklärung von Prokrastination stammt von Piers Steel, einem Psychologen der Universität Calgary, der 2007 die zeitliche

Motivationstheorie vorstellte.[11] Ihr zufolge dümpeln Aufgaben vor sich hin, bis die Aufgabe so wichtig wird oder die Zeit so knapp, dass wir schließlich loslegen – als müsste ein Schwellenwert an Arbeitsbereitschaft überschritten werden.[12]

Die Bereitschaft, mit einer Arbeit zu beginnen, ist von vier verschiedenen Faktoren abhängig. Zwei davon erhöhen unsere Bereitschaft, loszulegen: Erstens, der Wert der Aufgabe. Je größer die Wichtigkeit der Tätigkeit erscheint, desto eher fangen wir an. Zweitens, die Erfolgserwartung. Wenn wir glauben, die Aufgabe gut wegarbeiten zu können, fällt es uns leichter, loszulegen. Demgegenüber stehen zwei Faktoren, die unsere Startbereitschaft senken: Zum einen die verfügbare Zeit. Je weiter die Deadline in der Zukunft liegt, desto geringer ist die Motivation, sofort mit der Aufgabe zu beginnen. Schließlich scheint noch genügend Zeit zu bleiben. Und zum anderen: die Bereitschaft zur Ablenkung. Je größer die Versuchung ist, etwas anderes zu tun, desto weniger ist man im konkreten Moment bereit, sich an die Aufgabe zu setzen.

Die von Piers Steel vorgeschlagene Prokrastinationsgleichung fasst dieses Wechselspiel griffig zusammen:

$$\text{Bereitschaft loszulegen} = \frac{\text{Erfolgserwartung} \times \text{Wert der Aufgabe}}{\text{Zeit bis zur Deadline} \times \text{Ablenkung}}$$

Hier zeigen sich bereits die wichtigsten Gründe, die dazu führen, dass man Dinge aufschiebt. Schauen wir uns diese genauer an.

Problem 1: Der Wert einer Aufgabe nimmt mit der Zeit ab.

Stellen Sie sich folgende Aufgabe vor: Sie müssen innerhalb von einer Woche eine äußerst aufwendige Aufgabe erledigen. Sagen wir: Sie müssen Shakespeares *Hamlet* lesen (Sie erinnern sich: 4042 Zeilen, etwa 30.000 Wörter, also fast halb so viele wie in diesem Buch), eine schriftliche Zusammenfassung und eine Präsentation dazu erstellen – und das alles ohne Hilfe von KI. »Oha«, werden Sie sagen, »das ist unmöglich.«

Wenn ich Ihnen jedoch sage, dass Sie dieselbe Aufgabe nicht in einer Woche, sondern in einem Jahr und einer Woche erledigt haben müssen, denken Sie vielleicht: Das sollte doch machbar sein. Was passiert dann? Sie warten ein Jahr, schieben die Aufgabe immer weiter auf, bis Sie schließlich eine Woche vor der Deadline feststellen, dass die Zeit knapp geworden ist.

Ihrem zukünftigen Ich bürden Sie allerhand Dinge auf, die Sie sich selbst heute niemals zumuten würden. Der Grund: Ihr Gehirn verarbeitet Ihr zukünftiges Ich wie eine fremde Person. Wenn Sie sich beispielsweise vorstellen, wie Sie genau jetzt dieses Buch lesen, wird eine Region direkt hinter Ihrer Stirn aktiv: der mittlere vordere Cortex. Diese Region hilft Ihnen dabei, eine Vorstellung von sich selbst zu erzeugen. Zusätzlich nehmen Sie noch eine »externe Beobachterperspektive« ein, stellen sich also vor, als würden Sie »von außen« auf sich selbst schauen. Dazu brauchen die vorderen Hirnareale Unterstützung von Regionen, die eher im hinteren Teil Ihres Kopfes liegen. Eine vollständige Selbstbeobachtung braucht also zwei Blickwinkel: einen individuellen, persönlichen (im Stirnhirn) und eine Dritte-Person-Perspektive in hinteren Hirnarealen.

Wenn Sie sich nun vorstellen, in einem Jahr eine bestimmte Aufgabe durchzuführen, ist die Aktivität in Ihrem Stirnhirn reduziert.[13] Oder anders gesagt: Die individuelle Selbstwahrnehmung fällt weg, übrig bleibt die Dritte-Person-Perspektive. Als würden Sie Ihrem zukünftigen Ich zuschauen wie einer fremden Person.[14] Dadurch sind wir alle von unserem zukünftigen Ich entfremdet. Es ist, neurobiologisch gesehen, jemand anderes. Wir spüren unser zukünftiges Ich nicht so, wie wir uns jetzt in diesem Moment spüren. Kein Wunder, dass Menschen ihrem zukünftigen Ich eher zutrauen, unangenehme Situationen auszuhalten (zum Beispiel eklige Nahrung zu sich zu nehmen[15]) oder mit weniger Geld auszukommen, als sie es in der Gegenwart für möglich halten.[16] Und genau deswegen trödeln sie gerne so lange wie möglich herum. Soll sich doch das zukünftige Ich drum kümmern.

Der Wert oder der Nutzen einer Aufgabe nimmt also mit der Zeit ab: Was Sie sofort bekommen können, hat für Sie eine viel größere Relevanz als etwas, das erst in der Zukunft verfügbar ist. Anders gesagt: 100 Euro jetzt zu haben fühlt sich besser an als 100 Euro in fünf Jahren. Hinzu kommt: Dieser Wertverlust verläuft nicht linear, sondern hyperbolisch. Am Anfang nimmt er besonders stark ab, bis es irgendwann egal ist, wie lange man wartet. Ob Sie 100 Euro in fünf Jahren oder 100 Euro in fünf Jahren und einem Monat bekommen, ist für Sie dann praktisch irrelevant, denn beides ist weit weg. Genau aus diesem Grund neigen wir dazu, selbst wichtige Aufgaben nicht zu bearbeiten, wenn ihre Deadline weit in der Zukunft liegt.

Alle Dinge, die weit in der Zukunft liegen, werden mental abgewertet: Geld, Gesundheit, Glück, der Wert der Arbeit, die Sie aufschieben – und umgekehrt auch, wie sehr Sie Arbeit in der Zukunft nerven wird. Mehr Arbeit morgen erscheint deswegen verlockender als wenig Arbeit heute. Deswegen schieben wir die Dinge auf. Denn Ihr zukünftiges Ich kann sich nicht gegen die von Ihnen verordnete Mehrarbeit wehren. Was für ein dankbares Opfer.

Problem 2: Wir schätzen die Zeit systematisch falsch ein.

Wie lange, glauben Sie, dauert es, wenn Sie jetzt aufstehen, ein paar Brötchen einkaufen und wieder zurückkehren? Oder wie lange brauchen Sie, um ein Mittagessen zu kochen und zu essen? Und wie lange dauert es, das nächste Mal Ihr Auto zu tanken? Die meisten Menschen unterschätzen systematisch, wie viel Zeit sie für typische Alltagsaufgaben brauchen. Gleichzeitig überschätzen sie die Dauer von neuen und unbekannten Projekten. Der Grund liegt in der Art und Weise, wie wir die Zeit verarbeiten: nämlich gar nicht.

Es gibt in Ihrem Gehirn kein Areal, das Zeit »misst«. Zeit ist nichts, was wir in der Umwelt wahrnehmen können. Sie wächst nicht auf Bäumen, wir können sie nicht sehen, nicht spüren oder irgendwie sinnlich erfassen. Der einzige Hinweis, dass es Zeit überhaupt gibt, ist die Tatsache, dass Ereignisse nacheinander passieren. Aus diesem Grund misst das Gehirn auch keine zeitlichen Abläufe, sondern registriert Ereignisse und legt sie auf einer »mentalen Ereignisachse« ab. Eine dafür wichtige Hirnregion ist die Inselrinde, die seitlich knapp oberhalb der Schläfe liegt. Sie ist durch eine Einstülpung der Großhirnrinde entstanden und daher von außen nicht sichtbar – eine Art verdeckte Insel im Gehirn. Diese Inselrinde ordnet die Ereignisse aus der Vergangenheit chronologisch an.[17] Dabei gilt: Was besonders intensiv war, wird in der Rückschau besonders lang. Was sich hingegen oft wiederholt, wird irgendwann langweilig und schrumpft in der Rückschau auf kürzere Zeitabläufe zusammen. Merke: Zeit wird nicht gemessen, sondern im Gehirn erzeugt.

Wenn wir nun einschätzen sollen, wie lange eine Aufgabe dauert, orientieren wir uns logischerweise an unseren bisherigen Erlebnissen. Wir überlegen, wie lange diese oder eine ähnliche Aufgabe früher gedauert hat und nutzen diese Erfahrung, um eine Vorhersage zu treffen, wie lange wir diesmal dafür brauchen. Leider vergessen wir dabei, dass unsere zeitlichen Erinnerungen komplett verzerrt sein können. Gerade Tätigkeiten, die wir regelmäßig ausführen, erscheinen uns in der Rückschau »kurz«, da sie wenig spannende Details bieten, an die wir uns erinnern könnten. So dauert es beispielsweise im Schnitt zweieinhalb Tage länger als geplant, bis Menschen ihre Weihnachtseinkäufe erledigt haben.[18] Paradox: Jedes Jahr dasselbe Spiel – Menschen eilen hektisch in den letzten Tagen vor Weihnachten durch die Einkaufsstraßen, als käme der 24. Dezember völlig überraschend.

Das tut er tatsächlich, eben weil unser Gehirn die zeitliche Dauer nicht korrekt abbildet. Ein Phänomen, das man in der Wissenschaft »Planungsfehlschluss« nennt: Je besser wir uns mit einer Aufgabe auskennen, desto konsequenter unterschätzen wir ihre Dauer. Das führt dazu, dass wir zu spät damit anfangen, weil wir in falscher Gewissheit vorher zu viel Zeit vertrödelt haben.

Problem 3: Die Aufgabe ist unangenehm oder schwierig.

Ein Wochenende lang haben Sie Zeit, um entweder Goethes *Faust* zu lesen oder die komplette *Herr-der-Ringe*-Trilogie anzuschauen. Wofür entscheiden Sie sich? Die meisten Menschen würden wohl noch am Freitagabend Popcorn besorgen und sich Tolkiens Fantasy-Saga zu Gemüte führen. Dabei dauern die drei Kinofilme insgesamt 535 Minuten, also fast neun Stunden. Wenn Sie hingegen mit einer durchschnittlichen Lesegeschwindigkeit von 200 Wörtern pro Minute lesen, brauchen Sie für den *Faust* gerade einmal zweieinhalb Stunden. Das ist weniger als ein Drittel der Zeit.

Ob sich Menschen an eine Aufgabe machen, hängt offenbar nicht nur von der objektiven Dauer der Aufgabe ab, sondern auch davon, wie schwierig sie ihnen erscheint. Dabei lässt sich diese wahrgenommene Schwierigkeit sogar beeinflussen: Gibt man zwei Studentengruppen dieselbe Aufgabe, dann fängt die Gruppe, der man sagt, die Aufgabe sei leicht, eher damit an. Stellt man die identische Aufgabe im Vorfeld jedoch als kompliziert dar, zögern die Studenten länger, bevor sie anfangen, und sind deswegen am Ende auch später fertig.[19]

Die Erfolgsaussicht einer Tätigkeit bestimmt maßgeblich, ob und wann wir damit anfangen. Je größer eine Aufgabe erscheint und je weniger wir uns zutrauen, sie erfolgreich zu bewältigen, desto später starten wir damit.[20]

Problem 4: Die Ablenkung

Das vorangegangene Kapitel hat es bereits verdeutlicht, wie stark die Versuchung zur Ablenkung unsere Handlungen beeinflusst. Kein Wunder, dass eine Umgebung voller Ablenkungen Menschen häufiger prokrastinieren lässt. Umso erstaunlicher ist es jedoch, dass gerade akademische Einrichtungen wie Universitäten besonders ablenkungsfördernd sind. Eine Untersuchung aus dem Jahr 2020 zeigte sogar, dass Studenten im Uni-Umfeld etwa dreimal so häufig Dinge aufschieben wie Menschen, die nicht an einer Uni arbeiten.[21]

Die schlechte Nachricht lautet also: Es gibt nicht den einen Grund, warum Menschen Dinge aufschieben. Vielmehr handelt es sich um eine Kombination verschiedener Faktoren, die je nach Person unterschiedlich ausgeprägt sein können. Die gute Nachricht ist jedoch: Es gibt mehrere Stellschrauben, an denen man ansetzen kann, um die Aufschieberitis in den Griff zu bekommen. Wenn eine Methode nicht klappt, kann man es gut mit einer anderen versuchen.

Worauf sollte man dabei generell achten? Überraschenderweise gibt es eine fast unüberschaubare Vielzahl an Produktivitätsapps und Tipps, wie man Prokrastination vermeidet, aber nur relativ wenige fundierte wissenschaftliche Übersichtsstudien zu diesem Thema. Eine Meta-Studie aus 2024 fand gerade einmal vier solcher Übersichtsarbeiten, die insgesamt knapp sechzig Einzelstudien untersuchten. Das liegt auch daran, dass Prokrastination schwer messbar ist. Es ist einfach, jemanden im Labor abzulenken und zu testen, wie kurz seine Aufmerksamkeitsspanne ist. Aber jemanden auf Knopfdruck dazu zu bringen, bewusst Dinge aufzuschieben, um dann zu untersuchen, was dabei im Gehirn passiert, ist kaum machbar. Die Studienlage ist deswegen etwas spärlich. Dennoch an dieser Stelle einige der besten und wissenschaftlich belegten Tricks, um Prokrastination zu bekämpfen.

Ansatzpunkt 1: Die Erfolgserwartung erhöhen

Definieren Sie Etappen und setzen Sie klare Zeitrahmen, um diese Etappen zu erreichen!

Ich habe Biochemie studiert, ein Fach, das für seine enorme Lernintensität bekannt ist. Fragen Sie mal Mediziner: An der Biochemie trennt sich oft die Spreu vom Weizen. Noch heute läuft es befreundeten Ärzten eiskalt den Rücken herunter, wenn ich erwähne, dass ich Biochemie-Seminare für Medizinstudenten betreut habe. Die Erinnerung an endlose Stoffwechselwege, unübersichtliche chemische Reaktionen und Strukturformeln von Vitaminen und Cofaktoren, die noch trockener sind als Lateinvokabeln, lässt sie erschaudern. Sich das alles für eine Prüfung im Gehirn einzuprägen ist eine Mammutaufgabe – und für viele unfassbar einschüchternd.

Gleichzeitig war ich begeisterter Rennradfahrer und trainierte während meiner Prüfungsphasen für die kommende Saison. Dabei fiel mir auf: Niemand würde bei einem Training so vorgehen, wie es die meisten beim Lernen für eine Prüfung tun – nämlich sich hinzusetzen und den gesamten Stoff »in Wettkampftempo« ins Gehirn zu hämmern. Jeder Sportler weiß: Man unterteilt das Training in Zwischenziele, in Grundlagentraining, in Aufbautraining und in die Wettkampfvorbereitung. Wie will man sonst auch mehrere Monate sportlich durchhalten? Gesagt, getan: Auch eine wochenlange Vorbereitung für eine Prüfung kann man in drei Etappen unterteilen. Etappe 1: Man arbeitet die wichtigsten Grundlagen durch, erstellt sich Zusammenfassungen, visualisiert mithilfe von Schaubildern. Etappe 2: Man verdichtet die Grundlagen und arbeitet in einem Drittel der Zeit des Grundlagentrainings die Lerninhalte nochmals durch. Etappe 3: Man erstellt sich Prüfungsfragen und bereitet sich mit diesen final auf die Prüfung vor.

Menschen schieben eine Aufgabe weniger auf, wenn sie das Gefühl haben, diese bewältigen zu können. Deswegen lautet eine der wichtigsten Techniken: Teilen Sie große Aufgaben in kleinere Teilaufgaben auf und legen Sie für jede einen konkreten Zeitrahmen fest, in dem Sie sie erledigen wollen.[22] Vorteil 1: Die Aufgabe fühlt sich nicht überwältigend an, sondern machbar. Vorteil 2: Sie sehen immer unmittelbar den Fortschritt, wenn Sie eine kleine Zwischenaufgabe erledigt haben.

Konzentrieren Sie sich auf den Prozess statt auf das Ergebnis!

Eines der zentralen Probleme der Prokrastination ist, dass sich Menschen zu sehr auf das Ergebnis einer Aufgabe konzentrieren, anstatt auf den Weg dorthin. Dabei liegt die eigentliche Herausforderung des Prokrastinierens ja genau im Akt des Nichthandelns. Oder wie es Timothy Pychyl, einer der führenden Forscher auf dem Gebiet der Prokrastination, formuliert: »Motivation kommt mit der Handlung. Fang an – und die Motivation kommt.«[23] Das sagt sich natürlich leicht, doch eine wirksame Maßnahme, um produktiv zu werden, besteht tatsächlich darin, sich auf den nächsten Schritt zu konzentrieren, statt sich vom großen Ziel überwältigen zu lassen.

Eine Studie aus dem Jahr 2020 setzte genau das praktisch um: Statt die Teilnehmer auf das große Ziel hinzuweisen, wurden sie aufgefordert, in kleinen, überschaubaren 25-Minuten-Sprints an ihren Aufgaben zu arbeiten. Per App wurden sie sofort erinnert, wenn sie vom Zeitplan abwichen oder einen Sprint schwänzten.[24] Das Ziel war es, eine regelmäßige Routine zu etablieren, sodass es selbstverständlich wurde, dranzubleiben. Denn der nächste Schritt ist wichtiger als der letzte Schritt eines Projektes. Nur so lässt sich unmittelbar Fortschritt erleben, und genau dieser kleine Erfolg spornt zum Weitermachen an.

Vergeben Sie sich!

Menschen sind oft viel zu streng mit sich. Natürlich muss man ein gewisses Maß an Selbstdisziplin aufbringen, um seine Aufgaben konsequent abzuarbeiten. Doch wer zu hart mit sich selbst ins Gericht geht, nur weil der Plan mal nicht aufgegangen ist, verliert schnell die Motivation, sich erneut dranzusetzen.

Prokrastination ist maßgeblich abhängig davon, wie emotional stabil wir über längere Zeiträume bleiben. Stabilität bedeutet aber auch, mit Rückschlägen fertigzuwerden. Als man 2010 untersuchte, welche Studenten besonders wenig prokrastinierten, kam heraus: Es waren nicht unbedingt diejenigen mit dem besten Zeitplan, sondern jene, die sich selbst Fehler verzeihen konnten, wenn sie vom Plan abwichen.[25] Wer sich jedoch ständig über sich selbst aufregte, verstärkte damit die Prokrastination nur noch.

Aufgepasst: Sich selbst zu vergeben darf nicht mit Gleichgültigkeit verwechselt werden. Wenn man seinen Plan nicht eingehalten hat, ist es völlig in Ordnung, sich kurz darüber aufzuregen – doch dann sollte man sich fragen: Wie kann ich jetzt, in diesem Moment, bestmöglich weitermachen? Die Vergangenheit lässt sich nicht ändern, die Zukunft schon.

Ansatzpunkt 2: Den Wert des Projektes erhöhen

Fangen Sie mit einfachen Aufgaben an! Oder mit schweren!

Wenn Sie eine Aufgabe in kleinere Teile zerlegen und die Teilaufgaben anschließend nach ihrer Wichtigkeit priorisieren, stellt sich unweigerlich die Frage: Womit fange ich an? Mit einer leichten Aufgabe, die man schnell erledigen kann? Oder mit einer schweren, die etwas länger dauert? Die Forschung weiß Rat, denn 2021 untersuchte man das Prokrastinationsverhalten von über 1.000 Teilnehmern, um genau diese Frage zu beantworten. Ergebnis: Es kommt darauf an.[26]

Grundsätzlich gibt es vier verschiedene Typen von Aufgaben:

1. Schwere Aufgaben mit kurzer Deadline – hier haben Sie meistens keine Wahl, denn das sind oft drängende Probleme, die sofort erledigt werden müssen.
2. Schwere Aufgaben mit langer Deadline – diese Aufgaben fangen Sie nur an, wenn Sie sich sicher fühlen, sie auch bewältigen zu können. Ansonsten ist es ratsam, die Aufgabe in Zwischenziele zu zerlegen, für die Sie wiederum kürzere Deadlines definieren.
3. Leichte Aufgaben mit kurzer Deadline – mit diesen Aufgaben fangen Sie an, um ein schnelles Erfolgserlebnis zu erzielen und damit Motivation für weitere Schritte zu gewinnen. Oftmals ermöglichen diese Aufgaben den besten Start in einen produktiven Arbeitstag.
4. Leichte Aufgaben mit langer Deadline – mit diesen Aufgaben sollten Sie möglichst nicht beginnen. Der Grund: Menschen verlieren sich leicht in solchen Aufgaben und betreiben dabei weit mehr Aufwand, als eigentlich nötig wäre. Ein Phänomen, das als »Parkinsons Gesetz« bekannt ist: Die Arbeit dehnt sich genauso lange aus wie die Zeit, die dafür zur Verfügung steht. Mit anderen Worten: Geben Sie sich für eine leichte Aufgabe einen Tag Zeit, brauchen Sie auch nur einen Tag. Geben Sie eine Woche Zeit, dann arbeiten Sie eben eine ganze Woche daran. Gerade bei leichten Aufgaben mit großzügigen Fristen fallen Menschen oft in diese »Small-Task«-Falle.[27] Dagegen helfen tatsächlich nur strenge Deadlines.

Umgekehrt können Sie Parkinsons Gesetz übrigens auch für Ihre Planung nutzen: Zerteilen Sie eine große Aufgabe lieber in mehrere (und dafür leichtere) Zwischenziele mit eher kurzer Deadline. Die Kunst besteht darin, die Deadline nicht zu knapp zu setzen, sodass sie unerreichbar wird, aber auch nicht zu großzügig, sodass man wieder ins Trödeln kommt. Gehen Sie trotzdem mit der Deadline eher ans untere Ende dessen, was Sie sich zutrauen. Der Vorteil: Sie arbeiten fokussierter an der Aufgabe – und Sie haben anschließend mehr Erfolgserlebnisse, weil Sie mehr Teilaufgaben auf der Liste abhaken können.

Belohnen Sie sich!

Woran erkennen Sie jemanden, der prokrastiniert? Seine Wohnung ist komplett aufgeräumt! Und vielleicht kennen Sie dieses Verhalten auch von sich: Statt sich einer komplizierten Aufgabe zu widmen, macht man lieber andere Dinge, die auf den ersten Blick ebenfalls unangenehm sind: bügeln, staubsaugen, aufräumen oder den Müll raustragen. Tätigkeiten, die sonst eher lästig erscheinen, sind plötzlich unglaublich verlockend – und das wichtige Projekt bleibt liegen. Verrückt!

Der Grund liegt auf der Hand. Es gibt eine sofortige Belohnung. Es mag zwar nicht besonders viel Spaß machen, Staub zu wischen, aber immerhin ist die Bude am Ende sauber. Dieses unmittelbare Erfolgserlebnis fehlt bei längerfristigen Aufgaben. Deswegen schiebt man sie vor sich her.

Dabei ist es recht einfach, ein solches positives Erlebnis zu erzeugen. Definieren Sie lieber kurze, leicht erreichbare Aufgaben, und belohnen Sie sich unmittelbar nach deren Erledigung: Streichen Sie den Punkt auf Ihrer Liste ab – und machen Sie eine Pause. Die Pause sollte aber nur ein Fünftel der Zeit dauern, die Sie für die Aufgabe gebraucht haben, dann machen Sie mit der nächsten Aufgabe weiter.

Gerade um Prokrastination kurzfristig zu bekämpfen, können Belohnungen äußerst wirkungsvoll sein. So zeigte eine Untersuchung aus dem Jahr 2023: Wenn Studenten für die Abgabe einer Hausarbeit bloß eine Fleißmarke erhielten, reichten sie ihre Arbeit schon nach sieben Tagen ein und nicht nach elf Tagen wie ihre Kommilitonen ohne Belohnung.[28] Das ist eigentlich bekloppt, denn die Fleißmarke ist genau gar nichts wert. Zumindest irrelevant für die Abschlussnote. Doch allein die sichtbare Anerkennung der eigenen Leistung führt dazu, dass man sich mehr anstrengt. Schließlich will man möglichst schnell sehen, was man geschafft hat. Wie beim Staubsaugen, während die akademische Hausarbeit wartet.

Ansatzpunkt 3: Die Zeit verkürzen

Je weiter etwas in der Zukunft liegt, desto weniger Bedeutung messen wir ihm bei. Holen Sie die Zukunft deswegen in die Gegenwart, indem Sie ein großes Projekt in Zwischenschritte mit kürzerem Zeithorizont aufteilen.[29] Strukturieren Sie das Vorhaben in kleine Abschnitte, die in überschaubarer Zeit erreichbar sind. Der Trick ist dabei, dass Sie die Zwischenschritte als klare »Wenn-dann«-Bedingungen formulieren. Nur wenn ein Schritt abgeschlossen ist, kann man sich an den nächsten Schritt wagen.[30]

Passen Sie jedoch auf, dass Sie nicht in eine Falle tappen, die man »Deadline-Tod« nennt. Eine Übersichtsstudie aus dem Jahr 2022 mit über 4000 Teilnehmern kam zu einem überraschenden Ergebnis:[31] Menschen unterschätzen systematisch, dass Deadlines flexibel sein können. Viele haben Angst, um eine Verlängerung zu bitten, weil sie in einer auf Effizienz getrimmten Arbeitswelt fürchten, als unproduktiv zu gelten. Stattdessen wird die Aufgabe lieber schnell hingeschludert, oft auf Kosten der Qualität. Das ist nicht im Sinne einer guten Aufgabenplanung. Deadlines sind ein Werkzeug, kein unverrückbares Gesetz. Setzen Sie sie ruhig etwas strenger an und verlängern Sie diese bei Bedarf ein bisschen. Das mag auf den ersten Blick inkonsequent erscheinen, doch es ist allemal besser als die Alternativen: nicht um Verschiebung zu bitten und dann lieber ein schlechtes Ergebnis abzuliefern. Oder von vornherein mit längeren Deadlines zu arbeiten, nur um dann trotzdem zu spät dran zu sein – Parkinsons Gesetz lässt grüßen.

Ansatzpunkt 4: Minimieren Sie Ablenkung.

Ich habe in Tübingen studiert – in Hörsälen, die so tief im Inneren der Gebäude lagen, dass sie nahezu hermetisch von der Außenwelt abgeschlossen waren. Niemand hatte damals Empfang auf dem Handy. Die Ablenkung hielt sich in Grenzen. Manchmal sehne ich mich nach diesen Orten zurück, weil man heute auch den letzten Raum unseres Lebens mit Internetempfang ausgestattet hat.

Das große Missverständnis der Digitalisierung ist der Glaube, es gehe vor allem um Geräte, Internetzugang und ständige Erreichbarkeit. Man diskutiert darüber, wie gut Schulen und öffentliche Stellen mit WLAN ausgestattet werden müssen, während Unternehmen längst begonnen haben, den Einsatz von Smartphones in Meetings oder Arbeitsbereichen einzuschränken. Bis heute konnte mir auch noch niemand einen guten Grund dafür nennen, warum ein privates Smartphone in der Schule sinnvoll sei. Was soll das bringen? Ständige Erreichbarkeit führt nicht nur zu mehr Ablenkung (wie bereits im vorigen Kapitel gezeigt), sondern auch zu weniger Selbstdisziplin und mehr Prokrastination.[32]

Die gute Nachricht ist: Das kann man leicht abschaffen. Als man Teilnehmern einer Studie die Nutzung von Facebook und Handyspielen untersagte, hörte das Aufschieben nahezu sofort auf.[33] Im Grunde hat man deswegen keine andere Wahl, als Smartphones, Tablets und andere Versuchungen, ob digital oder nicht, aus dem Sichtfeld zu verbannen. Schaffen Sie sich einen Ort, an dem Ablenkungen bewusst minimiert sind. Entfernen Sie alle digitalen Geräte, die Sie nicht brauchen, aus Ihrem Sichtfeld. Klingt nach einer simplen Methode, aber sie ist wirkungsvoll – und die Studienlage dazu eindeutig. Zumindest bei eingeschalteten Smartphones, denn diese reduzieren die Aufmerksamkeit nachweislich.[34] Ob das auch auf ausgeschaltete Geräte zutrifft, ist wissenschaftlich umstritten. So zeigen einige Einzeluntersuchungen, dass schon die bloße Anwesenheit eines Smartphones dafür sorgt, dass man sich schwerer konzentrieren kann (und deswegen vermutlich leichter aus seinem Arbeitsablauf gerissen wird und Aufgaben aufschiebt).[35] Übersichtsarbeiten, die Dutzende Einzelstudien zusammenfassen, haben jedoch keinen[36] oder nur geringe[37] negative Effekte ausgeschalteter Smartphones auf die Konzentration zeigen können.

Dennoch der Praxistipp: Entfernen Sie Smartphones während konzentrierter Arbeit aus dem Blick oder am besten gleich ganz aus dem Raum. Selbst wenn ausgeschaltete Geräte keinen direkten Nachteil haben, Vorteile fürs fokussierte Denken haben sie jedenfalls auch nicht.

Und was ist mit To-do-Listen?

Im Jahr 2014 gingen Janet Choi und der Gründer der Produktivitäts-App »iDoneThis« (zu Deutsch: »Ich hab's erledigt«) Walter Chen der Frage nach, wie effektiv die App tatsächlich war. Anfang der 2010er-Jahre war schließlich klar, dass es für alle Probleme eine Lösung gäbe: eine App nämlich. Und wie schon zu Beginn dieses Kapitels angedeutet, gibt es kaum ein größeres kognitives Problem als die allgegenwärtige Aufschieberitis.

Kein Wunder, dass Produktivitäts-Apps damals wie Pilze aus dem Boden schossen, die vor allem eines versprachen: endlich wieder Ordnung in die Unübersichtlichkeit des Lebens zu bringen und dafür zu sorgen, dass man sich den Dingen konsequent widmet. Die ursprüngliche Idee von »iDoneThis« war dabei eine »Erledigungsliste«: Im Laufe eines Tages sollte man aufschreiben, was man alles geschafft hatte – und am Ende gab es als Belohnung eine Nachricht darüber, wie produktiv man war. Das ist wirklich eine clevere Idee, denn sie nutzt den psychologischen Trick, kleine Fortschritte durch Belohnungen zu feiern und so die Motivation zu steigern.

Hätten sie es doch nur bei der ursprünglichen Idee belassen! Doch je erfolgreicher das Produkt wurde, desto mehr wuchs der Wunsch der Nutzer, nicht nur festzuhalten, was sie erledigt hatten, sondern auch zu planen, was sie erledigen wollten: Eine To-do-Liste musste her. Es dauerte keine vier Jahre, bis die interne Analyse der »iDoneThis«-App Ernüchterndes zutage förderte:[38] Die Nutzer der App waren äußerst ineffektiv. Statt sich mit der App durch einen Berg an Aufgaben zu fräsen, blieben 41 Prozent aller Aufgaben auf den To-do-Listen unerledigt. Die Aufgaben, die tatsächlich bearbeitet wurden, wurden jedoch sehr schnell abgehakt: 50 Prozent innerhalb eines Tages, knapp 20 Prozent innerhalb einer Stunde, und jede zehnte Aufgabe wurde sogar noch in derselben Minute erledigt, in der sie in die Liste eingetragen wurde. Mit anderen Worten: Nutzer trugen Aufgaben ein, die sie schon nahezu erledigt hatten, nur um schnell einen Haken dahinter setzen zu können. Die blinkende Bestätigung in der App mag dann vielleicht für einen kurzen Motivationskick sorgen – echten Produktivitätsfortschritt brachte sie jedoch kaum.

Ein Grund dafür: Aufgaben, die wir geplant haben, nerven uns nicht mehr so sehr. Einmal in einer To-do-Liste abgelegt, fühlen sie sich schon in Teilen erledigt an. Zumindest mental. Und an erledigte Dinge erinnern wir uns weniger. Das ist nichts Neues, sondern ein Klassiker der Psychologie, erstmals beschrieben in den 1920ern von der sowjetischen Psychologin Bljuma Zeigarnik, die in Berliner Kaffeehäusern diesen Effekt beobachtete: So konnten sich die Kellner eine Vielzahl an verschiedenen Bestellungen merken. Jedoch nur bis zu dem Moment, in dem die Bestellungen serviert waren. Aus den Augen, aus dem Sinn: Sobald eine Aufgabe abgeschlossen war, schien sie aus dem Kopf zu verschwinden. Genau dieser Zeigarnik-Effekt scheint auch bei To-do-Listen eine Rolle zu spielen. Einmal aufgeschrieben, ist die Aufgabe schon »ein bisschen« erledigt – und damit nicht mehr so dringlich, wie wenn sie gar nicht aufgeschrieben worden wäre.

In einer spannenden Studie aus dem Jahr 2011 wurde dieses Phänomen von EJ Masicampo und Roy Baumeister bestätigt: Die Teilnehmer wurden gebeten sich vorzustellen (aber nicht zu planen), in Zukunft eine Aufgabe zu erledigen (zum Beispiel häufiger Sport zu machen). Kein Wunder, dass diese unerledigten Aufgaben ihnen anschließend bei einer Konzentrationsaufgabe häufig im Kopf herumspukten. Ein anderes Bild zeigte sich nämlich, als sich die Probanden nicht nur vorstellten, mehr Sport zu machen, sondern diese Aktivität auch konkret planten, ähnlich wie in einer To-do-Liste: Sie dachten fast ein Drittel weniger an die unerledigte Aufgabe.[39] So tötet die To-do-Liste unseren Drang, die Aufgabe zu erledigen. Der Zeigarnik-Effekt lässt grüßen.

Den eigenen Weg finden

To-do-Listen sind also Vor- und Nachteil zugleich. Sie können helfen, Aufgaben zu strukturieren und Prokrastination zu vermeiden – allerdings vor allem dann, wenn man ohnehin ein gewissenhafter Typ ist. Für Menschen, die eher sprunghaft und weniger strukturiert sind, können sich To-do-Listen schnell als unpassend anfühlen. Der Erfolg einer Liste hängt also weniger von der Liste selbst ab, sondern vielmehr von der Persönlichkeit desjenigen, der sie nutzt.[40]

Genau deswegen gibt es nicht »die eine App«, die Ihr Produktivitätsproblem löst, sondern ein ganzes Sammelsurium: TickTick, Trello, Todoist, Routine, Sunsama, Akiflow, Notion … Sie alle versprechen, dass Sie Ihre Aufgaben besser im Griff haben, weniger aufschieben, mehr zielgerichtet arbeiten. Kurzum: Sie helfen Ihnen, ein besserer Mensch zu werden. Was für ein Anspruch! Und was für ein Unterschied zu klassischen Programmen wie PowerPoint, Word, Excel – softwaregewordene Evergreens, die für alle gleich gut funktionieren. Denn bei Zahlen, Wörtern und Bildern ticken wir alle ähnlich. Aber wenn es darum geht, das eigene Leben zu strukturieren, sieht es ganz anders aus.

Jedes Mal, wenn Sie etwas in einer To-do-Liste aufschreiben, gehen Sie einen Pakt mit sich selbst ein: Sie schreiben auf, wie Sie in Zukunft sein möchten oder was Sie erledigt haben wollen. To-do-Listen sind Grüße in die Zukunft – und genau deswegen etwas sehr Persönliches. Oder wie es der italienische Schriftsteller Umberto Eco 2009 in einem bemerkenswerten *Spiegel*-Interview ausdrückte: »Wir mögen Listen, weil wir nicht sterben wollen.«[41] Die To-do-Liste wird so zu einer mentalen Lebensversicherung: Solange etwas unerledigt ist, kann es noch nicht zu Ende sein. Anders gesagt: »Sein oder nicht sein; das ist hier die Frage«. So schließt sich der Kreis zu Hamlet. Vielleicht hat er die Dinge auch deswegen so lange aufgeschoben, weil er Angst vor dem eigenen Tod hatte. Das wäre eine verrückte neuropsychologische Interpretation von Shakespeare – ist aber nur eine Vermutung meinerseits.

Hier zeigt sich, wie persönlich und existenziell das Thema Produktivität und Aufschieben von Dingen ist. Deswegen gibt es auch nicht »die eine« Technik, die man anwenden kann, um produktiver zu sein. Setzen Sie den Hebel am besten immer an einem der vier Faktoren in der Prokrastinationsgleichung an. Welcher Ansatz für Sie am effektivsten ist, müssen Sie selbst herausfinden. Vielleicht sind Sie prinzipiell ein organisierter Typ – aber die Aufgabe fühlt sich unfassbar schwer an und Ihre Erfolgserwartung ist gering? Dann könnten Sie durch kleinere Etappenziele und schnelle Erfolgserlebnisse Ihre Motivation steigern. Oder vielleicht ist die Aufgabe zwar spannend, aber die verfügbare Zeitspanne ist so großzügig, dass Sie immer wieder aufschieben? Dann sollten Sie versuchen, durch vorgezogene Deadlines die Aufgabe aus ferner Zukunft in die Gegenwart zu holen.

Wie Sie persönlich produktiver werden, müssen Sie also ganz für sich entscheiden. Ich sage es ganz offen: Ich habe mir noch nie To-do-Listen gemacht. Trotzdem habe ich meine Aufgaben recht gut im Griff (okay, ich gestehe: Bei diesem Kapitel war ich tatsächlich etwas spät dran). Ich kenne Menschen, die lassen sich von ihrer To-do-Listen-App mehrfach am Tag digital anbrüllen, damit sie vorankommen. Für sie funktioniert das, ich hingegen würde ausrasten. Aber ich bin auch jemand anders.

GEWOHNHEITEN 3

Wie man sie verändert und neue entwickelt

Stellen Sie sich vor, Sie sind Investor, und jemand stellt Ihnen folgende Geschäftsidee vor: Sie bieten ein Produkt an, das den Menschen am Anfang ein gutes Gefühl gibt, etwa durch einen Gewinn oder eine Belohnung. Mit der Zeit verändert sich jedoch das Verhalten Ihrer Kunden: Sie nutzen Ihr Produkt nicht mehr bewusst, sondern ganz automatisch – ohne nachzudenken, als hätten sie ihr Gehirn ausgeschaltet. Und jetzt das Beste: Selbst wenn den Nutzern irgendwann auffallen sollte, dass sie keinen echten Nutzen mehr daraus ziehen, schaffen sie es trotzdem kaum, auszusteigen. Sie bleiben gefangen. Willkommen in der Welt, in der man mit Gewohnheiten Geld verdient!

Nun gut, ganz so fatalistisch ist es vielleicht nicht, denn in diesem Kapitel werden Sie lernen, wie Sie eigene schlechte Gewohnheiten erkennen und durchaus verändern können. Doch unterschätzen Sie nicht, welche gewaltige Macht man gewinnt, wenn man Gewohnheiten von Menschen ausnutzt. Denn Gewohnheiten haben die besondere Eigenschaft, dass man sich ihrer nicht bewusst ist. Man funktioniert im Autopilotenmodus, hinterfragt nicht mehr – ein perfekter Energiesparmodus des Gehirns.

Schätzungsweise knapp die Hälfte unseres täglichen Verhaltens wird durch automatisierte Gewohnheiten bestimmt. Dabei ist den meisten Menschen kaum bewusst, wie sehr ihr Leben nicht durch bewusste Entscheidungen, sondern durch gewohnheitsmäßige Automatismen geprägt ist.[1] Auch Ihr

Alltag ist maßgeblich davon gesteuert: Sie putzen sich beispielsweise die Zähne, ohne groß darüber nachzudenken, wie Sie das tun. Machen Sie gerne den Selbsttest und beobachten Sie Ihre Zahnputzgewohnheit. Sie werden feststellen, dass dieser Vorgang erstens nahezu vollständig automatisch abläuft und zweitens, dass es schwer ist, ihn zu ändern. Versuchen Sie beim nächsten Zähneputzen doch mal, die Reihenfolge zu ändern: Fangen Sie mit den Schneidezähnen statt mit den Backenzähnen an – es ist erstaunlich schwer.

So geht es weiter durch den Tag: Sie frühstücken nach dem immer gleichen Muster, machen sich Ihren Kaffee, ohne nachzudenken, Sie nehmen den gewohnten Weg zur Arbeit, hören Ihre Lieblingsmusik, takten Ihren Arbeitstag nach einem ähnlichen Schema und folgen abends oft festen Routinen, um zu entspannen. Wenn unser Leben in großen Teilen derart automatisiert abläuft, wäre es dann nicht äußerst vielversprechend, genau diese Tatsache für ein Geschäftsmodell zu nutzen?

Das größte Geschäftsmodell der Welt

Die wertvollsten Firmen der Welt bedienen sich heute unserer Anfälligkeit für Gewohnheiten. Der Aufstieg von Social Media begann überhaupt erst mit der Erkenntnis, dass menschliches Verhalten an sich eine lukrative Ressource ist. Betrachtet man das Nutzungsverhalten von Social Media nüchtern und von außen, wirkt es absurd: Menschen, evolutionär optimierte Langstreckenläufer, Problemlöser, Familienwesen, sitzen gebückt und vertieft vor einer kleinen Glasscheibe, über die sie in festgelegten Automatismen wischen. Damit das auch gut klappt, werden Apps gezielt etwas komplizierter gestaltet, als sie sein müssten.[2] Denn wer nur einmal klicken muss, wird dieses Verhalten schnell wieder verlernen. Ein fester Ablauf aus abwechselndem Wischen und Drücken wird viel leichter zu einer Gewohnheit, die uns nicht mehr loslässt. Jeder, der einmal vor einem Spielautomaten gesessen hat, weiß, wovon ich spreche.

Natürlich reicht es nicht, ein automatisiertes Verhalten einfach nur anzubieten, man muss es auch ein kleines bisschen belohnen. Zumindest am Anfang. Der Siegeszug von Social Media begann deswegen 2007, als Justin Rosenstein den Like-Button erfand. Dieses kleine Feature veränderte alles. Vorher war Facebook eine Plattform wie jede andere. Doch nun konnte die Nutzung zur Gewohnheit werden. Denn erst die Aussicht auf eine Belohnung schafft die Grundlage dafür, dass Menschen eine Gewohnheit entwickeln. Allerdings ist die Belohnung nur zu Beginn entscheidend. Denn im Laufe der Zeit automatisiert sich das Verhalten so stark, dass es egal ist, ob man belohnt wird oder nicht. Dann hat man den perfekten Kunden: Er konsumiert, ohne belohnt werden zu müssen. Dass Social Media dennoch weiterhin ein Belohnungsversprechen anbieten, nämlich die soziale Anerkennung durch »Likes«, ändert daran nichts, sondern verschärft das Gewohnheitsverhalten dauerhaft.

Ohne Belohnung keine Gewohnheit. Wikipedia arbeitet zum Beispiel ohne Belohnungen. Aber niemand nutzt Wikipedia aus reiner Gewohnheit. Stattdessen besucht man die Seite mit einer Absicht oder einem Ziel, etwa um etwas nachzuschlagen. Das ist, wie wir in diesem Kapitel noch sehen werden, ein gänzlich anderer psychologischer Mechanismus als der, der hinter einer Gewohnheit steckt. Niemand verspürt nach einer Zeit der Nichtnutzung von Wikipedia den unbedingten Drang, endlich wieder einen Artikel zu lesen. Es sei denn, man ist wirklich ein wissbegieriger Nerd.

Die Social-Media-Industrie verdient ausschließlich mit dem Gewohnheitsverhalten von Menschen Geld – und gehört damit zu den umsatzstärksten Branchen der Welt. Jedes

Jahr werden allein für dortige Werbung etwa 250 Milliarden US-Dollar ausgegeben.[3] Der gesamte Umsatz durch Social Media, inklusive des E-Commerce auf diesen Plattformen, wird für 2025 auf über eine Billion US-Dollar geschätzt.[4]

Auch andere Branchen nutzen die Tatsache gezielt aus, dass Menschen gerne Gewohnheiten ausbilden – die Spieleindustrie zum Beispiel. Was viele nicht wissen: Die Computerspielbranche gehört zu den größten Unterhaltungsindustrien der Welt. Für 2025 wird der Markt auf über 500 Milliarden US-Dollar geschätzt,[5] damit wäre sie so groß wie die Märkte für Film, Bücher, Musik und Kino zusammen. Dabei entfällt etwa die Hälfte aller Erlöse auf Handyspiele, die vor allem nebenbei und gewohnheitsmäßig gespielt werden: Man setzt sich in die S-Bahn, zieht das Handy aus der Tasche und beginnt, virtuelles Obst in einem Raster hin und her zu schubsen.

Auch eine der umstrittensten Branchen der Welt setzt auf das menschliche Gewohnheitsdenken: die Tabakindustrie. Der weltweite Umsatz beträgt hier über eine Billion US-Dollar.[6] Und bevor Sie sagen, das sei doch ein Geschäft mit der Sucht. Ganz recht, Nikotin macht süchtig. Das Perfide beim Rauchen ist aber nicht die körperliche Abhängigkeit. Die ist schnell überwunden: Nach etwa zwei Wochen haben abstinente Raucher biochemisch kein Problem mehr mit dem Nikotinentzug, sie sind körperlich nicht mehr abhängig von der Droge. Doch die Gewohnheit bleibt: die Momente, in denen man sich zuvor eine Zigarette angesteckt hat, auf dem Weg zur Arbeit, beim Warten auf die Bahn, abends auf dem Balkon. Alle Schlüsselreize, die das Gehirn immer mit dem automatisierten Griff zur Zigarette beantwortet hat, sind noch da – und gerade in diesen Momenten bekommt man die Gewohnheit nicht aus dem Kopf. Das ist der Hauptgrund dafür, weshalb es so schwer ist, mit dem Rauchen aufzuhören. Nicht, weil Nikotin körperlich so stark abhängig machen würde. In dieser Hinsicht ist Alkohol ein ganz anderes Kaliber.

Gewohnheiten sind hartnäckiger als Süchte. Und die mit Abstand größte Herausforderung bei einer Verhaltensänderung ist, eine Gewohnheit zu durchbrechen. Das liegt vor allem daran, dass sie vollautomatisch ablaufen. Einmal etabliert, ist es organisch unmöglich, eine Gewohnheit einfach abzulegen. Man kann sie höchstens mit einer neuen Gewohnheit überschreiben. Doch auch das ist schwer. Über 50 Prozent der Menschen nehmen sich zum Jahreswechsel etwa vor, ihre Gewohnheiten zu ändern. Unter den Top-Vorsätzen finden sich regelmäßig »mehr Sport treiben« und »gesünder ernähren«. Fehlt nur noch der Vorsatz, die guten Vorsätze auch einzuhalten. Denn eine Umfrage mit über 68.000 deutschen Teilnehmern ergab Ende 2024: Weniger als ein Drittel der Menschen hält langfristig an ihren Vorsätzen fest.[7]

Dabei ist genau das wichtig, um in bestimmten Bereichen des Lebens wieder bewusste Kontrolle zu erlangen. Gewiss, Gewohnheiten befreien uns von lästiger Denkarbeit (man stelle sich vor, man müsste über praktisch alles im Alltag bewusst nachdenken, selbst ein Top-Gehirn wie das menschliche käme da schnell an seine Grenzen) – doch diese Bequemlichkeit hat ihren Preis: Gewohnheiten machen uns manipulierbar, oft ohne dass wir es merken. So geben wir in wichtigen Bereichen unseres Lebens, sei es Gesundheit, Wohlbefinden oder Arbeitsproduktivität, die Kontrolle an einen inneren Autopiloten ab. Besser zu denken heißt deswegen auch, bewusster zu denken und die Kontrolle über manche Automatismen zurückzugewinnen.

Werfen wir also einen tiefen Blick in unser Gehirn, um herauszufinden, wo genau man ansetzen muss, um die Kontrolle über seine Gewohnheiten zurückzugewinnen. Und wenn ich »tief« sage, meine ich auch »tief«, denn Gewohnheiten sind in Regionen versteckt, die zu den evolutionär ältesten und am besten versteckten im ganzen Gehirn zählen.

Den Autopiloten anwerfen

Stellen Sie sich vor, Sie sitzen im Auto auf dem Weg nach Hause. Sie kommen an eine Kreuzung, an der Sie normalerweise immer rechts abbiegen, weil es der direkte Weg zu Ihrer Wohnung ist. Doch diesmal müssten Sie eigentlich links abbiegen, um noch am Supermarkt vorbeizufahren und ein paar Einkäufe zu erledigen. Sie stehen an der Kreuzung und müssen eine Entscheidung treffen. Und genau in diesem Moment gerät Ihr Gehirn in einen Konflikt.

Zwei unterschiedliche Netzwerke in Ihrem Gehirn arbeiten gegeneinander: Auf der einen Seite steht ein bewusstes, zielorientiertes Netzwerk, das in diesem Augenblick den Fokus auf die Einkäufe richtet. Ohne Brot, Butter und Käse können Sie sich schließlich kein Abendbrot machen. Dieses Netzwerk hilft Ihnen, eine Zielvorstellung aufzubauen, um die Entscheidung zu treffen, zum Supermarkt zu fahren.

Parallel dazu ist ein zweites Netzwerk in Ihrem Gehirn aktiv. Es arbeitet nicht bewusst oder auf ein Ziel fokussiert, sondern impulsorientiert. Es reagiert auf einen konkreten Schlüsselreiz und löst daraufhin ein automatisiertes Handlungsprogramm aus. Im konkreten Fall: Sie biegen, wie immer, nach rechts ab.

Das erste Verhalten erfordert bewusstes Nachdenken durch das Zielsystem, das zweite läuft automatisiert über das Gewohnheitssystem ab. Ist der Schlüsselreiz, in diesem Fall das Erreichen der Kreuzung, stark genug, kann das Gewohnheitssystem das Zielsystem übertrumpfen. Dann hat die Macht der Gewohnheit obsiegt.

Einfach gesagt: Eine Gewohnheit ist ein automatisiertes Verhalten, das durch einen Auslösereiz aktiviert wird. Wenn Sie Gewohnheiten analysieren, werden Sie feststellen, dass diese niemals zufällig passieren, sondern immer ein Startsignal brauchen. Das kann eine Kreuzung sein, an der Sie regelmäßig anhalten, eine Uhrzeit, zu der Sie frühstücken, oder der Moment, wenn Sie in die S-Bahn steigen. Der dadurch ausgelöste Automatismus wird »Routine« genannt: Sie biegen rechts ab, Sie essen Ihr Standardmüsli oder Marmeladenbrötchen oder schauen aufs Handy. Damit diese Routine beim nächsten Mal auch wieder ausgelöst werden kann, sprich: gelernt wird, gibt es eine kleine Belohnung. Sie sorgt dafür, dass das Gehirn die Routine beim nächsten Schlüsselreiz wieder ausführt. Im Gegensatz dazu ist ein zielorientiertes Handeln immer aufwendiger: Sie müssen bewusst abwägen, was Sie konkret tun möchten, müssen sich dazu Ihrer selbst bewusst sein, mögliche Belohnungen oder Bestrafungen antizipieren – das dauert. Und genau deswegen sind Gewohnheiten ein wichtiger Beschleuniger unseres Lebens.

Die Fluglotsen unseres Handelns

Das Erstaunliche dabei ist, dass Gewohnheiten und zielorientiertes Handeln von sehr ähnlichen Hirnregionen gesteuert werden: den Basalganglien. Ihrem Namen gemäß (»Basalganglien« bedeutet so viel wie »fundamentale Knotenpunkte«) liegen sie tief in der Mitte des Großhirns, genauer gesagt: im Zwischen- und Mittelhirn. Es sind extrem unübersichtlich vernetzte Schaltstellen, die von der Großhirnrinde umschlossen werden und mit den zentralen Hirnregionen für Planung, Handlung, Antrieb und Bewegungssteuerung in Kontakt stehen. In den Basalganglien sind die wichtigen Bewegungsmuster gespeichert, die man später abrufen kann: wie Sie Auto fahren, sich die Zähne putzen oder ein Brötchen essen.

Im Grunde kann man sich die Basalganglien vorstellen wie einen Tower auf einem Flughafen: Die dortigen Fluglotsen koordinieren alle Handlungsschritte auf dem Rollfeld oder in der Luft, sie aktivieren Bewegungsprogramme von Flugzeugen und stimmen Planung und Handlung aufeinander ab. Wenn Teile des Fluglotsenteams ausfallen, kann der ganze Ablauf auf einem Flughafen kollabieren.

Übrigens: Dasselbe kann auch im Gehirn passieren. Bei der Nervenkrankheit Parkinson sterben nur wenige Hunderttausend Nervenzellen in einem winzigen Bereich der Basalganglien ab. Leider sind genau diejenigen entscheidend dafür, Bewegungsmuster aufeinander abzustimmen. So kommt es zur Schüttellähmung bei Parkinson, was zeigt, wie wichtig die Funktion der taktgebenden Basalganglien ist.

Wenn Sie eine zielorientierte Handlung durchführen, werden vordere Bereiche innerhalb der Basalganglien aktiviert, die wiederum mit vorderen Bereichen des Großhirns in Kontakt stehen. Sprich: Sie planen eine Handlung bewusst, wägen ab und treffen schließlich die Entscheidung für ein bestimmtes Handlungsprogramm. Das ist nicht einfach (das sehen wir noch im übernächsten Kapitel dieses Buches, wenn es ums Thema »Entscheidungen« geht), aber auch hier spielen die Basalganglien die entscheidende Rolle, um Planung und Handlung aufeinander abzustimmen.

Im Falle von Gewohnheiten sind hintere Areale der Basalganglien aktiv, die nicht mehr mit vorderen Regionen des Großhirns in Verbindung stehen, sondern direkt mit Bewegungsregionen im Gehirn gekoppelt sind. Gewohnheiten laufen deswegen unterbewusst ab: Sobald ein Schlüsselreiz erkannt wurde (Sie steigen zum Beispiel in eine S-Bahn), wird die Routine in den Basalganglien aktiviert (Ihr Smartphone zu benutzen), das entsprechende Bewegungsprogramm direkt an die Bewegungsareale des Großhirns geschickt (Sie greifen mit der Hand nach dem Smartphone). Ohne die bewusst arbeitenden Areale im vorderen Bereich des Gehirns zu aktivieren, geht die Gewohnheit ihren Gang.[8]

Keine Belohnung ist Antrieb genug

Damit sich eine Gewohnheit überhaupt etablieren kann, benötigt das Gehirn ein Signal, das die Routinehandlung als etwas Positives bewertet. Praktischerweise sind die Areale, die ein Belohnungsempfinden vermitteln, ebenfalls in den Basalganglien. So kann es zu einer positiven Feedbackschleife kommen: Ein Schlüsselreiz tritt auf, Sie antworten mit einer Routine, die Ihnen ein positives Gefühl verschafft, und dieses positive Feedback sorgt dafür, dass Sie beim nächsten Schlüsselreiz wieder zur gleichen Routine greifen.

Nun werden Sie sich fragen: Was ist eigentlich die konkrete Belohnung, wenn Sie an einer Kreuzung stehen und aus Macht der Gewohnheit nach rechts abbiegen, um nach Hause zu fahren, statt nach links zum Supermarkt? Ich kann es Ihnen sagen: Es gibt keine mehr. Und genau das ist das Besondere an Gewohnheiten. Als Sie das erste Mal an dieser Kreuzung standen, bogen Sie nach rechts ab, von einer klaren Belohnung motiviert: Sie kamen so schneller nach Hause. Doch mit der Zeit antizipieren Sie den kürzesten Weg nach Hause. Irgendwann freuen Sie sich nicht mehr darüber, dass Sie schnell zu Hause sind. Wahrscheinlich passiert das Gegenteil: Sie ärgern sich darüber, dass es nicht noch schneller geht. Trotzdem biegen Sie an der Kreuzung automatisch nach rechts ab. Das zeigt: Im Laufe der Zeit verlieren Belohnungen ihre Bedeutung, und die Gewohnheit selbst übernimmt die Steuerung.

Diese Unabhängigkeit von Belohnungen macht Gewohnheiten so besonders und lässt sich in neuropsychologischen Studien deutlich nachweisen. Man nutzt dafür einen »Devaluation Test«, einen Entwertungstest. Man trainiert Menschen zunächst ein bestimmtes Verhalten an, indem es konsequent mit einer Belohnung verknüpft wird. Zum Beispiel lernen sie, eine bestimmte Tür zu öffnen oder einen Knopf zu drücken, wofür sie eine Belohnung bekommen. Im Verlauf des Tests wird die Belohnung schrittweise reduziert, bis sie schließlich vollständig entfällt. Erstaunlicherweise bleiben Menschen bei der eingespielten Gewohnheit, selbst wenn es keine Belohnung mehr gibt.[9]

Auch im echten Leben außerhalb eines Labors verselbstständigen sich Gewohnheiten mit der Zeit. Am Anfang macht es Spaß, am Handy zu daddeln. Später sitzt man stumpfsinnig davor und scrollt durch Videos, weil man vergessen hat, was es bringt (recht wenig, wie wir vor zwei Kapiteln festgestellt haben). Ähnlich ist es mit anderen Gewohnheiten: Am Anfang ist es toll, nach dem Essen ein Eis zu essen. Bis es irgendwann selbstverständlich geworden ist. Am Anfang ist es toll, zu rauchen. Doch raucht man irgendwann nicht mehr, um sich besser zu fühlen, sondern nur noch, um sich so zu fühlen, wie sich ein Nichtraucher immer fühlt. Trotzdem hält man an seinem Verhalten fest.

Fast alles, was wir im Leben tun, tun wir entweder aus der Aussicht auf eine Belohnung oder um einer Bestrafung zu entgehen. Gewohnheiten jedoch sind die Ausnahme. Sie sind die einzige Verhaltensweise, die irgendwann gänzlich ohne Belohnung auskommt. Das hat gravierende Auswirkungen.

Die Gefahr des Nichtdenkens

Gewohnheiten machen uns unflexibel. Eine amüsante Studie aus dem Jahr 2022 zeigte: Menschen, die wenig Wasser trinken, lassen sich in einem Gespräch leichter zu mehr Wassertrinken verleiten, wenn ihr Gegenüber ebenfalls häufiger zum Glas greift. Der Grund: Indem man die andere Person »spiegelt« und das eigene Verhalten sozial anpasst, geht man Konflikten aus dem Weg und kommt mit anderen besser aus. Doch bei Menschen mit starken Wassertrinkgewohnheiten funktioniert dieser soziale Einfluss nicht: Wer ohnehin viel Wasser trinkt, bleibt dabei und wird resistent gegen den sozialen Druck von außen.[10] In der Studie gaben die starken Wassertrinker sogar an, bewusst wahrgenommen zu haben, dass ihr Gegenüber mehr trank. Aber es war ihnen egal. Ihre Gewohnheit war stärker als der Impuls, auf sozialen Druck zu reagieren.

Falls Sie jemals mit mir mittagessen gehen, machen Sie sich darauf gefasst, Ihren Wasserkonsum hochzuschrauben. Ich trinke locker fünf Liter Wasser am Tag. Das kann abfärben. Nun ist Wassertrinken nicht weiter dramatisch, doch das in der genannten Studie beobachtete Verhalten hat weitreichende Konsequenzen: Gewohnheiten beeinflussen nicht nur alltägliche Routinen, sondern ganz offenbar auch unser soziales Verhalten – sogar gegen besseres Wissen. Eine weitere Untersuchung aus dem Jahr 2022 zeigte, dass diskriminierendes Gruppenverhalten maßgeblich durch Gewohnheiten erklärt werden kann. Konkret belohnte man die Teilnehmer in der Untersuchung zunächst dafür, wenn sie mit Gruppenmitgliedern zusammenarbeiteten. Kein Wunder, dass dies zu einer starken Gruppenzugehörigkeit führte. Doch selbst nachdem die Belohnung entfernt wurde, hielten die Teilnehmer an ihrem Verhalten fest: Sie kooperierten immer noch lieber mit ihrer eigenen Gruppe und grenzten fremde Teilnehmer aus. Nicht, weil sie diese bewusst ausgrenzen wollten, sondern weil sie an ihrem erlernten Muster festhielten.[11] Es ist im Grunde keine böse Absicht, sondern ein erlernter Automatismus, eine Gewohnheit. Das macht es nicht besser, denn Gewohnheiten wird man viel schwerer los als böse Absichten.

Einmal etabliert, können sich Gewohnheiten verselbstständigen, ohne dass man sich dessen bewusst ist. Eine Studie aus dem Jahr 2023 zeigte dies eindrucksvoll am Beispiel der Verbreitung von Falschinformationen auf Social Media. Das Ergebnis: Falschinformationen werden aus reiner Gewohnheit verbreitet und eben nicht, weil Nutzer zu faul sind, die Inhalte zu überprüfen, oder weil sie bewusst Falschinformationen posten wollen. 15 Prozent der Nutzer, die Social Media am stärksten aus Gewohnheit nutzen, sind für das Weiterleiten von knapp 40 Prozent aller Falschinformationen verantwortlich.[12] Einfach gesagt: Das bewusste Denken wird ausgeschaltet, und die Gewohnheit übernimmt das Steuer. Das mag in vielerlei Hinsicht energiesparend sein. Doch es gibt viele Fälle, in denen es eben keine gute Idee ist, nicht zu denken.

Die unheimliche Macht der Gewohnheit

Gewohnheiten haben eine gewaltige Macht über unser Leben – und genau das gruselt uns ein bisschen, wir verdrängen und unterschätzen deswegen gerne die Rolle von Gewohnheiten. Das Kaffeetrinken ist ein schönes Beispiel. Kein Getränk wird in Deutschland häufiger konsumiert: Pro Kopf und Jahr trinkt jeder Mensch hierzulande über 160 Liter. Wasser liegt, man glaubt es kaum, bei lediglich gut 120 Litern. So viel schaffe ich locker in einem Monat.

Warum trinken so viele Menschen Kaffee? Die meisten

werden sagen: »Weil ich müde bin und wach werden will.« Damit wäre man in guter Gesellschaft, denn in einer Studie aus dem Jahr 2023 sagten viele der befragten Probanden genau das. Doch als sie ein Kaffeetagebuch führen sollten, in dem sie protokollierten, wie müde sie tatsächlich waren, wenn sie Kaffee tranken, kam heraus: Nicht die Müdigkeit war ausschlaggebend, sondern der Schlüsselreiz der Umgebung. Menschen griffen zum Kaffee, wenn sie an ihrem Lieblingscafé vorbeikamen, ihre Kaffeemaschine sahen oder sie die Routine des Morgens dazu brachte.[13]

Wenn ich Ihnen sage, dass ein Großteil Ihres Lebens ohne Ihre bewusste Kontrolle abläuft, wird Ihr erster Impuls sein, das infrage zu stellen. Schließlich sind Sie kein willenloser Zombie, der wie ein Automat durchs Leben geht. Unser modernes Menschenbild ist maßgeblich geprägt von den Philosophen der Aufklärung: Wir handeln bewusst, zielorientiert und frei von äußeren Zwängen. Nur deswegen kann man Menschen für ihr Tun verantwortlich machen. Im Grunde wollen wir nämlich genau das: ein Leben, das planvoll und kontrolliert verläuft. Ohne Kontrolle macht unser Leben keinen Sinn.

Der Punkt ist jedoch: Ein Großteil unseres Lebens folgt nicht Sinn oder Zweck, sondern bloß Gründen. Gewohnheiten sind das beste Beispiel dafür. Irgendwann sind sie nicht mehr an Ziele, noch nicht mal an Belohnungen gebunden. Wir handeln nicht mehr, *damit* wir etwas erreichen, sondern einfach, *weil* ein Handlungsmuster abläuft.

Diese Vorstellung erzeugt Unbehagen, weswegen Menschen die Idee ablehnen, in vielen Bereichen ihres Lebens nur »Handlungsautomaten« zu sein. Wenn wir gedankenlos Gewohnheiten abrufen, was unterscheidet uns dann noch von instinktgesteuerten Tieren? Wir spüren schließlich die Kraft unserer Wünsche, Ziele und Absichten. Wir feiern diejenigen, die mit Überzeugung genau dafür eintreten. Wann haben Sie das letzte Mal jemanden erlebt, der die Stärke und Macht von Gewohnheiten gefeiert hat? Das Gegenteil ist der Fall: Wir bekämpfen Gewohnheiten, wir wollen sie loswerden, weil sie oft als »schlechte Angewohnheiten« gelten, die uns schaden und unfrei machen. Gewohnheiten taugen als Feindbild, denn sie kränken uns in unserer Vorstellung, dass wir bewusst denkende und planende Menschen sind.

Der beste Weg zu besserem Denken liegt jedoch nicht darin, gegen Gewohnheiten anzukämpfen. Es wäre ein aussichtsloses Unterfangen, denn Sie legen sich mit Regionen in Ihrem Gehirn an, die mehr Macht haben können als die bewusste Großhirnrinde. Drehen Sie doch einfach den Spieß um: Bauen Sie sich Ihre eigenen nützlichen Lieblingsgewohnheiten und verbinden Sie das Sinnvolle mit dem Einfachen, nämlich dem Automatischen. Im besten Fall schlagen Sie dabei zwei Fliegen mit einer Klappe: Sie schaffen sich durch Ihr Verhalten einen Vorteil, und mit der Zeit läuft dieses Verhalten ganz von selbst ab. Dann arbeitet die Gewohnheit für Sie, Sie sparen sich lästige Motivation und kommen trotzdem ans Ziel.

Bei Sportlern ist das oft der Fall. Ihre Gewohnheiten sind so tief verankert, dass sie gar nicht darüber nachdenken, ob sie Sport machen sollen. Ein Schlüsselreiz genügt, und das gewohnte Verhalten setzt ein. Ausdauersportler, zum Beispiel Läufer, denken häufiger an ihre Sportgewohnheit und rufen ihr mentales Gewohnheitsprogramm bereits dann ab, wenn sie bloß Bilder einer typischen Sportumgebung sehen – sprich: den Schlüsselreiz.[14] Dieser Effekt ist sogar stärker als bei Bildern, die die positiven Folgen des Sports zeigen, nämlich bessere Gesundheit oder Gewichtsverlust. Bei Nicht-Sportlern ist es noch umgekehrt: Hier wirkt die Zielvorstellung stärker als der Schlüsselreiz.

Wenn Sport einmal zur Gewohnheit geworden ist, fühlt es sich irgendwann komisch an, keinen Sport zu machen und stattdessen untätig auf der Couch zu sitzen und am Handy zu spielen. Wer regelmäßig trainiert, müsste sich regelrecht anstrengen, um wieder faulenzen zu können. Es liegt also in Ihrer Hand, Gewohnheiten zu schaffen, die sich für Sie lohnen. Es ist vielleicht die eleganteste Art, das eigene Leben zu verändern.

Der Bausatz für automatisiertes Denken

In diesem Kapitel haben Sie bereits die wichtigsten Zutaten kennengelernt, die es für den Aufbau einer neuen Gewohnheit braucht: einen Schlüsselreiz, eine einfache Routine und zu Beginn eine kleine Belohnung. Nehmen wir an, Sie möchten diese drei Bausteine nutzen, um sich eine neue Gewohnheit anzueignen. Ganz im Sinne eines Neujahrsvorsatzes. Ein Beispiel: Sie möchten mehr lesen.

Schritt 1: Präzisieren Sie das Ziel!

»Mehr zu lesen« ist ein viel zu vager Vorsatz. Was genau möchten Sie mehr lesen? Mehr Zeitung? Onlinenachrichten? Klatschpresse? Je konkreter Ihr Ziel, desto besser: Sie möchten mehr Bücher lesen wie dieses, das Sie gerade in den Händen halten.

Schritt 2: Finden Sie einen Schlüsselreiz!

Kennen Sie den japanischen Begriff *»Tsundoku«*? Er beschreibt das Phänomen, dass sich ungelesene Bücher zu Hause stapeln, weil man sich zwar fest vornimmt zu lesen, aber einfach nicht dazu kommt. Und nein, das passiert nicht nur in Japan. Auch in Deutschland geht man davon aus, dass zwei Drittel aller gekauften Bücher gar nicht gelesen werden.[15] Wie ist das bei Ihnen? Wenn Sie sich einmal in Ihrer Wohnung umschauen: Wie viele Bücher in Ihrem Regal haben Sie tatsächlich gelesen? Und wie oft haben Sie sich es bloß vorgenommen?

Mir als Autor kann es natürlich egal sein. Ich bekomme Geld dafür, dass Bücher gekauft werden, und nicht dafür, dass sie gelesen werden. Wenn Sie also zehn Exemplare dieses Buches kaufen, nur um Ihr Regal damit zu zieren, freut mich das finanziell mehr, als wenn Sie nur ein einziges wirklich gelesen haben. Aber natürlich hoffe ich, dass Sie dieses Buch genussvoll lesen. Immerhin haben Sie bis hierhin durchgehalten.

Warum werden die meisten Bücher nicht gelesen? Weil es nicht ausreicht, sich einfach vorzunehmen, ein Buch zu lesen. Das gilt für alle neuen Gewohnheiten, die man entwickeln möchte. So konnte eine große Meta-Studie aus dem Jahr 2024 zeigen:[16] Für dauerhafte Verhaltens- und Gewohnheitsänderungen spielen weder Änderungen der Ziele noch der emotionalen Einstellung, der persönlichen Fähigkeiten oder der Glaubensgrundsätze eine entscheidende Rolle. Es ist egal, ob Sie sich fest vornehmen zu lesen, ob Sie Lesen toll finden oder ob Sie gut darin sind – entscheidend ist, ob Sie den Vorgang des Lesens mit einem Schlüsselreiz verknüpfen und es sich so einfach wie möglich machen zu lesen.

Wenn Sie dieses Buch in einen Schrank stellen, werden Sie es nie lesen. Auch wenn Sie es auf einen Tisch legen, wird es wahrscheinlich unbeachtet liegen bleiben. Der Trick besteht darin, das Lesen mit einer ganz konkreten Situation zu verknüpfen. Legen Sie das Buch zum Beispiel aufs Klo oder neben das Bett. Jedes Mal, wirklich jedes Mal, wenn Sie aufs Klo gehen oder ins Bett, nehmen Sie sich vor zu lesen. Es ist egal, wie lange Sie lesen, selbst eine Seite würde reichen. Denn es geht am Anfang ausschließlich darum, eine Routine zu etablieren. Ihr Gehirn, genauer gesagt Ihre Basalganglien, brauchen einige Zeit, um die Verknüpfung zwischen Schlüsselreiz und Routine aufzubauen. Sobald diese Verknüpfung einmal existiert, wird es Ihnen viel leichterfallen, den Umfang zu erhöhen. Vielleicht starten Sie deswegen Ihre neue Gewohnheit erst mit einer lächerlich kleinen, aber dafür leicht zu erfüllenden Routine: Lesen Sie nur eine Seite im Buch. Oder, wenn Sie regelmäßig Sport machen wollen, gehen Sie direkt nach der Arbeit nur zehn Minuten spazieren.

Schritt 3: Halten Sie den Schlüsselreiz konstant!

Es gibt zahlreiche Mythen rund um die Frage, wie lange es dauert, bis sich eine neue Gewohnheit etabliert hat. Eine Faustregel spricht von 21 Tagen, ein Wert, der auf den Schönheitschirurgen Maxwell Maltz zurückgeht. In seinem Selbsthilfebuch aus dem Jahr 1960 stellte er fest, dass es knapp drei Wochen dauerte, bis sich seine Patienten nach einer Schönheits-OP an ihr verändertes Aussehen »gewöhnt« hatten. Wer dieses Kapitel aufmerksam gelesen hat, ahnt schon: Diese Art der »Gewöhnung« hat nichts mit dem Aufbau einer echten Gewohnheit zu tun. Trotzdem hält sich bis heute die hartnäckige Vorstellung, man müsse bloß drei Wochen durchhalten, dann sei eine neue Gewohnheit fest im Gehirn verankert. Drei Wochen klingen machbar. Ich kenne Menschen, die sich, gerade bei sportlichen Zielen, bis zum letzten Tag der drei Wochen »durchgerettet« haben, um am Ende festzustellen: Eine echte Gewohnheit war daraus trotzdem nicht geworden.

Wie lange es dauert, bis sich eine neue Gewohnheit etabliert, hängt im Wesentlichen von zwei Faktoren ab: Wie einfach lässt sich die neue Routine in den Alltag integrieren? Und wie konstant bleibt der Schlüsselreiz oder die Umgebung, in der die Routine ausgeführt wird? Dazu zwei Beispiele: Sportgewohnheiten brauchen vergleichsweise lange, um sich zu verankern. 2023 untersuchte ein Team aus französischen und US-amerikanischen Marketingwissenschaftlerinnen genau das:[17] In Kooperation mit einer großen Fitnessstudiokette in den USA werteten sie über 14 Jahre hinweg das Nutzungsverhalten von über 60.000 Fitness-Anfängern in 560 Fitnessstudios aus. Das Ergebnis dieses gewaltigen Datensatzes aus 12 Millionen Fitnessstudiogängen: Der Aufbau einer Sportgewohnheit dauert tatsächlich ziemlich lange. Bei den »langsamsten« Fitnessstudionutzern vergingen 187 Tage, also gut sechs Monate, bei den schnellsten immer noch 121 Tage, also etwa vier Monate, bis sie wirklich gewohnheitsmäßig ins Studio gingen. Sobald sich die Gewohnheit ausgebildet hatte, blieb sie jedoch erstaunlich robust. Ganz im Sinne der Definition: Man denkt nicht mehr nach, sondern handelt automatisiert. Die Gewohnheit ist in Fleisch und Blut übergegangen, besser gesagt: in die Basalganglien.

Etwas anders sah es jedoch aus, als in derselben Studie die Händewaschgewohnheiten von über 5.200 Klinikmitarbeitern an über 30 Krankenhäusern untersucht wurden: Dabei wurden über 40 Millionen Händewaschereignisse (oder Nichtereignisse, wenn das Händewaschen vergessen wurde) erfasst. Das Ergebnis: Ans regelmäßige Händewaschen gewöhnt man sich schnell. Bereits nach etwa zehn Arbeitsschichten oder rund 220 Händewaschungen hatte sich die Gewohnheit robust und dauerhaft etabliert.

Für diese Unterschiede gibt es einen wichtigen Grund: Das Umfeld beim Händewaschen ist konstanter als beispielsweise beim Gang ins Fitnessstudio. Wenn man jedes Mal auf dem Weg zur Krankenstation an einer Händewaschstation vorbeikommt, bleibt der Schlüsselreiz konstant. Beim Fitnessstudio hingegen variiert die Ausgangssituation stark: Mal geht man direkt nach der Arbeit, die aber mal früher oder mal später endet. An anderen Tagen plant man, vor der Arbeit zu trainieren, doch dann schläft man vielleicht länger. Kurz gesagt: Je variabler das Umfeld, desto instabiler wird die Gewohnheit. Wenn Sie eine neue Gewohnheit ausbilden möchten, sollten Sie deshalb unbedingt darauf achten, einen wiederkehrenden Schlüsselreizmoment zu wählen. Aufs Klo oder ins Bett zu gehen ist ein sehr stabiler Schlüsselreiz. »Nach der Arbeit nach Hause zu kommen« ebenfalls. »Am Wochenende zu lesen« hingegen ist zu wenig konkret.

Schritt 4: Stapeln Sie Gewohnheitsschritte!

Gewohnheiten entstehen umso schneller, je besser die Routineschritte aufeinander abgestimmt sind – wie etwa beim Händewaschen. Die härtesten Gewohnheiten der Welt basieren nämlich genau auf solchen ineinandergreifenden Handlungsschritten. Wir haben es schon gesehen: Social-Media-Apps werden gezielt so konzipiert, dass ihre Nutzung aus einer Abfolge mehrerer kleiner Schritte nacheinander besteht. Spielautomaten werden so konstruiert, dass man regelmäßige Handlungsfolgen nacheinander ausführt. Wenn man raucht, besteht der gesamte Prozess aus einem routinierten Prozedere: Zigarette aus der Packung holen, Packung zurücklegen, Feuerzeug nehmen, Zigarette anzünden, Feuerzeug wieder zurücklegen, die Zigarette mit einer bestimmten Fingerbewegung halten, an der Zigarette ziehen. Dieser Prozess nennt sich *»chunking«*, also das Aufteilen eines komplexen Handlungsmusters in kleine, überschaubare Einzelschritte. Chunking hilft erwiesenermaßen beim Aufbauen von Gewohnheiten, weil dabei die bewusst denkenden Hirnregionen mit der Zeit immer weniger beansprucht werden.[18] Stattdessen folgt ein Schritt automatisch auf den nächsten, bis die gesamte Routine wie von selbst abläuft.

Bonustipp an dieser Stelle: Neben der Stabilität der Schlüsselreize und der schnellen, idealerweise schrittweisen

Umsetzbarkeit einer Routine, können Sie gerne gezielt neue Gewohnheiten an alte andocken. Diese Technik nennt sich »Gewohnheitsstapeln« (engl. *»habit stacking«*). Dabei fungiert eine schon etablierte Gewohnheit als Auslöser, praktisch als Schlüsselreiz, für eine neue. Ein anschauliches Beispiel lieferte eine Studie zur Nutzung von Zahnseide. Wie wir alle wissen, ist die Nutzung von Zahnseide eine der effektivsten Maßnahmen, um seine Zähne gesund zu halten. Zahnseide ist in der Anwendung leider etwas komplizierter als eine einfache Zahnbürste. Dennoch erfüllt die Zahnseide alle Voraussetzungen für den Aufbau einer erfolgreichen Gewohnheit: Der Schlüsselreiz ist klar erkennbar, das Umfeld äußerst stabil, die Anwendung lässt sich genau wie das Zähneputzen in einzelne Schritte (*chunks*) unterteilen. In der Studie fiel es den Teilnehmern wesentlich leichter, die neue Routine zu etablieren, wenn sie die Zahnseide direkt nach dem Zähneputzen verwendeten.[19] Das ist Gewohnheitsstapeln: Ergänzen Sie eine gut etablierte Routine um einen weiteren Schritt. Auch hier gilt wieder: Machen Sie die Umsetzung am Anfang einfach. Reinigen Sie beispielsweise nur einen Zahn mit Zahnseide und steigern Sie dann die Nutzung schrittweise.

Um eine neue Gewohnheit aufzubauen, definieren Sie zunächst eine konkrete und möglichst einfach umsetzbare Maßnahme, finden Sie dann einen passenden Schlüsselreiz und halten Sie anschließend die Kopplung aus Schlüsselreiz und Routine für einige Zeit aufrecht. Wie lange genau, hängt von den konkreten Bedingungen ab. Eine Meta-Studie aus 2024 ergab, dass die durchschnittliche Dauer zur Etablierung einer Gewohnheit – von Zahnseide über regelmäßiges Wassertrinken bis hin zu sportlicher Betätigung – etwa 60 Tage beträgt.[20] Richtwert deswegen: Wenn Sie sich zu Neujahr etwas vornehmen, müssen Sie mindestens bis zur Zeitumstellung Ende März durchhalten. Ob sich dann eine neue Gewohnheit entwickelt hat, kann ich nicht garantieren. Aber immerhin ist es deutlich einfacher, eine neue Gewohnheit zu schaffen, als eine alte loszuwerden.

Die harte Nuss: Gewohnheiten brechen

Vor einigen Jahren begleitete ich ein Projekt des Adipositas-Zentrums in Frankfurt am Main, das sich mit der langfristigen Veränderung von Essgewohnheiten nach einer Magenoperation zur Behandlung krankhafter Fettleibigkeit beschäftigte. Denn der Schlüssel beim Kampf gegen Adipositas liegt nicht in der Operation, sondern der Veränderung von Gewohnheiten. Viele Menschen denken, eine Magenverkleinerung reiche aus, um dauerhaft Gewicht zu verlieren, aber das ist ein Irrtum. Etwa 75 Prozent aller Menschen, die eine solche OP durchführen lassen, nehmen zunächst ab – und dann wieder zu.[21] Der Grund dafür ist, dass sie die Verantwortung für die Ernährung an die OP abgeben. »Jetzt muss ich mich nicht mehr um meine Ernährung kümmern, mein Magen ist schließlich zu klein, um wieder fettleibig zu werden.« Doch genau hierin liegt das Problem: Die zugrunde liegenden Essgewohnheiten haben sich mit einer Magen-OP nicht geändert.

Faris Abu-Naaj leitete damals das Projekt am Adipositas-Zentrum in Frankfurt und engagierte sich in zahlreichen Adipositas-Selbsthilfegruppen in ganz Deutschland. Nach einer Magen-OP hatte er sein Gewicht um über 100 Kilogramm reduziert und dauerhaft halten können. »Weißt du, Henning«, sagte er zu mir, »ich helfe so vielen Menschen, ihre Essgewohnheiten zu ändern. Aber selbst mir fällt es immer noch schwer. Wenn ich essen gehe, bestelle ich im Restaurant immer noch zwei Hauptgerichte, obwohl ich genau weiß, dass ich nur eins essen kann. Trotzdem komme ich von dieser Gewohnheit nicht los.« Wohlgemerkt: Das sagte ein Mann, der nicht nur sein Gewicht erfolgreich fast halbiert hatte, sondern anderen Menschen auf ebenjenem Weg half. Der Kampf gegen alte Gewohnheiten ist also nicht ganz einfach. Wir unterschätzen oft, wie schwer es ist, fest verankerte Automatismen allein durch Willenskraft zu verändern.

Wenn Sie alte Gewohnheiten loswerden wollen, müssen Sie am wichtigsten Hebel ansetzen: dem Schlüsselreiz. Dieser Schlüsselreiz kann darin bestehen, dass man in ein Restaurant geht und sofort die langfristig aufgebaute Routine aktiviert. Wenn das passiert, ist es zu spät. Sie können die Routine kaum oder nur mit enormer Willensanstrengung unterbinden. Denn beim Essen denken wir meist nicht mehr bewusst nach, sondern handeln wie ein Autopilot. Beispielsweise im Kino: 59 Prozent aller Kinobesucher essen im Kino Popcorn.[22] Und zwar nicht, weil es schmeckt, sondern weil man sich daran gewöhnt hat. Eine Studie aus dem Jahr 2011[23] wies dies eindrucksvoll nach: Befanden sich Menschen in einer typischen Kinosituation, in der sie schon öfter Popcorn gegessen hatten, griffen sie auch dann automatisch zu, selbst wenn man ihnen altes, abgestandenes Popcorn servierte. Altes Popcorn, ich bitte Sie: Wahrscheinlich sind nur alte Pommes noch ekliger. Aber nicht für Gewohnheitsesser: Sie aßen es trotzdem, solange sie ihre dominante Hand benutzen durften. Sobald die Teilnehmer als Rechtshänder mit der linken Hand essen sollten, brach der Automatismus zusammen. Kein Wunder: Wenn der Schlüsselreiz (die dominante Hand zu benutzen) wegfällt, kollabiert auch die Gewohnheit.

Es sind die Schlüsselreize, die uns gedankenlos werden lassen. Und genau über diese Reize lassen sich alte Gewohnheiten knacken. Sobald sich das Umfeld verändert, in dem diese Schlüsselreize auftreten, geraten selbst die stabilsten

Routinen ins Wanken. Zum Beispiel die Nutzung von Social Media: Wird ein Update ausgerollt, das die Oberfläche einer Social-Media-App ändert, und sei es nur in Nuancen, sinkt die Interaktion von Gewohnheitsnutzern messbar. Gleichzeitig steigt sie bei neuen Nutzern an.[24] Ein ähnlicher Effekt zeigt sich in einem ganz anderen Kontext: Wenn Studenten die Universität wechseln, verändern sich auch ihre Gewohnheiten. Anderes Umfeld, andere Schlüsselreize, andere Gewohnheiten. Plötzlich wird weniger ferngesehen oder gelesen – insbesondere bei denen, die diese Dinge zuvor ganz selbstverständlich gemacht haben.[25] Anders gesagt: Gewohnheiten leben davon, dass das Umfeld und die Schlüsselreize konstant bleiben.

Schritt 1: Erkennen Sie die Schlüsselreize!

Gerade bei der Umstellung von Ernährungsgewohnheiten ist der Umgang mit Schlüsselreizen besonders entscheidend – und wirkungsvoll. Wie wir schon gesehen haben, bringt es praktisch nichts, sich einfach vorzunehmen, weniger zu essen. Viel hilfreicher ist es, zu verstehen, was und wie viel man überhaupt bei welchen Gelegenheiten isst. In einer Studie aus dem Jahr 2009 gab man knapp 1700 übergewichtigen oder fettleibigen Menschen die Aufgabe, über sechs Monate ein Tagebuch über ihre Ernährungsgewohnheiten zu führen. Mit einem überraschenden Ergebnis: Allein die Auseinandersetzung mit den persönlichen Essgewohnheiten führte zu deutlichen Verhaltensänderungen. Einige Teilnehmer erkannten, dass sie zu bestimmten Tages- oder Nachtzeiten Heißhungerattacken bekamen oder sich zu bestimmten Zeiten ungesunde Zwischenmahlzeiten genehmigten. Sie entwickelten daraufhin von sich aus Strategien, um diesen Reizen vorzubeugen oder sie neu zu beantworten, indem sie sich gesunde Lebensmittel bereithielten, damit sie in den konkreten Momenten vorbereitet waren. Das erstaunliche Ergebnis nach einem halben Jahr: Diejenigen, die ihr Ernährungstagebuch am konsequentesten führten, hatten am meisten abgenommen – und zwar ohne konkrete Anweisungen zur Gewichtsreduktion seitens der Studienleitung.[26]

Von außen betrachtet mutet das komisch an: Eigentlich müsste den Menschen doch klar sein, dass sie mitten in der Nacht vor den Kühlschrank treten. Aber genau das ist oft nicht der Fall. Gewohnheiten laufen häufig unterbewusst ab, und man nimmt das eigene Verhalten kaum wahr. Wer das nicht glaubt, kann sich gerne auf seinem Handy die Nutzungszeiten von Social Media (oder anderen Lieblingsapps) anzeigen lassen. Man wird überrascht sein, wie oft man zum Smartphone greift und wie lange man darauf verweilt.

Schritt 2: Machen Sie alte Gewohnheiten schwer!

Erinnern Sie sich an die vielen Aufforderungen während der Pandemie, sich regelmäßig die Hände zu waschen? Kriegen Sie die konkreten Abläufe noch zusammen? Erst Wasser oder erst die Seife, wie lange sollte man welche Bereiche der Hände einseifen, und welches Kinderlied sollte man singen, damit die Hände auch wirklich keimfrei werden? Gar nicht so einfach, oder? Sie sind nicht allein. Denn eine Beobachtungsstudie der SRH Hochschule Heidelberg aus dem Jahr 2023 zeigte: Nach der Pandemie wuschen sich die Menschen nicht anders die Hände als vor der Pandemie (konkret im Vergleich zu 2018).[27] Bloß sechs Prozent der Männer hatten das korrekte Händewaschprogramm verinnerlicht. Bevor sich die Frauen jetzt über die Männer lustig machen: Nur 15 Prozent der Frauen hielten sich an die empfohlene Händewaschhygiene. Mit anderen Worten: Drei Jahre intensiver AHA-Regeln und Hygienekampagnen hatten praktisch nichts gebracht. Für jeden, der sich mit psychologischer Literatur auskennt, ist dieses Ergebnis wenig überraschend.

Schon 1981 zeigte eine klassische Studie der Gewohnheitsforschung: Menschen ändern ihr Verhalten nicht einfach, wenn sie dazu aufgefordert werden.[28] Die Forschungsgruppe um Ron van Houten an der Mount Saint Vincent University in Halifax, Kanada, untersuchte, wie man Menschen dazu bringt, öfter die Treppe statt den Fahrstuhl zu nehmen. Zunächst stellten die Forscher ein Schild auf mit dem eleganten Hinweis: »Trainiere dein Herz. Benutze die Treppe.« Klingt nett, brachte aber nichts. So gut wie niemand nahm die Treppe. Das änderte sich jedoch, als das Schild entfernt und stattdessen die Fahrstuhltüren verlangsamt wurden: Statt nach 10 Sekunden schlossen sie sich nun nach 26 Sekunden. Diese Verzögerung reichte aus, die Nutzung des Fahrstuhls sank um ein Drittel. Das Besondere war jedoch, was danach geschah: Nach einem Monat wurde die Türgeschwindigkeit wieder auf den ursprünglichen Wert zurückgestellt. Niemand prüfte, ob der Fahrstuhl wieder normal funktionierte, die neue Gewohnheit war bereits stärker als die Bequemlichkeit.

Je schwerer man es macht, auf einen Schlüsselreiz mit der gewohnten Routine zu antworten, desto leichter lässt sich die Gewohnheit brechen. Verstecken Sie deswegen Süßigkeiten an Orte, an die Sie schwer herankommen. Oder machen Sie es sich bewusst schwer, ständig zum Smartphone zu greifen: Schalten Sie es beispielsweise unterwegs aus und verstecken Sie es tief in Ihrer Tasche. Allein die Tatsache, dass es ein bisschen länger dauert, bis der Bildschirm aufleuchtet, bricht die Gewohnheit. Der psychologische Fachbegriff dafür lautet *»friction«*, also der Widerstand, der ein Verhalten weniger wahrscheinlich macht.

Ich habe derzeit gewissermaßen Glück, denn meine Social-Media-App hängt sich ab und zu auf: Nach drei Videos friert das vierte ein und lässt sich nicht mehr laden. Fast könnte man meinen, ein cleverer Psychologe habe mein

Smartphone gehackt, um meine schlechte Gewohnheit zu unterbrechen. Denn natürlich lege ich in dem Moment das Handy genervt zur Seite. Mit diesem Verhalten bin ich übrigens nicht allein. Als Amazon Mitte der 2000er-Jahre seinen Online-Marktplatz ausbaute, stellte der Softwareingenieur Greg Linden fest, dass bereits eine Verzögerung von nur 100 Millisekunden beim Laden der Seite zu einem Umsatzverlust von einem Prozent führte.[29] Wenn das heute der Fall wäre, würde Amazon pro Jahr sechs Milliarden US-Dollar weniger Umsatz machen, nur wegen einer Zehntelsekunde Verzögerung.

Schritt 3: Bereiten Sie sich vor!

Am Adipositas-Zentrum in Frankfurt erzählte mir ein Teilnehmer einer Selbsthilfegruppe von seinem Erfolg nach einer Magen-OP, durch die er sein Gewicht massiv reduzieren konnte. Doch trotz dieses Fortschritts kämpfte er weiterhin mit einer hartnäckigen alten Gewohnheit: Er bestellte sich immer noch zu viel Essen. Um diesem Muster zu entkommen, entwickelte er eine ungewöhnliche Lösung: Jedes Mal, wenn er merkte, dass er eigentlich satt war, griff er zum Salzstreuer und machte den Rest seines Essens ungenießbar. Diese »Abschlussgewohnheit« half ihm, nicht weiterzuessen. Dass das Essen dann zu salzig war und nicht mehr schmeckte, war zweitrangig. Wichtiger war, dass er nun eine Methode hatte, seinen Schlüsselreiz, den übervollen Teller, mit einer neuen Routine zu beantworten.

Gewohnheitsersatz nennt sich die wirkungsvolle Maßnahme, um sich gezielt auf die Schlüsselreize vorzubereiten, die ein Gewohnheitsverhalten auslösen könnten. Die effektivste Art, das zu tun, sind sogenannte »Wenn-dann-Pläne«. Diese Pläne helfen Ihnen, alte Muster zu durchbrechen, indem Sie sich im Voraus eine klare Alternative überlegen. Was werden Sie tun, wenn Sie das nächste Mal in die Bahn steigen und zum Smartphone greifen wollen? Wie reagieren Sie, wenn Sie in der Kaffeepause an leckeren Gebäckstücken vorbeilaufen? Was ist Ihr Plan, wenn Sie abends nach der Arbeit nach Hause kommen?

Für zahlreiche Gewohnheiten ist der Effekt dieser sogenannten »Wenn-dann-Pläne« gut belegt. So ändern Menschen ihre Gewohnheit, stark gesüßte Softdrinks zu trinken, wenn sie sich vorher den Plan machen, immer dann, wenn das Verlangen nach Süßgetränken besteht, Wasser oder andere ungesüßte Getränke zu trinken.[30] Menschen gehen früher ins Bett und vertrödeln ihre Zeit nicht mit unnötigen Dingen, wenn sie nach einem »Wenn-dann-Schema« ihr Zubettgehen umsetzen (»Wenn ich die Nachrichten geschaut habe, gehe ich sofort ins Bett«).[31] Selbst ihren Alkohol- oder Tabakkonsum können Menschen verringern, wenn sie sich im Voraus konkrete Pläne zurechtlegen, wie sie auf bestimmte Schlüsselreize reagieren wollen.[32]

Mit ein paar Tricks ist es also tatsächlich möglich, vom Handy wegzukommen und stattdessen alle Bücher zu lesen, die ich bisher geschrieben habe. Identifizieren Sie erstens die typischen Situationen, in denen Sie automatisch zum Smartphone greifen. Erschweren Sie die Handynutzung und erleichtern Sie die Alternative. Haben Sie mein Buch immer dabei. Oder platzieren Sie es dort, wo Sie täglich vorbeikommen. Führen Sie ganz konsequent über mehrere Wochen die neue Routine durch und starten Sie klein. Lesen Sie erst nur zwei oder drei Seiten in meinem Buch – das aber regelmäßig. Nach kurzer Zeit wird sich so eine neue Gewohnheit in Ihrem Gehirn aufbauen können, und plötzlich lesen Sie ganz automatisch weiter. Zum Glück habe ich noch genügend weitere Bücher verfasst, damit Sie Ihre Lesegewohnheit dauerhaft etablieren können. Viel Spaß dabei.

LERNEN 4

Wie man Wissen aufbaut und die Welt versteht

Wenn Sie in einer Videokonferenz richtig Eindruck machen wollen, setzen Sie sich vor ein volles Bücherregal. Denn eine beeindruckende Bücherwand im Hintergrund sorgt sogar wissenschaftlich erwiesen für einen professionellen, vertrauenswürdigen und kompetenten Eindruck.[1] Sollten Sie jemals die Gelegenheit haben, mit mir in ein Videogespräch zu kommen, wundern Sie sich also nicht: Ich sitze immer vor einer vielseitigen Auswahl an Büchern. Und das sind längst nicht nur meine eigenen.

Das Buch steht immer noch als Symbol für die intellektuelle Kraft des Menschen. Schließlich sind wir die einzigen Lebewesen, die Bücher schreiben und lesen. Und selbstverständlich werde ich an dieser Stelle den Teufel tun und die Wichtigkeit des Buches relativieren. Ich will mir ja nicht meine eigene Kundschaft vergraulen. Dennoch finde ich das Signal einer gut bestückten Bücherwand erstaunlich: Wir neigen dazu, Quantität mit Qualität gleichzusetzen. Je mehr Bücher im Regal, desto mehr Wissen schreiben wir der Person davor zu. »Halo-Effekt« oder »Heiligenschein-Effekt« nennt sich diese geistige Verzerrung, bei der wir Menschen oder Objekte vorschnell mit Eigenschaften aus ihrem Umfeld verknüpfen: viele Bücher – schlauer Typ.

Dabei haben wir im vorigen Kapitel schon gesehen, dass ein Großteil der Bücher überhaupt nicht gelesen wird. Sie stehen oft nur zur Zierde im Regal. So auch der Klassiker moderner Psychologie, nämlich Daniel Kahnemans *Schnel-*

les Denken, langsames Denken, das dem Mathematiker Jordan Ellenberg zufolge zu den am meisten gekauften, aber am wenigsten gelesenen Büchern überhaupt gehört: Noch nicht mal sieben Prozent der Käufer sollen das Buch zu Ende gelesen haben.[2] Dieses Schicksal möchte ich meinem Buch ersparen, deswegen arbeite ich mit Vorgriffen und Ankündigungen, um Sie bei der Stange zu halten. Bleiben Sie gespannt: Schon im nächsten Kapitel werde ich mir Kahnemans Aussagen kritisch vorknöpfen, und das Ergebnis wird Sie komplett verblüffen!

Die Vorstellung, dass wir in Wissensfragen Quantität immer noch wertschätzen, kommt aus einer Zeit der Informationsknappheit. Damals war es schwierig, an Informationen zu kommen, und die vielleicht wichtigste Fähigkeit bestand darin, viele Informationen anzusammeln. Nur so konnte man Wissen aufbauen – und Wissen ist Macht. Gerade dann, wenn man mengenmäßig mehr wusste als andere.

Diese Grundidee dominiert nicht nur die Hintergründe von Videogesprächen, sondern auch unsere Vorstellung von Lernen. Unzählige Ratgeber und Videos versprechen die »besten Lerntechniken«, die meist darauf abzielen, Informationen möglichst effizient ins Gehirn zu transportieren. Als wäre Wissen nichts weiter als ein Sack Reis, den man von A nach B schleppen muss – und mit den besten Lernstrategien gelingt das am schnellsten.

Die Frage ist jedoch: Wie sollte Lernen in einer Welt aussehen, die von zu vielen Informationen überrollt wird? Zunächst multiplizierte das Internet den Informationsraum, den wir mit Ach und Krach durch Suchmaschinen wie Google zu bändigen gelernt haben. Doch wenn uns in Zukunft künstliche Intelligenz auf Knopfdruck ganze Bücher schreiben kann, welche Fähigkeiten brauchen wir dann? Früher ging es darum, Informationen zu finden. Vielleicht wird es in Zukunft wichtiger sein, die relevanten Informationen herauszufiltern?

In der Schule habe ich noch Gedichte auswendig gelernt, historische Jahreszahlen und die wichtigsten Börden Deutschlands. Lernen bedeutete damals, sich Informationen anzuschauen, Beispiele zu wiederholen, die Dinge zu Hause noch mal durchzugehen, noch mal zu wiederholen, um sie für die Prüfung perfekt draufzuhaben. Ich habe mir Bücher gekauft, mit den besten Tricks, um eine Eins zu schreiben: Karteikarten, Eselsbrücken, Gedächtnistricks. Denn in einer Zeit, in der alles schnell gehen muss, gilt für das Lernen vor allem eines: Es muss effizient sein.

Das Wissensparadox: wenn man lernt, ohne zu verstehen

Um es klar zu sagen: Diese Idee von Lernen ist veraltet und paradoxerweise heute mitunter weiter verbreitet als früher. Während meines Biochemie-Studiums konnte ich Vorlesungen und Seminare noch individuell zusammenstellen. Dabei hatte ich es noch vergleichsweise leicht, denn ich hatte ein festgelegtes Programm, das ich abarbeiten musste. Freunde von mir studierten Geschichte und hatten es deutlich schwerer. Zu Beginn ihres Studiums hatten sie noch nicht mal eine Idee von einem Stundenplan. Stattdessen wälzten sie ein dickes Buch voller Vorlesungs- und Seminarverzeichnisse und bastelten sich ihr Studienprogramm selbst. Versuchen Sie das mal einem Zwanzigjährigen von heute zu erklären. Das Grundstudium ist zu einer »Schule 2.0« verkommen, mit vorgefertigten Stundenplänen, die man stur abarbeiten muss. Wozu das führt, beschrieben im April 2025 zwei Wissenschaftler der Universität Michigan in einem Aufsatz mit dem bezeichnenden Titel »Das Wissensparadox:

Warum Medizinstudenten mehr wissen, aber weniger verstehen«:[3] Gerade im Medizinstudium sei auffällig, dass es mehr um Faktenwissen gehe, statt um das Verstehen von Krankheitsbildern.[4] Lernen würde auf ein Minimum reduziert, mit dem Ziel, die bestmögliche Abschlussnote zu erhalten.[5] Oder anders gesagt: Es dominiert ein Effizienzdenken. Wie bekommt man die beste Note mit dem geringsten Aufwand?

Man fordert vom Menschen, eigenständig zu denken, mit neuartigen Problemen klarzukommen und komplexe Zusammenhänge zu verstehen – und behandelt sie gleichzeitig wie lebende Festplatten. Das kann nicht funktionieren. Die wichtigste Eigenschaft des menschlichen Denkens, das, was uns zur dominanten Spezies auf diesem Planeten gemacht hat, ist nicht bloß die Fähigkeit zu lernen, sondern vor allem zu verstehen, worum es eigentlich geht. Modernes Lernen reicht weit über das klassische Verständnis von Informationsgewinn hinaus. Wir brauchen Methoden, um die Informationsflut zu bändigen, Zusammenhänge zu erkennen, Denkkonzepte zu entwickeln und Probleme ganzheitlich zu erfassen. Oder, wie es ein Artikel der UNESCO Ende 2024 zusammenfasste: »In einer sich ständig verändernden, von KI geprägten Welt spielt eine am Menschen orientierte Bildung eine entscheidende Rolle, um Menschen auf eine unvorhersehbare Zukunft vorzubereiten.«[6]

Genau das ist die Frage, die wir uns stellen müssen: Wollen wir Menschen, die einen Test bestehen können? Oder Menschen, die auch zehn Jahre nach ihrem letzten Abschlusstest in der Lage sind, neuartige Probleme zu lösen? Ich garantiere an dieser Stelle: Wir werden in wenigen Jahren, wahrscheinlich schon Monaten, Fragen beantworten müssen, die wir heute noch nicht kennen. Die Zukunft wird uns überraschen – so wie sie es immer getan hat. Wir werden Herausforderungen sehen, von denen wir heute noch keine Ahnung haben. Um dann erfolgreich zu sein, brauchen wir Leute, die in der Lage sind, eigenständig zu denken. Eine Armee aus Testknackern wird die Welt nicht verbessern, aber eine Generation von eigenständig lernenden Menschen schon.

In Zukunft wird jeder von uns in der Lage sein müssen, Informationen effektiv zu lernen, einen soliden Wissensgrundstock aufzubauen und damit Probleme clever zu verstehen und zu lösen. Selbstständig und stets neugierig. Das sehe nicht nur ich so, sondern auch der Bertelsmann-Report *Kompetenzen für morgen*, der im August 2024 die wichtigsten Fähigkeiten für zukünftigen Erfolg zusammenfasste.[7] Unter den Top 5: Lernbereitschaft – und in diesem Kapitel zeige ich, welche Techniken wissenschaftlich erwiesenermaßen unser Lernen und Verstehen am besten unterstützen. Die Plätze eins bis drei übrigens belegen »kreatives Denken«, »Anpassungsfähigkeit« und »kritisches Denken«. Genau zu diesen Denkfähigkeiten finden Sie in diesem Buch eigene Kapitel. Als hätte ich es geahnt.

Der Weg des Wissens ins Gehirn

Wenn Sie ins Gehirn schauen, finden Sie dort keine Informationen. Sie finden auch kein Gedächtnis, keine Erinnerungen, keine Gedanken, kein Wissen. Sie finden nur Nervenzellen, die miteinander verbunden sind – und überdies in etwa genauso viele Stützzellen, sogenannte Gliazellen, die unter anderem die Nervenfasern umhüllen, die Nervenzellen mit Nährstoffen versorgen oder als Abwehrzellen Keime vernichten. Da diese Gliazellen bei der Informationsverarbeitung allerdings eine untergeordnete Rolle spielen, sind sie für dieses Kapitel nicht weiter relevant. Das Gehirn ist ein besonderes Organ, denn man sieht ihm nicht an, wie es funktioniert. Bei jedem anderen Organ ist die Sache klar: Ein Herz ist eine Pumpe, eine Lunge ist ein Blasebalg, die Niere ist eine Filterstation. Das Gehirn hingegen ist ein anderthalb Kilogramm schweres Gewebe, das uns vor Rätsel stellt: Wo sind hier Erinnerungen gespeichert? Wie kommen da Gedanken heraus?

Stellen Sie sich vor, Sie erinnern sich in diesem Moment an Ihre Großmutter. Sofort entsteht ein inneres Bild, vielleicht eine Erinnerung daran, wie Sie bei Ihrer Oma Urlaub machen, ein Stück Kuchen essen oder gemeinsam ein Spiel spielen. Vielleicht riechen Sie etwas, oder vor Ihrem geistigen Auge läuft sogar ein kleiner Film ab. Der Grund dafür: Eine Erinnerung ist nicht irgendwo gespeichert, etwa in einer »Großmutter-Nervenzelle«. Eine Erinnerung ist ein bestimmtes Aktivitätsmuster im Nervennetzwerk.

Das klingt abstrakt, ist aber bei vielen Systemen ähnlich: Die Leistung einer Fußballmannschaft können Sie auch nicht allein an der Aufstellung ablesen. Die Leistung ergibt sich vielmehr aus der Art und Weise, wie die Spieler in einem konkreten Moment zusammenspielen. Wenn Sie einen Chor betrachten, wissen Sie nicht, was dieser Chor als Nächstes singen wird. Denn der Gesang entsteht erst, wenn die Personen zusammenwirken und ihre Einzelaktivität aufeinander abstimmen.

So ähnlich ist es auch im Gehirn: Eine Information, ein Gedanke, ein Gedächtnisinhalt ist immer das Ergebnis des Zusammenspiels der Nervenzellen. Und so wie der identische Chor unterschiedliche Lieder singen kann, kann auch dasselbe Nervennetzwerk, nämlich Ihr Gehirn, unterschiedliche Gedanken hervorbringen. Schlicht dadurch, dass sich dieselben Nervenzellen jeweils unterschiedlich miteinander abstimmen.

Wenn eine Erinnerung nun die Fähigkeit des Gehirns ist, einen bestimmten Aktivitätszustand der Nervenzellen auszulösen, dann ist Lernen der Vorgang, der genau diesen Auslösemechanismus verbessert. Es handelt sich um ein Anpassungsverfahren, das dafür sorgt, dass ein bestimmtes Aktivitätsmuster beim nächsten Mal leichter ausgelöst werden kann. Dabei steht das Gehirn vor einer Herausforderung: Es muss entscheiden, welche Informationen »erinnerungswürdig« sind und welche nicht. Wie wir bereits im ersten Kapitel dieses Buches gesehen haben, gibt es im Gehirn eine »Türsteher-Region«, die dafür sorgt, dass nicht jede beliebige Information in unser Bewusstsein eindringen kann. Für das Gedächtnis gibt es solche Filterstationen auch. Die wichtigste davon ist der Hippocampus, ein bananenförmiges Areal, etwa so groß wie der kleine Finger, das ziemlich zentral im Gehirn liegt. In jeder Hirnhälfte haben wir einen Hippocampus, der darüber entscheidet, ob eine Information langfristig gespeichert wird. Der Hippocampus ist quasi der Dirigent des Lernens.

Gerade lesen Sie dieses Buch. Ob Sie sich morgen noch an die Inhalte erinnern, entscheidet der Hippocampus. Denn die wichtigsten (oder spannendsten, emotionalsten, überraschendsten) Informationen des Tages werden im Hippocampus zunächst »warmgehalten«. In der Nacht, während Sie schlafen, präsentiert der Hippocampus diese Informationen immer wieder bestimmten Regionen der Großhirnrinde,[8] bis die dortigen Nervenzellen feststellen: Das muss wichtig sein! Angeregt durch diese Wiederholung passen die Nervenzellen ihre Verbindungen untereinander an, und zwar so, dass das spezifische Aktivitätsmuster beim nächsten Mal leichter ausgelöst werden kann.[9] Manche Verbindungen werden dabei gestärkt, andere abgeschwächt, wodurch das gesamte System leistungsfähiger wird. Genau das nennt man »Lernen«: die Fähigkeit eines Nervennetzwerks, sich an besonders herausragende Reize anzupassen, um sie künftig leichter verarbeiten zu können.[10] Und am besten gelingt das, wenn das Gehirn die nötige Ruhe bekommt, um die Informationen zu sortieren. Sprich: im Schlaf.[11]

Praktisch alle klassischen Lerntechniken basieren auf diesem Funktionsprinzip des Gehirns: dass man möglichst viele Sinne aktiviert, um das Gehirn möglichst großflächig anzusprechen, Gedächtnisstützen nutzt oder Geschichten erfindet, um Wortlisten zu speichern, oder dass man durch Wiederholung dem Hippocampus das Abspeichern erleichtert. Doch genau hier liegt das Problem: So fördert man zwar das Speichern von Informationen, nutzt aber die wahre Stärke des menschlichen Denkens nur unzureichend.

Konzepte erkennen

Wenn ich nach Frankfurt fahre, wo ich wohne, komme ich an einem Gebäude vorbei, über dessen Eingang in großen Buchstaben steht: DEM WAHREN SCHOENEN GUTEN. Man kann diesen Satz auswendig lernen, dann benötigt er 26 Bytes Speicherplatz. Doch solange man ihn abgespeichert hat, bedeutet er nichts. Erst wenn ich die Alte Oper betrete und vielleicht ein Konzert erlebe, beginnt er, Sinn zu entfalten – je nachdem, was ich dort höre.

Verstehen geht über bloßes Auswendiglernen hinaus. Es bedeutet, Wissen zu mentalen Konzepten zu formen. Solche Konzepte erlauben uns, Zusammenhänge zu erkennen, Ursache von Wirkung zu unterscheiden, Schlussfolgerungen zu ziehen und vorhandenes Wissen auf neue Probleme anzuwenden. Um solche Konzepte aufzubauen, müssen wir neue Informationen mit schon bestehenden kombinieren. Sprich: Wir müssen hinterfragen, anwenden und ausprobieren, bis wir das zugrunde liegende Prinzip verstanden haben.

Das Besondere ist: Das Gehirn arbeitet anders, wenn es Konzepte erkennt, anstatt bloß Informationen »zu speichern«. Klassisches Lernen baut auf dem Zusammenspiel zwischen dem schnellen Hippocampus und der vergleichsweise langsamen Großhirnrinde auf. Für einfache Informationen ist das auch ein effektiver Weg. Nicht jedoch, wenn es darum geht, Konzepte zu bilden. Denn ein Konzept besteht nicht nur aus einer einzelnen Information, sondern auch aus deren Beziehungen zu anderen Informationen. Wenn Sie an das Konzept »Hund« denken, haben Sie schließlich nicht Hunderte von abgespeicherten Hunden im Kopf, sondern eher einen Prototyp, einen »mentalen Beispielhund«.

Genau deswegen werden Konzepte nicht an einem bestimmten Ort im Gehirn verarbeitet, vielmehr entstehen sie durch das Zusammenspiel verschiedener Hirnregionen. Übrigens ist der Hippocampus hier ganz anders beteiligt als beim klassischen Lernen. Er übernimmt nur eine Teilaufgabe, indem er Erinnerungen beisteuert, aus denen andere Hirnregionen ein übergeordnetes Konzept bilden.[12] Wer es genau wissen will: Die beteiligten Hirnregionen formen Netzwerke, die unsere räumliche Vorstellung aufbauen, Wortbedeutungen verknüpfen oder uns in die Perspektive anderer hineinversetzen lassen.[13]

Das bedeutet aber auch: Um konzeptionell zu denken, komplexe Zusammenhänge zu verstehen und anzuwenden, Systeme zu durchdringen und uns auf neuartige Probleme einzustellen, sind besondere Lerntechniken erforderlich. Erst müssen wir eine solide Wissensgrundlage aufbauen, indem wir uns Informationen dauerhaft merken. Anschließend müssen wir diese Inhalte konzeptionell durchdringen, um sie schließlich auf neue Herausforderungen anwenden zu können.

Lernstrategie 1: Informationen verteilen!

Morgens esse ich gerne Müsli, weil es schnell und unkompliziert ist. Natürlich hoffe ich dabei, dass sich die »Müslimoleküle« möglichst effizient in »Muskelmoleküle« verwandeln. Das gelingt aber nur, wenn ich mal eine Pause vom Müsliessen einlege. Denn wenn ich permanent Müsli essen würde, würde ich irgendwann platzen.

Wenn Sie pausenlos Informationen konsumieren, geraten Sie irgendwann auch an Ihre Grenzen. Sie nennen das allerdings nicht »platzen«, sondern sprechen von Vergesslichkeit, Unkonzentriertheit oder dem Gefühl, nichts mehr konsequent priorisieren zu können. Alles, was Sie im ersten Kapitel dieses Buches schon erfahren haben, dass nämlich zu viele Informationen in zu kurzer Zeit unser Denken überfordern, gilt auch für das Lernen: Ohne Pausen lernen Sie schlechter.

Diese Erkenntnis ist wahrlich nicht neu. Erstmals wurde sie im Jahre 1885 vom deutschen Psychologen Hermann Ebbinghaus beschrieben.[14] Umso erstaunlicher ist es, dass selbst top ausgebildete Jungakademiker nicht darauf vertrauen, kluge Pausen in ihren Lernprozess einzubauen. Vor die Wahl gestellt, Informationen für eine Prüfung einfach direkt zu wiederholen (am besten noch direkt vor der Prüfung) oder das Lernen über einen längeren Zeitraum zu verteilen, entscheiden sich Studenten im Grundstudium für die erste Variante.[15] Alles andere hätte mich auch überrascht, denn ich kenne die Tendenz, am Vorabend einer Prüfung noch die wichtigsten Infos in den Kopf zu hämmern. Der Fachbegriff dafür lautet »*massive learning*« oder »*cramming*«, wörtlich übersetzt: Vollstopfen.

Überraschender ist jedoch, dass sich diese Studenten selbst dann nicht von ihrer falschen Einschätzung abbringen lassen, wenn man ihnen das Gegenteil beweist. Lässt man sie einmal mit Pausen lernen und die Inhalte über einen längeren Zeitraum strecken, und ein anderes Mal alles gebündelt in kurzer Zeit, erzielen sie mit der pausierenden Variante bessere Ergebnisse. Doch selbst wenn sie ihre besseren Testergebnisse sehen, vertrauen sie nicht der Überlegenheit dieses Prinzips und bleiben lieber bei ihrer geliebten Vollstopf-Methode.[16]

Pausen zu machen hört sich banal an, aber es ist gerade heute wichtiger denn je. In einer Zeit, in der wir ständig unter Strom stehen und alles möglichst schnell erledigen wollen, soll auch beim Lernen alles reibungslos laufen: einfach, schnell, effizient. Das ist jedoch der Grundfehler vieler erfolgloser Lernmethoden. So überschätzen Menschen regelmäßig den Nutzen von Wiederholungen, vom nochmaligen Lesen oder dem Unterstreichen von Textstellen, weil sie das Gefühl haben, dass es flüssig vorangeht. Gerade dies führt dazu, dass Menschen immer wieder zu den falschen Methoden greifen.[17] Denn ausgerechnet die Techniken, die wir gemeinhin mit effizientem Lernen verbinden, zählen zu den wenig wirksamen: Zusammenfassungen schreiben, Texte unterstreichen, mit Eselsbrücken oder Gedächtnistricks arbeiten oder Inhalte einfach wiederholt durchlesen. Praktisch jede wissenschaftliche Übersichtsarbeit hat den geringen Nutzen dieser schnellen und vermeintlich effizienten Techniken längst nachgewiesen.[18] Und dennoch spuken sie weiter durch unseren Lernalltag wie Untote vergangener Überzeugungen.

Die Studienlage ist eindeutig: Was schnell in den Kopf kommt, geht auch schnell wieder raus.[19] Der Grund dafür liegt in der Biologie unseres Gehirns: Nervenzellen brauchen Zeit, um sich an neue Reize anzupassen. Das aufwendige Justieren der Nervenzellverbindungen, das Knüpfen neuer Kontaktstellen und das Auflösen bestehender Verbindungen geht nicht über Nacht – selbst wenn der Hippocampus tatkräftig mitwirkt. Tatsächlich zeigt die Studienlage, dass Lerninhalte über einen Zeitraum verteilt werden müssen, um nachhaltig im Gedächtnis zu bleiben. Dabei spielt auch die Pausenlänge eine entscheidende Rolle. Die Faustregel lautet: ein Viertel der gesamten Lernzeit. Steht die Prüfung in acht Tagen an, darf die maximale Pausenlänge zwei Tage betragen.[20] Das bedeutet: Sie lernen am besten an Tag 1, Tag 4 und Tag 7.

Der Pauseneffekt, in der Wissenschaft als *»spacing effect«* bekannt, gilt als einer der am besten untersuchten und belegten Ansätze, um das Lernen zu verbessern. Eine große Übersichtsarbeit aus dem Jahr 2021, die Hunderte Studien aus über acht Jahrzehnten Forschung mit mehr als 160.000 Teilnehmern zusammenfasste,[21] kam zu einem klaren Ergebnis: Von allen untersuchten Lerntechniken ist das Verteilen des Lernens über einen längeren Zeitraum, kombiniert mit gezielt eingesetzten Pausen, die mit Abstand erfolgreichste Strategie.

Der Effekt von Pausen geht dabei weit über das bloße Auswendiglernen hinaus. In einer Studie sollten die Testpersonen ein ihnen weitgehend unbekanntes Thema lernen: Meteorologie. Eine Gruppe beschäftigte sich zunächst mit verschiedenen Wolkenformationen und Niederschlagsarten und wiederholte das Gelernte bereits am nächsten Tag. Eine andere Gruppe legte hingegen eine achttägige Pause zwischen beiden Lerneinheiten ein.

Der entscheidende Punkt: Die eigentliche Prüfung fand erst über einen Monat später statt. Das blieb nicht ohne Folgen. Die Gruppe mit der kurzen Lernpause konnte sich an weniger Infos erinnern. Die Teilnehmer der zweiten Gruppe hingegen, die eine einwöchige Lernpause gemacht hatten, schnitten nicht nur beim Erinnern besser ab, sondern konnten das Gelernte auch auf neue Fragestellungen übertragen und beispielsweise unbekannte Wolkenformationen besser kategorisieren.[22] Pausen fördern nicht nur das Erinnern, sondern auch die Fähigkeit, übergeordnete Konzepte zu entwickeln.

Lernstrategie 2: Testen Sie sich!

Mein Chemielehrer war ein Genie. Anstatt uns Strukturformeln auswendig lernen zu lassen, lief er spätabends zur Tankstelle und stibitzte aus den Zapfpistolen den letzten Tropfen Kraftstoff, jenen Rest, der nach dem Einhängen der Zapfpistole in der Leitung zurückblieb. Am nächsten Morgen präsentierte er uns stolz seine »Beute« – und wir mussten ihn »überführen«: per Verbrennungsanalyse ermitteln, ob er Diesel oder Super Plus hatte mitgehen lassen. Im Winter sammelte er Pfützenwasser und stellte am nächsten Tag die Frage: Wie viel Streusalz musste wohl gestreut worden sein, damit das Wasser so salzig wurde?

In jeder dieser Stunden experimentierten wir, diskutierten mögliche Lösungswege und ließen uns von unserem Lehrer helfen, wenn wir nicht weiterkamen. Auf den ersten Blick wirkte dieses Vorgehen nicht besonders effizient. Doch es war hocheffektiv: Fast zwei Monate vor dem Ende der 13. Klasse hatten wir alle Unterrichtsthemen abgeschlossen. Für diesen seltenen Fall sah der Lehrplan Zusatzthemen vor. Bei uns waren das die chemischen Grundlagen von Waschmitteln, die wir ebenfalls in wenigen Wochen behandelten. Nach dem regulären Unterricht hatten wir bis zum Abitur praktisch frei. Zeit, die unser Lehrer damit verbrachte, um mit uns gemeinsam Explosivstoffe herzustellen, mit denen wir schließlich ein Loch in den Schulhof sprengten. Nicht wenige meiner Mitschüler entschieden sich später für ein Chemiestudium oder arbeiteten in diesem Bereich. Denn nichts weckt die Faszination für Neues stärker, als Menschen aktiv erleben zu lassen, was Wissen ausmacht: nämlich die eigene Neugier auszuleben.

Viel zu selten nutzt man diese modernen Formen des Wissensaufbaus, weil Lernen oft als Informationsübermittlung gesehen wird. Wir sitzen passiv vor einem Text, schauen uns ein Video an und hoffen, dass möglichst viele dieser Informationen in unserem Kopf hängen bleiben. Doch so funktioniert unser Gehirn nicht. Man muss selbst aktiv werden. Mit einer weiteren, sehr erfolgreichen Lerntechnik gelingt das besonders gut: dem Selbsttesten.

Erinnerungen sind nichts Statisches im Gehirn. Sie werden schließlich nicht wie auf einer mentalen Festplatte abgelegt, sondern entstehen durch das gezielte Training Ihres Nervennetzwerks, damit bestimmte Aktivitätszustände beim nächsten Mal besser ausgelöst werden können. Wenn Sie sich also an etwas erinnern, rufen Sie die Information nicht irgendwo im Gehirn ab. Sie erzeugen sie vielmehr in diesem Moment. Erinnern Sie sich an die Analogie zum Chor, der ein Lied nicht irgendwo konkret abspeichert, sondern jedes Mal neu singt. In genau diesem Moment, in dem Sie eine Erinnerung reaktivieren, ist sie formbar. Sie lässt sich verändern, ausschmücken, abschwächen oder updaten. Im Anschluss verarbeitet Ihr Gehirn diese modifizierte Erinnerung sogar besser als zuvor. Deswegen nennt man diesen kognitiven Prozess »Rekonsolidierung«, also das »Nachverfestigen« von Erinnerungen.

Jedes Mal, wenn Sie zu einem Test aufgefordert werden, rufen Sie die Information nicht nur ab, Sie wenden sie aktiv an, um ein Problem zu lösen. Sie erkennen, was Sie noch nicht wissen, oder Sie sehen, wie nützlich eine erinnerte Information ist. In jedem Fall werden Sie aktiv, und genau deswegen ist der »Testeffekt« so effektiv, wenn es darum geht, Neues zu lernen.

Regelmäßig aus der passiven Rolle der Informationsaufnahme auszubrechen und zu überprüfen, wie viel man weiß, mag unangenehm erscheinen. Denn im Zweifel offenbart man, was man noch nicht kann. Doch genau das ist der Sinn von Lernen: der Weg von Unklarheit zu Klarheit. Wir lernen dann besonders gut, wenn wir glauben, etwas zu wissen, und dann überraschend eines Besseren belehrt werden. Beispiel: Wer war der erste Wissenschaftler, der die These vertrat, dass sich die Erde um die Sonne dreht? Aus welchem Land kam die Formel-1-Legende Juan Manuel Fangio? Und welches Buch wird am häufigsten aus Buchläden geklaut?

In einer konkreten Studie wurden diese und noch 97 weitere Fragen gestellt, die bewusst so gestaltet waren, dass man sie nicht unbedingt sofort richtig beantworten, aber zumindest einen Tipp abgeben konnte. Nach dem Test wurden die Lösungen bekannt gegeben, und im obigen Fall lauten sie: Kopernikus, Argentinien und die Bibel. Die Probanden sollten anschließend angeben, wie überrascht sie von den Ergebnissen waren. Nach einer kurzen Pause wurden sie wieder mit denselben Fragen konfrontiert. Natürlich beantworteten sie beim zweiten Durchgang mehr Fragen korrekt. Doch als die Forscher genauer untersuchten, welche der zuvor falsch beantworteten Fragen nun am häufigsten richtig beantwortet wurden, waren es genau jene Fragen, deren Antworten die Probanden zuvor am meisten überrascht hatten.[23] »*Hypercorrection*« nennt sich dieses Phänomen, die »Überkorrektur« – und zahlreiche Studien belegen inzwischen, dass es genau diese Überraschung ist, die Menschen dazu bringt, ihr Wissen aufzufrischen.[24]

Das Abfragen von Wissen schließt nicht nur Wissenslücken, sondern verbessert auch die Fähigkeit, dieses Wissen besser anzuwenden. Wo wäre das wichtiger als in der Medizin, einem Studienfach, das stark vom Auswendiglernen dominiert wird? In einer konkreten Untersuchung wiederholte eine Gruppe Medizinstudenten über mehrere Wochen hinweg Informationen zu vier verschiedenen neurologischen Krankheitsbildern in regelmäßigen Abständen. Eine andere Gruppe absolvierte stattdessen kleine Tests, bevor die jeweiligen Fragen zu den Krankheiten direkt aufgelöst wurden. Das Ergebnis war erstaunlich: Die zweite Gruppe konnte ein halbes Jahr später nicht nur besser auf das gelernte Wissen zugreifen, sondern war auch erfolgreicher darin, für reale und zuvor unbekannte Krankheitsbilder aus der klinischen Praxis passende Therapiemöglichkeiten vorzuschlagen.[25]

Das Interessante ist: Wenn Sie besser lernen möchten, ist es fast egal, wie Sie sich testen,[26] ob durch Multiple-Choice-Fragen, Richtig-falsch-Tests oder offene Aufgaben, die Sie mündlich oder schriftlich beantworten. Entscheidend ist nur, dass Sie sich überhaupt testen. Das können Sie heute leichter tun als jemals zuvor. Während meines Studiums bestand die größte Herausforderung noch darin, an Testfragen für Prüfungen zu kommen. Gibt es eine effektivere Methode, zielgerichtet zu lernen, als Prüfungsfragen zu bearbeiten? Dieses Problem, an passende Fragen zu kommen, haben Sie heute nicht mehr. Sie können sich mithilfe von künstlicher Intelligenz praktisch unendlich viele Testfragen erstellen lassen.

Weiterer Praxistipp: Testen Sie sich häufiger an Ort und Stelle! Jetzt zum Beispiel. Nachdem Sie einen Text gelesen haben, halten Sie kurz inne und fragen Sie sich: Was sind die drei wichtigsten Punkte, an die Sie sich erinnern? Was würden Sie einem Freund erzählen, wenn Sie den Inhalt in fünf Minuten zusammenfassen müssten?

Bei Zeitungs- oder Onlineartikeln klappt das ganz wunderbar. Ganz oft rauschen wir durch die Nachrichten und vergessen sofort, was wir gerade gelesen haben. Versuchen Sie einmal, sich am Ende der *Tagesschau* an die ersten drei Meldungen zu erinnern. Es ist unfassbar schwer. Denn wir haben uns mittlerweile daran gewöhnt, Informationen zu konsumieren, statt sie wirklich zu verarbeiten. Gewöhnen Sie sich deswegen gerne an, nach jedem Artikel, nach jeder Sendung, nach jedem Beitrag im Radio kurz innezuhalten und sich zu fragen: Was war hier wichtig? Der Effekt ist gewaltig: Sie wiederholen nicht einfach, Sie priorisieren. Das Innehalten kostet keine Zeit, sondern hilft Ihnen zu erkennen, was wirklich wichtig war. Und das Beste daran: Sie sind nicht mehr passiv, sondern aktiv. Mir ist es selbst schon oft passiert. Am Ende von langen Zeitungsartikeln saß ich da, und mein Kopf war leer, weil meine Gedanken während des Lesens ganz woanders waren. Es wird Zeit, dass wir die Kontrolle über unser Denken zurückerlangen. Und Fragen zu stellen ist dabei das wirksamste Werkzeug.

Lerntechnik 3: Erklären Sie!

Wie funktioniert eigentlich ein Reißverschluss? Zwei Stoffkanten werden aneinandergeschoben, man zieht die Lasche darüber, schon sind sie miteinander verbunden. Doch was genau passiert dabei?

Unterschätzen Sie nicht, wie sehr Menschen dazu neigen, ihr Verständnis von Dingen zu überschätzen. Etwas zu verstehen, heißt nämlich mehr, als sich bloß daran zu erinnern. Es gilt, Ursache und Wirkung zu unterscheiden und zu erkennen, wie die einzelnen Teile eines Systems zusammenwirken. Viel zu oft nehmen wir Dinge als selbstverständlich hin, dabei ist es gar nicht so einfach, selbst alltägliche Phänomene schlüssig zu erklären. Ob es darum geht, wie ein Reißverschluss funktioniert, warum ein Toaster nach einer gewissen Zeit das Brot freigibt, warum ein Wasserhahn manchmal tropft, warum es in einem Gewächshaus warm wird oder wie ein Dosenöffner funktioniert – viele dieser

Alltagsabläufe bleiben für uns oft unerklärlich.[27] Natürlich denken die meisten Menschen, sie wüssten ganz genau, wie die Welt um sie herum funktioniert: »Klar weiß ich, wie ein Schlüssel ein Schloss öffnet!« Wirklich? Dann erklären Sie das mal bitte genau, es ist gar nicht so einfach.

Das Erstaunliche: Diese Überheblichkeit zeigt sich bei Menschen nur dann, wenn es um die Funktion von Dingen geht. Bei Fakten, etwa Jahreszahlen oder Hauptstädten, sind wir viel bescheidener. Was für eine Paradoxie: Für unser Überleben spielt es keine Rolle, ob Bismarck am 1. April 1815 oder 1816 geboren wurde. Doch wie eine Gangschaltung im Auto funktioniert, kann im Alltag durchaus entscheidend sein. Und dennoch wollen wir nicht wahrhaben, dass wir in diesem Fall genauso im Dunkeln tappen wie bei den Details zum ersten deutschen Reichskanzler.

Zum Glück kann man diesem Unverständnis entgegenwirken. Man muss sich allerdings etwas anstrengen. Das ist aber gar nicht von Nachteil, sondern das, was man in der Wissenschaft »erwünschte Schwierigkeiten« (engl. *»desirable difficulties«*) nennt und maßgeblich dazu beiträgt, dass man Dinge versteht.

Einer, der das zur Perfektion brachte, war Richard Feynman, einer der bedeutendsten Physiker des 20. Jahrhunderts, der nicht nur den Nobelpreis im Jahre 1965 erhalten hat, sondern auch als einer der unkonventionellsten Wissenschaftler der jüngeren Geschichte gilt. Immer wieder erlaubte er sich Scherze mit seiner Umwelt, als sei das Leben für ihn ein großes humoristisches Experiment. In Selbstbedienungsrestaurants meldete er sich nicht mit seinem richtigen Namen an, sondern mit einem frei erfundenen skandinavischen Zungenbrecher, nur um zu hören, wie die Bedienung sich beim Aussprechen verrenkte. Kam auf Partys heraus, dass jemand aus dem Ausland stammte, behauptete er sofort, dessen Landessprache zu sprechen, obwohl er kein Wort konnte. Mit selbstsicherem Fantasie-Kauderwelsch redete er so überzeugend drauflos, dass sein Gegenüber sich fragte, ob es sich um einen besonders provinziellen Dialekt handelte.[28]

Diesen Einfallsreichtum hatte er sich bei seinem Vater abgeschaut, der ihm zudem eine besondere Lernmethode vermittelte. Als der kleine Richard mit seinen Freunden spielte, fragte ihn ein Kumpel: »Siehst du den Vogel dort? Was für ein Vogel ist das?« – »Ich habe keine Ahnung«, antwortete Richard. »Es ist ein ›*brown-throated thrush*‹, dein Vater bringt dir überhaupt nichts bei!«, so sein Kumpel. Doch das entsprach nicht ganz der Wahrheit. Tatsächlich hatte Richards Vater ihm sehr wohl etwas über diesen Vogel beigebracht, als sie zusammen im Wald unterwegs waren: »Siehst du den Vogel dort? Das ist ein ›*brown-throated thrush*‹. Auf Deutsch nennt man ihn ›Fliegenflügel‹, auf Chinesisch ›Chi-wongtong‹, auf Japanisch ›Toha Tohara‹. Aber wenn du alle diese fremdsprachigen Vogelnamen kennst, weißt du eigentlich nichts über den Vogel.« Stattdessen lernt man etwas über die Menschen, die diese Namen vergeben.[29] Anstatt seinem Sohn weiterhin (erfundene) Namen des Vogels beizubringen, richtete er seine Aufmerksamkeit auf dessen Verhalten: »Warum pickt der Vogel dort wohl ständig an seinen Federn?«, fragte er. »Vielleicht, weil seine Federn beim Fliegen durcheinandergeraten sind. Also muss er auf den Flügeln herumpicken, um sie zu richten«, so der kleine Richard. »Nun, wenn das stimmt, dann würden die Vögel direkt nach dem Flug besonders viel picken. Nach einer Weile am Boden sollten sie weniger damit beschäftigt sein. Lass uns mal schauen, ob sie besonders viel picken, wenn sie gerade gelandet sind.«

Statt die korrekte Erklärung zu liefern (nämlich, dass Vögel lästige Parasiten loswerden wollen), versucht man zunächst, selbst eine Erklärung zu finden. Feynman wird später als einer der bedeutendsten Professoren gelten und 1972 die Oersted-Medaille für herausragende Didaktik erhalten. Das Caltech, eines der weltweit führenden Forschungsinstitute, vergibt jährlich den Richard-Feynman-Preis für besondere Verdienste in der Lehre.[30] Das sogenannte Feynman-Prinzip, Erklärungen zu entwickeln und kritisch zu hinterfragen, ist nicht nur vergleichsweise simpel, sondern auch wissenschaftlich gut belegt.

Schritt 1: Wählen Sie eine Fragestellung oder ein Themengebiet, das Sie besser verstehen möchten. Schreiben Sie die Fragestellung auf ein Blatt Papier.

Schritt 2: Versuchen Sie nun, das Konzept so einfach wie möglich zu erklären. So, als würden Sie es einem absoluten Laien oder einem Grundschulkind erklären.

Schritt 3: Sie werden feststellen, dass Sie an irgendeiner Stelle den Sachverhalt nicht komplett erklären können. Genau hier liegt der entscheidende Moment. Suchen Sie nun gezielt nach Informationen, um diese Wissenslücke zu schließen.

Schritt 4: Passen Sie Ihre Erklärung an, bis sie lückenlos den Zusammenhang des Sachverhalts darlegt. Versuchen Sie dabei immer, den Prozess so einfach wie möglich zu beschreiben und verzichten Sie komplett auf Fachbegriffe.

Diese Methode erinnert mich an einen Grundsatz aus meinem Studium: Wenn du deine Doktorarbeit nicht in einem Satz erklären kannst, hast du sie selbst nicht wirklich verstanden.

Der lernfördernde Effekt der Feynman-Methode wurde nicht nur für Schüler aller Altersstufen belegt,[31] sondern auch für den Fremdsprachenerwerb.[32] Sie beruht auf einem grundlegenden didaktischen Prinzip: dem »Sich-selbst-Erklären«. Menschen verstehen Inhalte und Zusammenhänge besser, wenn sie sich diese selbst erklären[33] oder in die Rolle eines Lehrers schlüpfen, der anderen etwas vermittelt.[34] Dieses Phänomen nennt man »Lehreffekt« (engl. *»protégé effect«*). Man versteht etwas besonders gut, wenn man es anderen erklären soll. Auch deshalb schreibe ich dieses Buch. Am Ende bin ich selbst schlauer geworden. Obwohl mein einziges Ziel ist, dass Sie es werden.

Lerntechnik 4: Erzeugen Sie Bilder!

Das größte Automobilunternehmen der Welt ist (wenn es um die Zahl der verkauften Autos geht) Toyota. Fast elf Millionen Fahrzeuge verkauft der japanische Konzern pro Jahr. Da darf natürlich kein Fehler passieren, schließlich sind die Produktionsabläufe, die Lieferketten, die Integration der Bauteile eine Wissenschaft für sich.

Der Erfolg Toyotas begann in den 1960er-Jahren. Um die Komplexität des Fertigungsprozesses zu bändigen, setzte der Unternehmenspatron Eiji Toyoda, der Cousin des Unternehmensgründers Kiichirō Toyoda, ein rigoroses Qualitätsmanagement-Programm auf. Die Grundzüge der Qualitätssicherung waren in den 1950er-Jahren entwickelt worden, doch Toyoda war der Erste, der ein konzernweites Konzept derart erfolgreich installierte. Das ist alles andere als trivial, denn Qualitätsmanagement kann sehr kleinteilig und unübersichtlich werden. Selbst kleinste Störungen am Fließband müssen protokolliert, systematisch analysiert und nachvollziehbar behoben werden. Wie aber lässt sich in der Belegschaft ein systematisches Verständnis für Problemursachen schaffen? Die Lösung war der A3-Report, ein Instrument, das noch heute in ähnlicher Form Anwendung findet.

Dazu wird das Problemfeld übersichtlich und grafisch auf einem einzigen Blatt Papier strukturiert,[35] und zwar aus gutem Grund: Der Legende nach lehnte Toyotas Topmanager Taiichi Ohno alle Berichte ab, die länger als eine Seite waren. Also griff man gleich zum etwas größeren A3-Format.

1. Was ist das konkrete Problem?
2. Beschreibe die aktuelle Situation, skizziere sie grafisch.
3. Was ist das konkrete Ziel?
4. Beschreibe, warum das konkrete Ziel noch nicht erreicht wurde.
5. Schlage mögliche Maßnahmen vor, um das Ziel zu erreichen.
6. Erarbeite einen konkreten Plan, wenn möglich visualisiert in einer Skizze.
7. Definiere, wie die erfolgreiche Umsetzung des Plans gemessen werden soll.

Der Clou besteht nicht darin, die Liste abzuarbeiten, denn diese Grundlagen sind im Qualitätsmanagement ein alter Hut. Vielmehr ist entscheidend, selbstständig eine Skizze des Problems anzufertigen und diese anschließend mit den Ideen der Kollegen zu vergleichen. In den 1970er-Jahren wurde der A3-Report auch für Manager Pflicht, die nicht direkt am Fließband arbeiteten. Denn man hoffte, durch diesen Ansatz das systemische Denken und das Verständnis für komplexe Fertigungsprozesse zu verbessern. Der japanische Manager Isao Yoshino, damals zuständig für die konzernweite Verbreitung des A3-Reports, musste seine Kollegen zunächst dazu zwingen, ihre Ideen handschriftlich auf einer einzigen Seite festzuhalten.[36] Der Erfolg ließ nicht lange auf sich warten: Durch die systematische Tiefenanalyse trainierte man das grundlegende Verständnis für Probleme, förderte den Austausch zwischen höherem Management und Produktionsmitarbeitern,[37] verbesserte das Denken in Ursache-Wirkungs-Zusammenhängen und förderte die Idee von einem ständigen Lernprozess.

Heute ist der verständnisfördernde Effekt dieses Verfahrens auch wissenschaftlich belegt: Der A3-Prozess unterstützt das Verstehen und Lösen von Problemen nicht nur in komplexen Produktionsprozessen,[38] sondern findet Anwendung beispielsweise auch in Zoos[39] oder bei der Ausbildung von Studenten[40]. Der größte Nutzen liegt darin, dass Menschen sich viel grundsätzlicher mit einem Problem beschäftigen, wenn sie gezwungen sind, es optisch kompakt zu illustrieren.

Tatsächlich arbeitet unser Gehirn anders, wenn wir Probleme abstrahieren und sie visuell darstellen. In einem konkreten Experiment sollten Studenten ein Konzept für ein energetisch nachhaltiges Gebäude entwerfen. Eine Gruppe wurde angewiesen, ihre Ideen in einer Liste aufzuschreiben, während die andere eine konzeptartige Skizze entwerfen durfte. Das Ergebnis war erstaunlich: Die zweite Gruppe kam nicht nur auf mehr Ideen, gleichzeitig zeigte die Analyse ihrer Hirnaktivität, dass sie dafür sogar weniger nachdachte. Die Visualisierung ihrer Gedankengänge führte erstaunlicherweise zu einer geringeren Aktivität in Arealen der räumlichen Bildverarbeitung, während gleichzeitig jene Hirnregionen stärker aktiviert wurden, die für geistige Flexibilität und Anpassungsfähigkeit zuständig sind.[41] Offenbar erfordert das konzeptionelle Erfassen von Sachverhalten andere geistige Qualitäten als das bloße Vorstellen oder Auflisten von Ideen.

Das strukturierte Skizzieren von Ideen gehört zu den wirkungsvollsten Methoden, um ein grundlegendes Verständnis für Sachverhalte zu entwickeln. In einigen Untersuchungen entwickeln Testpersonen sogar ein besseres Verständnis, wenn sie sich Inhalte im Frage-Antwort-Stil selbst erarbeiten – mitunter noch effektiver als durch klassisches Selbsttesten.[42] Vor allem, weil man dadurch gezwungen wird, ein Problem aus einer »Vogelperspektive« zu betrachten, Informationen auszusortieren und seine eigenen Gedankengänge visuell zu strukturieren.

Selber denken macht schlau.

Wir verstehen nicht die Welt, indem wir sie beobachten. Eine reine statistische Analyse reicht nicht aus, um Ursache und Wirkung auseinanderzuhalten. Es wird schließlich nicht jedes Jahr Winter, *weil* Zugvögel in den Süden fliegen. Es wird auch nicht jeden Abend dunkel, *weil* die *Tagesschau* im Fernsehen kommt. Wenn Sie nur beobachten, wird es unmöglich sein, den systemischen Zusammenhang der Dinge zu erfassen. Wer passiv dasitzt und sich von Informationen berieseln lässt, braucht sich nicht zu wundern, wenn er am Ende nicht versteht, wie alles zusammenhängt.

Die besten Denktechniken aktivieren genau diese Prozesse. Sei es durch Selbsttests, kritisches Erklären (und das Updaten falscher Erklärungen) oder durch das systematische Strukturieren von Zusammenhängen. Es ist das permanente Ausprobieren von Denkmustern, das Hinterfragen von Annahmen und das Erkennen der eigenen Wissenslücken, das uns neugierig werden lässt.

Die eigentliche Stärke des menschlichen Denkens liegt genau darin: nicht bloß Informationen anzuhäufen, sondern zu erkennen, wie sie zusammenhängen. Wir sind die einzigen Lebewesen, die eine Bedeutungsebene abstrahieren können. Oder einfach gesagt: Kein anderes Lebewesen kommuniziert mit künstlichen Symbolen. Nur der Mensch kann ganze Gedankengänge durch die Kombination willkürlicher Zeichen transportieren. Wie schade wäre es, diese fantastische Fähigkeit ungenutzt zu lassen und stattdessen das Gehirn mit möglichst vielen Fakten vollzustopfen, um dann zu hoffen, dadurch besser zu denken.

Nur wer verstanden hat, worum es geht, kann Probleme clever lösen und neue, innovative Entscheidungen treffen. So verändern wir die Welt. Im nächsten Kapitel erfahren wir, wie das genau gelingt.

PS: Kleiner Test zum Abschluss dieses Kapitels: Was waren für Sie die drei wichtigsten Ideen, die Sie mitnehmen? Was würden Sie Ihrem Freund oder Partner darüber erzählen? Halten Sie kurz inne, besinnen Sie sich und lesen Sie danach gerne weiter. Bedenken Sie jedoch, eine ausreichende Pause zu machen. Wenn Sie dieses Kapitel mit einer durchschnittlichen Lesegeschwindigkeit gelesen haben, dürfte es etwa 25 Minuten gedauert haben. Die optimale Pausenlänge beträgt daher fünf bis sechs Minuten.

5 ENTSCHEIDUNGEN

Wie man klug auswählt und klar handelt

Glückwunsch, Sie lesen gerade dieses Buch. Das macht mir Freude, denn wenn Sie bis zu diesem Kapitel vorgedrungen sind, scheint Ihnen die Lektüre bisher zu gefallen. Vielleicht stehen Sie aber auch gerade in einem Buchladen, blättern neugierig und überlegen noch, ob Sie dieses Buch kaufen sollen. Dann seien Sie an dieser Stelle versichert: Es lohnt sich. Kaufen Sie es!

An alle anderen die Frage: Warum haben Sie sich ausgerechnet für dieses Buch entschieden? Die Konkurrenz ist schließlich enorm. Jedes Jahr erscheinen über 60.000 neue Titel allein im deutschsprachigen Raum,[1] davon schätzungsweise mehr als 15.000 Sachbücher. Und dennoch ist es so, dass Sie genau zu diesem Buch gegriffen haben. Wie ist das möglich?

Um eine zentrale Aussage dieses Kapitels vorwegzunehmen: Menschen treffen Entscheidungen niemals rational, sondern immer mehr oder weniger emotional. Ohne emotionale Unterstützung hätte unser Gehirn gar nicht die Kapazität, die Vielzahl an Optionen abzuwägen. Das zeigt sich nicht nur bei der Wahl eines guten Buches: Die Auswahl ist groß, und man fühlt sich schnell überfordert. Manche machen es sich deswegen einfacher. So wird etwa von Steve Jobs, dem legendären Apple-Chef, erzählt, er habe immer zu einem schwarzen Rollkragenpullover gegriffen, weil man einen solchen Pulli praktisch immer tragen kann. Er hatte sogar die Idee, eine Arbeitsuniform für seine Angestellten einzuführen, damit sie sich weniger mit ihrem Äußeren und mehr mit ihrer Arbeit beschäftigen konnten.[2]

Die Qualität von Entscheidungen zu verbessern, indem man weniger Entscheidungen treffen muss, das scheint ein beliebtes Mittel zu sein. Auch Mark Zuckerberg begründete seine wiederkehrende Kleiderwahl aus Turnschuhen, Jeans und grauem T-Shirt damit, dann weniger nachdenken zu müssen: »Ich möchte mein Leben wirklich so weit vereinfachen, dass ich so wenig Entscheidungen wie möglich treffen muss.«[3] So könne er sich auf die wichtigen wirtschaftlichen Entscheidungen konzentrieren. Ob sich sein modischer Sinneswandel – seit einiger Zeit trägt er auffällige Oversize-T-Shirts mit Print oder sogar Goldkette – damit erklären lässt, dass er mittlerweile weniger bei Meta entscheidet?

Mit dem Vereinfachungstrick waren Jobs und Zuckerberg nicht allein, auch Barack Obama setzte auf dieses Prinzip: »Sie werden sehen, dass ich nur graue oder blaue Anzüge trage. Ich versuche, Entscheidungen zu vereinfachen. Ich möchte keine Entscheidungen darüber treffen, was ich esse oder anziehe. Denn ich habe zu viele andere Entscheidungen zu treffen.«[4] Ob er sich damit bei der Modezeitschrift *Vanity Fair*, der er diesen O-Ton gab, beliebt gemacht hat, ist eine andere Frage. Lebt die Modebranche nicht von der Vielfalt?

Egal, ich orientiere mich ebenfalls an den größten Entscheidungsträgern der Geschichte und mache es genauso. Ich trage fast ausschließlich blaue Hemden und graue Hosen. Das passt immer. Doch damit ist das Problem noch lange nicht gelöst. Denn ich habe 19 blaue Hemden und sechs verschiedene graue Hosen. Damit ergeben sich 114 mögliche Kombinationen. Zum Glück bleiben meine 28 dunklen T-Shirts bei dieser Rechnung außen vor. Dann müsste ich täglich zwischen 3192 Outfit-Optionen entscheiden.

Überhaupt leben wir in einer Welt des Überflusses. In meinem Supermarkt stehen mir 296 verschiedene Ölsorten (jawohl, ich habe nachgezählt!) zur Auswahl. Im Auto habe ich die Möglichkeit, 70 verschiedene Radiosender zu hören oder über 63.000 unterschiedliche Podcasts. Das stresst, denn viel hilft offenbar nicht viel. Jeden Abend überlege ich, welchen Film oder welche Serie ich online schauen könnte. Aus über 7.000 Angeboten kann ich bei Netflix wählen, bei Amazon sind es über 5.000. Kein Wunder, dass die Auswahl dauert. Junge Menschen (unter 34 Jahren alt) brauchen knapp zehn Minuten, bis sie sich für einen Film entschieden haben.[5] Denn neben der schieren Fülle an Optionen, die bereits viel geistige Kraft für das Sortieren und Abwägen erfordert, kommt noch etwas hinzu: Man will keinen Fehler machen. Wer aus Tausenden Filmoptionen wählen kann, steht später auch unter Rechtfertigungsdruck – besonders dann, wenn der gewählte Film nicht so gut ist. Denn ein besserer stand gewiss zur Verfügung. Auswahlüberlastung in Kombination mit dem Streben nach Perfektion, was für eine teuflische Mischung für alle, die gute Entscheidungen treffen wollen, das sehen wir noch in diesem Kapitel.

Die vier Todsünden des Entscheidens

Früher war das Leben einfach und klar – und keinen hat's gestört. Bei der Bundestagswahl 1972 traten nur acht Parteien gegeneinander an, die Wahlbeteiligung war mit 91,1 Prozent trotzdem die höchste jemals. Bei der letzten Bundestagswahl gab es die Möglichkeit, aus 29 Parteien zu wählen. Die Wahlbeteiligung lag dennoch fast 10 Prozentpunkte niedriger. Offenbar führen mehr Optionen nicht zu mehr Entscheidungen.

Dabei sind die größten Entscheidungen unseres Lebens weit mehr als eine bloße Auswahl aus verschiedenen Optionen. Ein falsches Olivenöl zu wählen – was soll's? Doch bei den wirklich großen Fragen des Lebens ist die Tragweite ungleich größer und das Ergebnis oft kaum messbar: Heiraten – oder nicht? Haus kaufen, umziehen, den Job wechseln – oder nicht? Kinder kriegen – ja oder nein? Sie können bei solchen Entscheidungen nicht nach objektiven Kennzahlen vorgehen wie bei einem Aktieninvestment. Es gibt schließlich kein Kriterium dafür, wann Ihre Entscheidung, Kinder zu kriegen, erfolgreich wäre: Wenn sie sich regelmäßig bei Ihnen melden? Wenn sie selbst Kinder kriegen? Wenn sie denselben Beruf ergreifen wie Sie? Oder gerade das Gegenteil tun?

Wir treffen Entscheidungen immer in einem Unsicherheitsraum. Wenn zwei plus zwei gleich vier ist, dann ist »vier« nicht das Ergebnis einer Entscheidung, Sie entscheiden sich nicht für die Vier. Umgekehrt gilt auch: Das Lösen dieser Rechenaufgabe ist vergleichsweise langweilig, genauso wie die allermeisten Dinge, bei denen es keine Wahl gibt. Spannend wird es erst, wenn uns die Freiheit gegeben wird, so oder anders zu entscheiden. Dann kommen allerdings auch zahlreiche kognitive Probleme ins Spiel. Die vier wichtigsten werden im Zentrum dieses Kapitels stehen:

- Menschen zerbrechen unter der »Qual der Wahl« und werden dadurch entscheidungsunfreudig.
- Menschen wollen die bestmögliche Entscheidung treffen und scheitern am Anspruch, perfekt zu sein.
- Menschen treffen nachteilige Entscheidungen, wenn sie unter Stress stehen oder erschöpft sind.
- Menschen tun sich in Momenten der Unsicherheit schwer, eine klare Position zu finden.

Die gute Nachricht ist: Alle diese Entscheidungsschwierigkeiten sind behandelbar. Vor allem dann, wenn wir verstehen, wie unser Gehirn tatsächlich tickt, wenn es eine Wahl treffen soll. Bevor wir uns also den Strategien widmen, mit denen sich die »vier Todsünden des Entscheidens« beheben lassen, werfen wir einen Blick auf die Frage: Was passiert eigentlich im Gehirn, wenn es entscheiden muss – und manchmal überfordert ist?

The good, the bad, and the brain

Es gibt zahlreiche Modelle, die das menschliche Entscheidungsverhalten erklären, wobei eines der bekanntesten sicherlich das »Doppelprozessmodell« von Daniel Kahneman ist.[6] Die Idee ist simpel: Wir nutzen für Entscheidungen zwei verschiedene psychologische Systeme. System 1 ist für schnelle und intuitive Entscheidungen zuständig, was unseren Alltag in großen Teilen erleichtert: Wir überlegen zum Beispiel nicht lange, welche Milch wir im Supermarkt kaufen oder welches Paar Socken wir morgens anziehen. System 1 arbeitet zwar flott, ist dafür aber fehleranfällig. Es lässt uns von unseren Emotionen leiten oder auf Faustregeln vertrauen, wie dieses klassische Beispiel aus der psychologischen Forschung zeigt.

Sie haben folgende Aufgabe: Multiplizieren Sie die Zahlen:

$$8 \times 7 \times 6 \times 5 \times 4 \times 3 \times 2 \times 1$$

Machen Sie schnell, Sie haben nur wenige Sekunden Zeit! Zur Not schätzen Sie!

Nun multiplizieren Sie bitte folgende Zahlen:

$$1 \times 2 \times 3 \times 4 \times 5 \times 6 \times 7 \times 8$$

Auch hier wieder: Beeilen Sie sich! Rechnen Sie kurz nach, überschlagen Sie im Zweifel!

Das Erstaunliche ist, dass Menschen, die das Produkt der ersten Zahlenreihe schätzen sollen, auf eine viel größere Zahl kommen als jene, die die zweite Zahlenreihe abschätzen. In der Originalstudie von 1974 tippte man bei der ersten Reihe im Mittel auf 2.250, bei der zweiten Reihe bloß auf 512.[7] Beide Ergebnisse sind weit vom tatsächlichen Resultat 40.320 entfernt. Die Erklärung: Unter Zeitdruck oder geistiger Überlastung denkt man nicht mehr bewusst nach, System 1 übernimmt, ist dabei jedoch für Denkvereinfachungen anfällig. Hier lautet die Denkvereinfachung: Orientiere dich bei deiner Schätzung an den ersten Zahlen, die du siehst. Da 8 und 7 größer sind als 1 und 2, tippt die erste Gruppe auf ein höheres Produkt. »Ankereffekt« nennt man diese Denkfalle, die auch oft bei Preisverhandlungen genutzt wird: Will man einen Gebrauchtwagenhändler runterhandeln, nennt man als Einstiegspreis absichtlich einen viel zu niedrigen Betrag, um das Gegenüber psychologisch zu verankern. Es wird dann viel leichter sein, über niedrigere Preise zu sprechen.

System 1 ist schnell, aber fehleranfällig. Für langsamere, analytischere Entscheidungen ist hingegen System 2 zuständig: Man denkt intensiv und bewusst nach, wenn man ein Haus kaufen oder einen neuen Job anfangen will. Diese Langsamkeit hat angeblich den Vorteil, dass wir weniger Fehler machen. Schlicht deswegen, weil wir nicht in der Hitze des Gefechts oder aus Denkfaulheit auf Vereinfachungen zurückgreifen, sondern das Beste aus unseren Denkfähigkeiten machen.

Dieses Modell hat weltweit eine enorme Popularität erreicht, weil es so eingängig ist und unserer Sehnsucht nach vernünftigem Denken nachkommt: Hier das »böse« System 1, das zwar schnell, aber emotional und heißblütig entscheidet und deswegen häufig Fehler macht. Dort das »gute« System 2, dessen Stärken wir doch viel mehr nutzen sollten.

Kahneman selbst ging 2010 sogar so weit zu behaupten, dass das »System 1 eine falsche Intuition erzeugt, die von den kontrollierenden Prozessen des Systems 2 nicht erkannt und korrigiert werden kann«.[8] Überall finden Sie Ratgeber und Hinweise, wie man das emotionale »System 1«-Denken durch analytisches und langsames Nachdenken überwinden kann. Sogar die Weltbank widmete ihrem »World Development Report 2015« ein ganzes Kapitel, in dem es darum ging, wie Führungskräfte besser entscheiden können, indem sie das automatisierte Denken des Systems 1 überwinden.[9]

Das Problem ist dabei: Unser Denken ist nicht so einfach, wie es das System-1-System-2-Prinzip nahelegt.[10] Und es ist eigentlich eine Ironie, dass Menschen auf eine solche Denkvereinfachung hereinfallen, obwohl sie genau mit diesem Modell gerade Denkfehler vermeiden wollen. Zum einen ist das angeblich so rationale und vernünftige System 2 alles andere als unfehlbar. Im Gegenteil: Menschen sind Meister darin, sich Ausreden für bekloppte Entscheidungen zurechtzulegen. So erfinden sie nachträglich Begründungen für schlechte Finanzentscheidungen,[11] ein Phänomen, das man »selbstsabotierende Rationalisierung« nennt. Statt mit einer Fehlentscheidung abzuschließen und neu zu handeln, rechtfertigt man diese bewusst, indem man daran festhält.[12] Anders gesagt: Im Nachhinein redet man sich die Sachen schön – und zwar rational und langsam mit dem angeblich so vernünftigen »System 2«.

Ein ganzer Berg an wissenschaftlichen Studien zeigt inzwischen, dass nicht das kluge »System-2«-Denken der Schlüssel zu einem erfolgreicheren und glücklicheren Leben ist, sondern die Fähigkeit, in wichtigen Situationen intuitiv und ohne langes Nachdenken zu entscheiden. In einem Klassiker der psychologischen Forschung sollten sich die Teilnehmer für eines von fünf Postern entscheiden und mit nach Hause nehmen. Eine Gruppe warf dabei das »System 2« an, bewertete die Poster vorher und dachte genau darüber nach, warum ein bestimmtes Poster schöner sei als die anderen. Die andere Gruppe verließ sich auf »System 1« und entschied spontan. Drei Wochen später wurden alle erneut befragt, wie zufrieden sie mit ihrer Auswahl waren. Siehe da: Diejenigen, die ihre Entscheidung begründen mussten, waren unzufriedener als die intuitiv Entscheidenden.[13] Geflissenes Nachdenken mit »System 2« macht also nicht automatisch glücklich. Manchmal liegt die Weisheit einfach darin, Dinge zu tun und sich anschließend mit der Entscheidung anzufreunden.

Nicht groß nachzudenken hat durchaus seine Vorteile: So leben Menschen, die sich auf intuitive Automatismen verlassen, zufriedener und gesünder,[14] sind disziplinierter[15] und in Drucksituationen sogar leistungsfähiger als jene, die versuchen, alles rational und bewusst zu entscheiden. Letzteres wird noch Thema im nächsten Kapitel sein, wenn es darum geht, wie man stressresistenter wird. Kurzer Ausblick: Auch hier zeigt sich, dass »Wenigdenken« durchaus besser ist, als das Gehirn zu überfordern.

Kurzum: Wer besser denken will, darf keinen Konflikt im Gehirn konstruieren, etwa nach dem Muster »System 1« gegen »System 2«. Zumal man wissenschaftlich nicht zwischen emotionalen und rationalen Entscheidungsvorgängen unterscheidet. Tatsächlich sind praktisch alle Entscheidungen und auch alle Denkvorgänge emotional »eingefärbt«.[16] Wer gut entscheiden will, berücksichtigt sinnvollerweise diese Balance.

Die Emotion integrieren

Noch mal zurück zu Ihnen: Was mag in Ihrem Gehirn vorgegangen sein, als Sie zu diesem Buch griffen, es kauften, um nun darin zu lesen? Sosehr Sie auch vielleicht glauben, das Buch aus bewussten und rationalen Gründen gewählt zu haben, ich bin mir sicher, dass das nicht der Fall war. Denn Entscheidungen entstehen in unserem Kopf nicht von »oben nach unten«, also indem wir zuerst einen klaren Plan machen und diesen dann (wenn auch möglicherweise verzerrt durch Denkfehler) rational umsetzen. Vielmehr ist es andersherum: Entscheidungen entstehen in unserem Kopf »bottom-up«, also von »unten nach oben«.

Bevor Sie überhaupt auf die Idee kommen, eine bewusste Entscheidung zu treffen, hat Ihr Gehirn längst die wichtigste Grundsatzentscheidung gefällt: Wollen Sie etwas tun, um eine Belohnung zu erhalten, oder wollen Sie einer Bestrafung entgehen? Stehen Sie also vor einem Buchregal und sehen dieses Buch, gibt es grundsätzlich zwei Möglichkeiten: Entweder Sie greifen zu dem Buch, weil Sie glauben, darin etwas Schönes, etwas Nützliches, Kluges oder Sinnvolles zu finden, das Ihnen einen Vorteil bringt. Möglichkeit zwei: Sie greifen zum Buch, weil Sie sich sonst schlecht fühlen würden, wenn Sie nichts lesen. Da ich ein grundsätzlich positiv denkender Mensch bin, gehe ich davon aus, dass bei Ihnen Ersteres der Fall war.

Für Belohnungserwartungen gibt es im Gehirn eine eigene Nervenbahn, die ihren Ursprung im Mittelhirn hat. Obwohl »Mittelhirn« wichtig klingt, ist es bloß anderthalb Zentimeter lang und liegt im Hirnstamm, also im Nackenbereich unseres Gehirns. Die belohnende Nervenbahn zieht sich vom Hirnstamm zu einer Region mit dem passenden Namen »Beischlafkern«, die im limbischen System liegt. Dort wird schließlich das positive Belohnungssignal ausgelöst, wenn genügend Dopamin ausgeschüttet wird. Interessanterweise hat auch die Erwartung einer Bestrafung ihren Ursprung im Hirnstamm. Die daran beteiligte Nervenbahn wandert allerdings nicht in unser Belohnungszentrum, sondern zur vorderen Inselrinde. Sie erinnern sich vielleicht an Kapitel 2 dieses Buches: Die Inselrinde sorgt für unser Zeitempfinden, indem sie Ereignisse chronologisch ablegt. Offenbar ist die Inselrinde jedoch auch für eine negative Erwartungshaltung zuständig.

Haben Sie also zu diesem Buch gegriffen, weil Sie etwas Positives oder Nützliches erwarteten, war die »Belohnungsachse« Ihres Mittelhirns aktiv. Nun sind Entscheidungen mehr als bloße Reaktionen auf Affekte und Gemütszustände. Unsere emotionalen Beweggründe werden mit Plänen, Erfahrungen, Wissen und Zielen abgewogen. Dieser zweite Schritt findet in vorderen Hirnarealen statt. Aber, und das ist wichtig, diese Einbettung der Emotionen in bewusste Denkvorgänge passiert erst, nachdem die emotionale Richtung vorgegeben wurde.

Erst kommt die Emotion, dann die rationale Begründung. Vielleicht haben Sie zu diesem Buch gegriffen, weil Sie den Titel vielversprechend fanden, weil Ihnen die lustige Glühbirne auf dem Cover gefiel, vielleicht weckte mein Name bei Ihnen Interesse oder der Klappentext. Was auch immer es war: Sie nutzten diese Information vorwiegend, um Ihren ersten emotionalen Impuls zu bestätigen.

Nach dem Austausch zwischen den vorderen Hirnarealen und den »Emotionsregionen«, der übrigens wie ein Ping-Pong-Spiel mehrfach hin und her verläuft, muss die Entscheidung noch umgesetzt werden. Die dafür nötige Aktivierung der Bewegungsareale wird von den Basalganglien gesteuert, die wir schon im Kapitel über Gewohnheiten kennengelernt haben. Sie erinnern sich: Die Basalganglien steuern unsere Bewegungsabläufe und übernehmen hier die Aufgabe, das Ergebnis des Entscheidungsprozesses unseren Bewegungsarealen mitzuteilen. Konkret: Sie greifen zu meinem Buch – oder Sie tun es nicht.

Nach diesem »Affekt-Integrations-Motivations«-Modell

treffen wir Entscheidungen, indem wir unseren emotionalen Impuls, den Affekt, in unsere bewussten Denkprozesse integrieren.[17] Emotionen sind also kein Gegenpol zu unserem Verstand, sie sind vielmehr elementarer Bestandteil unseres Denkens. Gerade diese Balance zwischen Emotion und bewusstem Abwägen macht unsere Entscheidungsprozesse erfolgreich. Dank dieser Verbindung sind wir in der Lage, auch dann zu entscheiden, wenn die Datenlage unklar oder gar nicht vorhanden ist. Sie ermöglicht es uns, über Dinge zu entscheiden, die sich nicht objektiv bewerten lassen. Auch wenn Sie dieses Buch lesen, werden Sie nicht sachlich oder quantitativ bestimmen können, wie gut es Ihnen gefallen hat. Ob mein Buch ein Erfolg für Sie ist, entscheiden Sie – und zwar ganz persönlich, emotional und rational zugleich.

Unser Entscheidungssystem mag wunderbar austariert sein, wenn es funktioniert, gleichzeitig offenbart es einige Schwächen:

- Die Auswahlüberlastung: Werden unsere bewusst denkenden Hirnareale mit zu vielen Handlungsoptionen konfrontiert, entscheiden wir lieber gar nicht mehr. Denn es ist nahezu unmöglich, sich für jede einzelne Handlungsmöglichkeit eine passende Begründung zu überlegen.
- Die Entscheidungsmüdigkeit: Ähnliches passiert, wenn wir geistig erschöpft sind. Dann werden wir entscheidungsschwach, weil Emotionen und bewusste Denkvorgänge nicht mehr sauber aufeinander abgestimmt werden können.
- Der Perfektionismus: Wenn die Kontrolle der vorderen Hirnregionen zu stark ist, verkopfen wir unsere Entscheidung. Wir wollen unbedingt perfekt handeln und kommen dann entweder zu gar keiner Entscheidung oder sind mit dem Ergebnis unzufrieden.

- Die Entscheidungsunsicherheit: Werden hingegen unsere emotionalen Beweggründe zu stark, kann auch eine bewusste Kontrolle nichts dagegen ausrichten. Wir werden unsicher und fallen auf unzulässige Faustregeln rein.

Schauen wir uns deswegen genauer an, wie sich diese »Todsünden des Entscheidens« Schritt für Schritt überwinden lassen, um besser zu denken und zu handeln.

Problem Auswahlüberlastung – Wenn die Wahl zur Qual wird

Ich habe es zu Beginn dieses Kapitels berichtet: In meinem Supermarkt stehen mir unglaubliche 296 verschiedene Ölsorten zur Auswahl. Ich bitte Sie: Wie soll ich aus diesem Überfluss an Möglichkeiten die richtige Wahl treffen?

Wer die Wahl hat, hat die Qual – ein Phänomen, das erstmals im Jahr 2000 durch ein inzwischen legendäres Experiment von Sheena Iyengar (Columbia University) und Mark Lepper (Stanford University) eindrucksvoll beschrieben wurde: In einem kalifornischen Supermarkt stellten die beiden Forscher zwei Probierstände mit Konfitüre auf. Der eine bot bloß sechs Sorten zur Auswahl, während der andere mit 24 Varianten aufwartete. Kunden durften probieren und erhielten anschließend einen Gutschein, um eine Konfitüre vergünstigt zu kaufen.

Das Ergebnis war verblüffend: Von denjenigen, die vor nur sechs Sorten standen, entschieden sich 30 Prozent für den Kauf einer Konfitüre. Bei der Auswahl vor 24 Sorten waren es gerade einmal drei Prozent.[18] Das ist komisch, denn eigentlich würde man erwarten, dass eine größere Auswahl auch die Wahrscheinlichkeit erhöht, etwas Passendes zu finden. Doch das Gegenteil war der Fall: Offenbar blockiert ein zu großes Angebot die Bereitschaft zum Kauf. Seither ist dieser Effekt der Auswahlüberlastung in Übersichtsarbeiten mehrfach bestätigt worden, und zwar nicht nur bei Konfitüren, sondern auch bei Schokolade, Stiften oder Kaffee,[19] bei Aktieninvestments[20] oder bei der Auswahl von Urlaubszielen.[21]

In meinem Supermarkt setzt man dieses Prinzip neuerdings auf eine andere Weise um, wenn auch im gegenteiligen Extrem: An Probierständen gibt es meist nur zwei Auswahlmöglichkeiten. Entweder gefällt die eine Option – oder eben die andere. Lieber bietet man eine begrenzte Auswahl an, als die Kunden mit zu vielen Möglichkeiten zu überfordern.

Tatsächlich befindet sich mein Supermarkt damit in erfolgreicher Gesellschaft. Ein US-amerikanisch-chinesisches Forscherteam erhielt 2024 Zugang zu den umfangreichen Daten des Online-Giganten Alibaba, immerhin einem der größten Onlinehändler der Welt.[22] Die Gruppe untersuchte, unter welchen Bedingungen Menschen besonders gerne Kaufentscheidungen treffen. Der Alibaba-Algorithmus half dabei: Immer dann, wenn sich potenzielle Kunden ein Produkt online angesehen, aber nicht gekauft hatten, bekamen sie später eine Erinnerung zugeschickt. Diese Erinnerungsnachrichten wurden jedoch unterschiedlich gestaltet: Einige Kunden sahen nur das noch nicht gekaufte Produkt, andere das Produkt mit einem, zwei oder drei weiteren Alternativprodukten. Das Ergebnis war eindeutig: Die meisten Kunden kauften das ursprünglich für spannend befundene Produkt, wenn es noch eine einzige Alternative gab. Sahen sie nur das eigentliche Produkt, griffen nur halb so viele Menschen zu – und auch wenn die Auswahl größer wurde, ging das Kaufinteresse zurück. Kurzum: Es gibt ein Optimum an Auswahlmöglichkeiten. Zu wenig ist schlecht, zu viel auch.

Zu wenig Auswahl zu haben ist global gesehen ein weit schwerwiegenderes Problem. Während die Auswahlüberlastung ein Phänomen der modernen, entwickelten Welt ist, kämpft der Großteil der Weltbevölkerung mit dem genauen Gegenteil: einem Mangel an Optionen. So untersuchte man 2021 über 7.000 Personen in sechs unterschiedlichen Ländern (Brasilien, Indien, China, Russland, Japan, USA), um festzustellen: Nur in den USA ist die Auswahlüberlastung wirklich ein Problem.[23] Die meisten Menschen weltweit leiden vielmehr darunter, nicht genügend wählen zu können. Dennoch zeigt sich ein interessanter Trend: Mit der zunehmenden Vielfalt von Produkten kann die Zufriedenheit irgendwann sinken. Das Allverfügbarkeitsversprechen der Onlinewelt verstärkt dieses Problem zusätzlich: Wenn auf Knopfdruck alles lieferbar ist, hat man prinzipiell auch die Möglichkeit, alle Optionen zu vergleichen. Das strengt an, denn niemand ist mehr in der Lage, die komplette Übersicht über die Produktwelt zu erlangen.

Im Prinzip wird unser ansonsten ausgeklügeltes Entscheidungssystem an dieser Stelle überrumpelt. Solange die Datenlage schlecht ist, können wir erstaunlich gut Grundsatzentscheidungen treffen: Ob Sie heiraten wollen, ein Haus kaufen oder den Job wechseln – die meisten Menschen können solche Fragen spontan und recht klar beantworten. Dabei sind diese Entscheidungen sehr viel weitreichender. Das Problem beginnt im Detail: Wen soll man heiraten? Wie genau soll das Haus aussehen? Welcher Job passt wirklich? Denn wir sind gut darin, emotionale Entscheidungsimpulse zu erzeugen – aber schlecht darin, diese mit vielen Informationen abzugleichen.

Tipp 1: Kategorisieren Sie!

Wenn ich in meinem Supermarkt vor 296 Ölsorten stehe oder Sie vor einem Buchregal mit 100 verschiedenen Büchern, ist es kaum möglich, alle Optionen miteinander zu vergleichen. Ich könnte mir natürlich die Mühe machen, nacheinander jedes Öl zu verkosten, aber das würde erstens ewig dauern und zweitens keinen Spaß machen. Spätestens nach dem 25. Öl wäre mein Mund völlig überölt – und erinnere ich mich wirklich noch an Öl Nr. 47, wenn ich das Öl Nr. 135 probiere? Keine Chance.

Dabei ist die Studienlage eindeutig: Wer Kategorien bildet, entscheidet nicht nur besser, sondern ist mit seiner Entscheidung auch zufriedener. Sollen Probanden beispielsweise aus 50 verschiedenen Kaffeesorten wählen, dann tun sie sich in ihrer Entscheidung leichter, wenn die 50 Sorten in zehn Kategorien vorsortiert waren.[24] Tatsächlich spielte es dabei kaum eine Rolle, ob die Kategorien sinnvoll und informativ waren (»nussig«, »mild«, »würzig«) oder komplett informationsfrei (»Kategorie A«, »Kategorie B«, »Kategorie C«). Am Ende bekamen alle Probanden denselben Kaffee vorgesetzt – und trotzdem waren sie alle mit ihrer Wahl zufrieden. Allerdings nur unter einer Voraussetzung: Sie waren keine Kaffee-Experten.

Ein echter Game-Changer war für mich die Entdeckung, dass man sich seine persönliche »Farbpalette« erstellen lassen kann. In Seoul gehört es für junge Leute zum Alltag, eine Farbberatung zu machen, um ihren persönlichen Farbtyp zu ermitteln. Am Ende hat man ein Farbschema in der Hand, das perfekt zum eigenen Typ passt. Ich garantiere Ihnen: Sie gehen anschließend mit einem komplett anderen Blick in ein Bekleidungsgeschäft. Was vorher eine grenzenlose Auswahl war, wird plötzlich überschaubar. Denn durch die vorherige Kategorisierung, in diesem Fall die Farben, dampfen Sie die Auswahl radikal ein. Im Prinzip nutzen Sie die Technik aus dem ersten Kapitel dieses Buches: Sie vermeiden Ablenkungen, indem Sie vorher definieren, was wichtig ist und was nicht. Das Gleiche gilt übrigens beim Problem der Auswahlüberlastung: Auch hier hilft es, den Fokus frühzeitig zu setzen, um der Entscheidung Klarheit zu geben.

Tipp 2: Reduzieren Sie Ihre »Vorlieben-Unsicherheit«!

Interessanterweise lassen sich Experten auf einem Gebiet nicht von einem reichhaltigen Angebot abschrecken – im Gegenteil: Je klarer die Zielvorstellung, desto eher spornt Vielfalt zur Entscheidung an. Wenn ich vor einem Ölregal stehe, bin ich heillos überfordert. Aber stellen Sie mich in ein Fahrradgeschäft vor 40 verschiedene Rennradreifen, und ich garantiere Ihnen: Ich habe meine helle Freude daran, den besten Reifen auszuwählen. Warum? Ich habe ein klares Ziel vor Augen.

Übersichtsarbeiten zeigen, dass eine große Auswahl meistens gar nicht das eigentliche Problem ist, vielmehr scheitern viele daran, dass sie keine klare Vorstellung davon haben, was sie eigentlich wollen. Bittet man Menschen, sich vorher klarzumachen, wie ihr Wunschprodukt aussehen soll, empfinden sie ein reichhaltiges Angebot nicht mehr als abschreckend, sondern als Chance. Dieses Phänomen nennt man »Vorlieben-Unsicherheit«, das Unbehagen, nicht genau zu wissen, wie eine optimale Lösung aussehen soll.[25] Wer ohne klares Ziel auswählt, steht vor einer mühsamen Aufgabe: Man müsste theoretisch alle Optionen irgendwie miteinander vergleichen. Das nervt. Wenn Sie hingegen eine klare Zielvorstellung haben, fallen viele Vergleichsmöglichkeiten weg. Sie müssen nicht mehr alles mit allem vergleichen, sondern nur noch mit Ihrem inneren Maßstab.

Wenn Sie also beim nächsten Restaurantbesuch nicht von der reichhaltigen Auswahl an Speisen erschlagen werden wollen, überlegen Sie sich vorher, was Sie essen möchten: Nudeln, Fleisch, Fisch, Salat? Die Entscheidung fällt plötzlich leichter. Zugegeben, dann beschwert man sich womöglich darüber, dass die Auswahl zu klein ist. So richtig zufrieden ist man ja sowieso nie.

Tipp 3: Fangen Sie mit dem Einfachen an!

Vor einigen Jahren führte man eine interessante Studie an der Universität St. Gallen in der Schweiz durch. Für alle, die es nicht wissen: St. Gallen zählt zu den renommiertesten Wirtschaftsuniversitäten Europas, ein Ort, an dem sich die kommende Business-Elite versammelt. Gibt es also eine passendere Zielgruppe für die Wahl von Maßanzügen als angehende Wirtschafts-Master? Wohl kaum, dachte sich der Verhaltensökonom Jonathan Levav, der gemeinsam mit seinem Team untersuchte, wie sich die Auswahlüberlastung bei Maßanzug-Kauf minimieren lässt.[26] Denn auch wenn auf den ersten Blick alle gleich aussehen mögen, die Details können schnell zu einer Wissenschaft werden. Für die Studie wurde extra ein Herrenausstatter an die Uni bestellt. Zur Auswahl standen: 100 Anzugsstoffe, fünf Futterstoffe, 50 Hemdstoffe, 42 Krawattenstoffe, 20 Anzugsknöpfe, acht Gürtelvarianten und 20 Paar Socken. Rein rechnerisch ergaben sich somit über drei Milliarden Kombinationsmöglichkeiten für den perfekten Anzug. Das Ergebnis war interessant: Wer zuerst über Kleinigkeiten wie den Gürtel entschied, war am Ende zufriedener mit seinem Gesamtoutfit als diejenigen, die gleich zu Beginn 100 Anzugsstoffe vergleichen sollten. Wer gleich mit der großen Auswahl startete, war zudem eher bereit, einer Expertenempfehlung zu folgen, weil der Überblick verloren ging.

Wenn Sie eine Auswahl treffen, fangen Sie immer mit den kleineren Entscheidungen an. Denn je detaillierter und komplexer es wird, desto mehr geraten die bewussten Entscheidungsprozesse ins Stocken. Diese Denkblockaden sind Gift für Ihre spätere Zufriedenheit. Tatsächlich sinkt die Entscheidungsfreudigkeit schon, wenn die Optionen in schwer lesbarer Schrift präsentiert werden – oder wenn man Menschen zwingt, während ihrer Überlegungsphase möglichst viele Gründe für ihre Wahl zu formulieren.[27] Die Entscheidungsflüssigkeit ist maßgeblich für den Entscheidungserfolg. Sicherlich muss man manche Entscheidungen sorgfältig abwägen. Aber es gibt immer den Punkt, ab dem weiteres Nachdenken nichts mehr bringt. Wer diesen Moment verpasst, trifft keine guten Entscheidungen mehr.

Tipp 4: Bleiben Sie spontan!

Wenn ich in einem Restaurant sitze und nicht genau weiß, was ich essen soll (auch wenn ich mir vorher schon mögliche Kategorien überlegt habe), nutze ich einen Trick: Ich schaue mir alle Gerichte auf der Speisekarte genau an, entscheide mich aber noch nicht. Wenn ich dann von der Bedienung gefragt werde, was ich möchte, nehme ich das erste Gericht, das mir in diesem Moment in den Sinn kommt.

Dabei kombiniere ich zwei Prinzipien: das Durchstöbern (engl. *»browsing«*) und die Entscheidungsheuristik, sich bewusst kurz unter Druck zu setzen. Schließlich ist es belegt, dass Menschen von einem großen Angebot nicht abgeschreckt werden, wenn sie zunächst nicht entscheiden, sondern einfach nur stöbern dürfen.[28] Denn in diesem Modus vergleicht man nicht ständig irgendwelche Angebote miteinander, sondern lässt sich einfach inspirieren. Sie kennen das, wenn Sie einen Einkaufsbummel machen und bloß »mal schauen« möchten. In diesem Fall kann die Auswahl nicht groß genug sein.

Der eigentliche Impuls ist dann intuitiv. Sie dürfen also ruhig auf den Bauch hören, vorausgesetzt, es steckt auch etwas drin. Aus diesem Grund treffen Experten auf ihrem Gebiet auch intuitiv sehr gute Entscheidungen. Professionelle Schachspieler etwa profitieren kaum von einer Verlängerung der Bedenkzeit pro Zug. Okay, ein bisschen Zeit zum Überlegen ist notwendig (wie immer im Leben), aber ob einem fünf Minuten oder 100 Minuten zur Verfügung stehen, ist fast egal.[29] Selbst im hochgradig objektiven Schachspiel kann es sich also lohnen, auf seine Intuition zu vertrauen. Ähnliches zeigt sich bei Topmanagern, die selbst in unübersichtlichen Situationen durch Intuition bessere Entscheidungen treffen als bei der ausführlichen Analyse aller Fakten. Tatsächlich ist diese Bereitschaft, auf sein »Bauchgefühl« zu vertrauen, ein gewichtiger Unterschied zu weniger erfahrenen Führungskräften, die häufiger analytisch entscheiden.[30]

Das trifft auch auf Alltagssituationen zu. Im Oktober 2024 wurde das Entscheidungsverhalten von 256 Personen über einen Zeitraum von zwei Wochen untersucht.[31] Insgesamt dokumentierten die Teilnehmer 6.779 Alltagsentscheidungen in einem Onlineportal und gaben gleichzeitig an, ob sie ihre Entscheidung intuitiv oder nach reiflicher Überlegung getroffen hatten. Das Ergebnis war aufschlussreich: Jede Entscheidung verbesserte das Wohlbefinden der Teilnehmer. Als die Personen jedoch mit etwas Abstand ihre Entscheidungen bewerten sollten, kam heraus: Die besten Entscheidungen waren die intuitiv getroffenen. Ebenso spannend: Nicht das Gefühl, richtig entschieden zu haben, war entscheidend für die Beurteilung, sondern die »Leichtigkeit der Entscheidung« (*»ease of decision«*). Intuitive Entscheidungen wurden schneller umgesetzt und sorgten für eine höhere Zufriedenheit. Selbst dann, wenn die Auswahlmöglichkeiten groß waren. Das schärfste Mittel gegen Auswahlüberlastung ist offenbar, auf das Bauchgefühl zu vertrauen.

Natürlich finden auch »Bauchentscheidungen« im Kopf statt. Erinnern Sie sich: Jede Entscheidung beginnt mit der emotionalen Bewertung. Meistens haben Sie Ihre eigentliche Entscheidung längst getroffen, während das Großhirn noch ein paar rationale Gründe nachliefert. Berücksichtigen Sie dabei immer: Es geht selten darum, die objektiv beste Entscheidung zu treffen – auch wenn es solche Situationen gibt, am Aktienmarkt etwa. Viel wichtiger ist, dass Sie für eine Entscheidung später geradestehen können. Mit Fakten und Argumenten können Sie vor anderen eine Entscheidung rechtfertigen. Aber vor sich selbst nur, wenn die Entscheidung auch emotional konsistent ist. Aus diesem Grund treffen wir die besten Entscheidungen oftmals intuitiv. Vorausgesetzt, wir haben uns im Vorfeld genügend Gedanken gemacht.

Problem Perfektionismus – Wenn wir nicht zufrieden sind

Eng verknüpft mit dem Problem der Auswahlüberlastung ist die chronische Unzufriedenheit mit getroffenen Entscheidungen. Wer aus vielen Optionen wählen kann, kann im Anschluss schließlich kaum glücklich werden. Denn je größer die Auswahl, desto größer der Anspruch, die beste Entscheidung zu treffen.

Dieses Streben nach Perfektionismus hat längst auch die

Partnerwahl erfasst. Während man früher innerhalb eines lokal begrenzten Kreises nach einer Partnerin oder einem Partner suchte, sind die Möglichkeiten durch Onlinedating heute um ein Vielfaches größer geworden. Doch mit der größeren Verfügbarkeit wird die Entscheidung nicht leichter, sondern schwerer. So zeigte eine niederländische Untersuchung: Je mehr Partner zur Auswahl stehen, desto eher tendieren Menschen dazu, neue Partner abzulehnen – und zwar steigt die Ablehnung, je später ein potenzieller Partner in der Auswahl erscheint.[32] Am Anfang mag es eine Freude sein, aus einem Überfluss an Partnern wählen zu dürfen, doch diese Lust wird schnell zur Last.

Mir fällt das immer auf, wenn ich die Fernsehsendung *Der Bachelor* schaue – eine Sendung, die ich natürlich aus rein wissenschaftlichen Gesichtspunkten verfolge. Für alle, die nicht Fan des gepflegten Trash-TVs sind: Ein junger Mann soll aus über 20 Frauen die Richtige fürs Leben wählen. Was wie ein chauvinistisches Überbleibsel aus den 1950er-Jahren wirkt, entpuppt sich bei näherer Betrachtung als empirisches Filetstück eines psychologischen Dilemmas. Denn die Situation des armen Bachelors illustriert eines der Hauptprobleme unserer heutigen Entscheidungswelt: das Problem der Alternativkosten. Am Anfang ist es noch leicht, die Frauen nach Hause zu schicken, die nicht zu einem passen. Doch im Laufe der Zeit wird die Entscheidung immer schwerer. Der Grund: Man sieht nicht nur, wofür man sich entscheidet, sondern auch wogegen. In der Ökonomie nennt man das Alternativkosten – und in der Psychologie ist es nicht anders. Entscheidet sich der Bachelor also für eine Frau, entscheidet er sich gleichzeitig gegen 19 andere. So kann man nicht glücklich werden. Kein Wunder, dass von den bisherigen 15 Bachelors, die im Fernsehen nach der großen Liebe suchen durften, nur ein einziger eine langjährige Beziehung zu seiner Herzdame aufbauen konnte. Damit sind die anderen Bachelors übrigens in guter Gesellschaft: Eine Studie des Onlinedating-Verhaltens junger Menschen kam 2024 zu einem ähnlichen Ergebnis. So waren Menschen, die sich öfter online verabredeten, in ihrer Beziehung besonders unzufrieden.[33] Ein Effekt, der interessanterweise bei Männern deutlich ausgeprägter war als bei Frauen.

Doch das Problem ist grundsätzlich: Menschen werden mit ihren Entscheidungen unzufrieden, wenn sie sehen, welche Optionen ihnen entgehen. Wer sich nach langem Hin und Her endlich dazu entschieden hat, den Urlaub am Strand der Seychellen zu verbringen, kann dann immer noch grübeln: Vielleicht wäre es auf den Malediven doch besser gewesen? Aus diesem Grund sind Menschen, die selbst eine halbwegs gute Entscheidung treffen, niemals wirklich zufrieden. Dieser Typ Mensch wird als »Maximierer« bezeichnet, weil er versucht, das Maximale aus einer Entscheidungssituation herauszuholen. Maximierer bevorzugen deswegen eher eine große Auswahl,[34] um wirklich alle Optionen zu berücksichtigen. Das muss nicht immer von Nachteil sein. Objektiv gesehen führt dieser Ansatz oft zu besseren Ergebnissen. So haben Studenten, die einen maximierenden Entscheidungsstil bevorzugen, im Anschluss an ihr Studium Jobs, die um 20 Prozent besser bezahlt sind als die ihrer Mitstudenten, die weniger auf das Maximum aus sind.[35] Der Nachteil: Sie fühlen sich damit nicht besser. Denn je mehr Mühe man sich mit seiner Entscheidung macht, desto eher grübelt man im Nachhinein,[36] und genau das führt oft zu Unzufriedenheit.

Tipp 5: Freunden Sie sich mit der Entscheidung an!

Der Gegenentwurf zu den Maximierern sind die Genügsamen (engl. *»satisficer«*, ein vom US-amerikanischen Sozialwissenschaftler Herbert Simon geprägtes Mischwort aus »*satisfy*« und »*suffice*«, also »zufriedenstellen« und »genügen«). Genügsame verfolgen eine Strategie, die auf den ersten Blick nachteilig erscheinen mag, auf den zweiten Blick jedoch sehr erfolgreich ist. Statt alle verfügbaren Informationen zu sammeln und zu vergleichen, um die absolut beste Entscheidung zu treffen, priorisieren sie: Welche drei Kriterien (die »Must-haves«) muss ein Produkt unbedingt erfüllen? Eventuell ergänzt man am Anfang diese noch um wenige optionale Anforderungen – aber bloß nicht um zu viele. Dann macht man sich auf die Suche. Sobald das erstbeste Produkt gefunden ist, das alle Kriterien erfüllt, wird es ausgewählt und die Suche beendet.

Holen Sie so früh wie möglich den Rat eines Experten – oder bei der Partnerwahl: den Rat eines guten Freundes / einer guten Freundin. Insbesondere Maximierer beenden ihre endlose Suche nach dem Optimum deutlich schneller, wenn sie gleich zu Beginn eine klare Empfehlung erhalten, dann fällt ihnen die Entscheidung wesentlich leichter.[37] Ganz im Sinne des »mentalen Ankers«, von dem in diesem Kapitel schon die Rede war. So problematisch das Ankern sein kann, hier erweist es sich als sinnvolle Entscheidungshilfe.

Nach der Auswahl beginnt ein neuer Schritt: umschalten und sich mit der getroffenen Entscheidung anfreunden. Das bedeutet, sich auf das ausgewählte Produkt (oder allgemeiner: auf das Entscheidungsergebnis) zu konzentrieren, statt es ständig infrage zu stellen. Hinterfragt werden sollte erst dann, wenn wirklich Probleme auftreten. Wer sich also für ein neues Fahrrad entscheiden möchte, definiert erst die wichtigsten Kriterien und entscheidet sich dann für das Modell, das diese Kriterien erfüllt. Dann fährt man mit diesem Fahrrad. Sollte es wirklich nicht passen, wird das schnell deutlich. Warten Sie also lieber so lange, bis Ihnen das Rad tatsächlich Probleme macht, um dann Ihre Entscheidung zu überdenken, anstatt von vornherein nach möglichen Problemen zu suchen und dadurch Ihre eigene Entscheidung zu torpedieren.

Der Vorteil dieser Strategie liegt auf der Hand: Indem man die Erwartungshaltung auf ein akzeptables Niveau senkt, fällt es leichter, zufrieden zu sein. Eine Studie aus dem Jahr 2021 zeigte sogar, dass gerade die Maximierer von dieser Technik des »Zielniveauabsenkens« (engl. *»decreasing goal level«*) am meisten profitieren.[38] Überhaupt zu entscheiden ist für unser Wohlbefinden wichtiger, als perfekt zu entscheiden. Oder, wie es Dominik Stuckmann sagte: »Einfach machen, nicht so viel nachdenken.«[39] Er muss es wissen. Er ist der einzige Bachelor, der nach vielen Jahren immer noch mit seiner Fernseh-Traumfrau zusammen ist.

Problem: Entscheidungsmüdigkeit – Wenn uns die Kraft ausgeht

Wir treffen Entscheidungen, indem wir Emotionen mit unseren Erfahrungen, Plänen und unserem Wissen verknüpfen. Das erfordert kognitive Anstrengung – und wenn unsere mentalen Ressourcen zur Neige gehen, leidet die Entscheidungsfähigkeit. Das kann teuer werden, wie 2021 eine Untersuchung des Entscheidungsverhaltens von Bankangestellten zutage förderte. Die Forscher der Universität Cambridge analysierten dabei eine besonders heikle Finanzentscheidung: die Genehmigung von Zahlungsaufschüben bei Kreditverträgen. Diese Entscheidung ist nicht ohne Risiko. Wird ein Aufschub gewährt, verschlechtern sich die Konditionen für die Bank, doch die Wahrscheinlichkeit, das Geld zurückzubekommen, könnte sich erhöhen. Dafür muss der Bankangestellte jedoch gut belegbare

Gründe vorlegen. Die Standardvariante bleibt daher, keinen Zahlungsaufschub zu gestatten und auf die fristgerechte Rückzahlung zu bestehen.

Tatsächlich zeigte sich, dass die Bankangestellten den Antrag für eine Verlängerung eher ablehnten, je später am Tag sie diese Entscheidung treffen mussten. So gewährten sie ausgeruht nach der Mittagspause öfter einen Kreditaufschub als kurz vor Feierabend.[40] Der Grund dafür ist die sogenannte Entscheidungsmüdigkeit. Noch ausgeruht und frisch am Morgen ist man viel besser in der Lage einzuschätzen, ob sich ein Kreditaufschub lohnt. Doch je mehr Entscheidungen man im Laufe eines Tages treffen muss, desto größer wird die geistige Ermüdung, mit der Folge, dass man häufiger ins standardisierte Entscheidungsschema abrutscht. Das kostet. In der Untersuchung kam ebenfalls heraus: Je später am Tag die Entscheidungen getroffen wurden, desto öfter hielten die Angestellten stur an der Einhaltung von Fristen fest, selbst dann, wenn ein Aufschub gerechtfertigt gewesen wäre. Die Konsequenz war, dass sich die Kreditausfälle erhöhten. Dadurch entgingen der Bank über 500.000 US-Dollar.

Tipp 6: Teilen Sie sich die Kraft ein!

Um klare Entscheidungen zu treffen, müssen Sie ausgeruht sein. Daher ist es sinnvoll, wichtige Entscheidungen nach einer Pause oder direkt nach einem erholsamen Start in den Tag zu treffen. Doch noch viel wichtiger ist es, sich auf die Momente vorzubereiten, in denen Entscheidungsmüdigkeit droht und damit die Gefahr wächst, eine falsche Entscheidung zu treffen. So wie sich Odysseus an den Mast seines Schiffes binden ließ, um den betörenden Gesängen der Sirenen zu widerstehen, spricht die Psychologie von sogenannten Odysseus-Verträgen: Man legt vorab Regeln fest, die uns in kritischen Momenten Orientierung geben.

Ein Odysseus-Vertrag könnte beispielsweise lauten: Treffen Sie niemals Entscheidungen in HALT-Situationen, wenn Sie also hungrig (*»hungry«*), sauer (*»angry«*), einsam (*»lonely«*) oder müde (*»tired«*) sind. In solchen Momenten sind Menschen entscheidungsschwach, weil ihre emotionale Befindlichkeit das rationale Abwägen überlagert. Erst wenn Sie all diese Faktoren verändert haben, also satt, ausgeruht, ausgeglichen sind und den Rat eines Mitmenschen eingeholt haben, sind Sie in der Lage, eine wirklich gute Entscheidung zu treffen.

Tatsächlich ist die Pause zwischen dem ersten Impuls und der endgültigen Entscheidung oft ausschlaggebend. Wer sich die Zeit nimmt, eine Nacht darüber zu schlafen, trifft nicht nur ausgewogenere Entscheidungen, sondern schützt sich auch vor Denkvereinfachungen und vorschnellen Handlungen.[41] Übrigens hilft es sogar, während des Tages ein Mittagsschläfchen zu halten. In der Studie reichte bereits eine Stunde Schlaf aus, um in Risikosituationen signifikant besser zu entscheiden und strategischer zu planen.[42]

Schützen Sie sich im Vorfeld vor Entscheidungsmüdigkeit. Wobei »Müdigkeit« oft der falsche Begriff ist, denn manchmal wird man auch impulsiver, wenn man von einem anstrengenden Tag erschöpft ist. Nehmen Sie sich ein Beispiel an der »Heiße-Brief«-Methode von Abraham Lincoln.[43] Während des amerikanischen Bürgerkriegs geriet Lincoln oft mit seinen Generälen über Kreuz, was er in geharnischten Briefen auch konkret formulierte.[44] Er schickte diese Briefe jedoch nicht sofort ab, sondern hatte die Angewohnheit, die Briefe in eine Schublade zu legen, um sie später wieder anzuschauen. Viele dieser Briefe wurden nie versendet und erst nach seinem Tod entdeckt. Das ist eine clevere Methode, um sich innerlich zu beruhigen, bevor man überreagiert. Die allermeisten Entscheidungen können schließlich eine Nacht warten. Schreiben Sie ruhig eine wütende E-Mail, wenn Ihnen danach ist. Und wenn Sie am nächsten Morgen immer noch so verärgert sind wie am Abend zuvor, dann sollten Sie diese Nachricht vielleicht wirklich versenden.

Problem: Riskante Entscheidungen in Unsicherheit

Manche Entscheidungen sind einfach, weil die Rahmenbedingungen klar sind, andere wiederum sind so komplex, weil die Auswahlkriterien so überbordend sind, dass man die Übersicht verliert. Doch was ist mit grundsätzlichen Entscheidungen, die sich kaum in konkrete Kriterien fassen lassen und dennoch gewaltige Auswirkungen auf das persönliche Leben haben? Ob man in eine andere Stadt ziehen oder einen neuen Job annehmen soll, für solche wegweisenden Entscheidungen gibt es wenig klare Erfahrungswerte.

Die schwerwiegendsten Entscheidungen unseres Lebens fallen oft in diese Kategorie. Ob Sie sich beim Schuhkauf schwertun, weil Sie vor einem Regal voller Schuhe stehen – was kann da schon groß passieren? Im schlimmsten Fall tauschen Sie die Schuhe um oder verlieren ein paar Euro. Das wirft Sie nicht aus der Bahn. Doch wenn Sie sich für den falschen Job entscheiden oder den falschen Partner, dann kann das gravierende Probleme mit sich bringen. Selbst wenn man sich noch so viel Mühe gibt, kann einen das nicht vor Fehlentscheidungen bewahren. Ganze Teams von ausgewiesenen Experten arbeiten bei Firmenübernahmen daran, korrekte Bewertungen und tragfähige Fusionsstrategien zu entwickeln. Trotzdem scheitern acht von zehn Übernahmen.[45]

Wie schon zu Beginn dieses Kapitels erwähnt: Entscheidungen werden immer unter Unsicherheit getroffen. Manchmal schafft man sich die Unsicherheit selbst, etwa wenn wir auswahlüberlastet sind. Manchmal wissen wir jedoch wirklich nicht, was uns blüht, wenn wir eine bestimmte Entscheidung treffen. Diese Unsicherheit kann Menschen sogar daran hindern, erfolgreich zu sein. So ist von Sportlern bekannt, dass sie nicht nur Angst davor haben, zu scheitern, sondern auch davor, erfolgreich zu sein.[46] Für Unternehmer sind ähnliche Effekte beschrieben: Besonders diejenigen, die aus ärmeren Verhältnissen kommen, zögern oft, den entscheidenden Schritt zu machen, um ihr Unternehmen richtig erfolgreich zu führen.[47] Der Grund dafür ist nachvollziehbar: Wer scheitert, kann meist in seine Komfortzone zurückkehren. Es gibt einen Haufen Bücher darüber, wie man »erfolgreich scheitert«, »besser scheitert« oder im Leben »voranscheitert«. Doch wenn Sie erfolgreich sind, ändert sich zwangsläufig alles.

Stellen Sie sich vor, Sie haben eine bahnbrechende Idee, die Ihr Leben komplett auf den Kopf stellt. Wenn Sie diesen Weg gehen, ist Ihr altes Leben vorbei. Vielleicht ändert sich Ihr Freundeskreis, vielleicht ändern sich Ihre Lebensumstände, vielleicht ändert sich die Art und Weise, wie andere Menschen auf Sie blicken. Diese Angst vor Identitätsverlust spielt eine maßgebliche Rolle bei weitreichenden Entscheidungen. Umso wichtiger ist es, dass man mögliche Szenarien durchspielt, bevor man handelt.

Tipp 7: Spielen Sie Optionen durch!

Bevor Amazon ein neues Produkt auf den Markt bringt, ja sogar, bevor das Produkt überhaupt entwickelt wird, formuliert das Unternehmen eine interne Pressemitteilung. Darin wird beschrieben, wie das Produkt funktioniert, warum es ein Erfolg wurde oder woran es gescheitert ist.[48] Sprich:

Bevor überhaupt eine Entscheidung getroffen wird, überlegt man sich aus einer zukünftigen Rückschau, wie es gelaufen sein könnte.

Pre-Mortem-Analyse nennt sich diese Technik, bei der man vor einem möglichen Fehlschlag antizipiert, was falsch laufen könnte. Gerade bei finanziellen Entscheidungen hat sich diese Technik bewährt, um potenzielle Risiken frühzeitig zu erkennen.[49] Dadurch gewinnen Menschen mehr Sicherheit und Vertrauen in ihre Entscheidungen. Zum einen werden zuvor nur diffus empfundene Unsicherheiten konkret benannt und können so berücksichtigt werden,[50] zum anderen vermeidet man, in einem naiven Hurra-Modus eine schlechte Entscheidung zu treffen.[51]

Tipp 8: Fragen Sie Nicht-Experten oder Außenstehende!

Stellen Sie sich vor, Sie befinden sich in einer langjährigen Beziehung, und Ihr Partner hat Sie betrogen. Welche Informationen wären für Sie entscheidend, um zu verstehen, was passiert ist? Wie könnten Sie Ihre Beziehung retten? Wie wichtig wäre Ihnen dabei ein Kompromiss?

Gewiss, das sind schwierige Fragen, die man vielleicht nur mit Lebenserfahrung beantworten kann. Oder auch nicht. In einer konkreten Studie wurden Testpersonen unterschiedlichen Alters mit solchen elementaren Beziehungsszenarien konfrontiert und anschließend gefragt, wie »weise« sie sich in diesen Situationen verhalten würden.[52] Erkannten sie beispielsweise, dass man in solchen Fällen die Grenzen des eigenen Wissens über die Beziehung anerkennen muss oder dass man sich selbst verändern sollte, um einen Kompromiss zu finden? Das Ergebnis war bemerkenswert. Unabhängig vom Alter (ob zwischen 20 und 40 oder zwischen 60 und

80 Jahren) zeigte sich, dass die Probanden deutlich abgeklärter und weiser waren, wenn sie das Szenario für einen Freund durchspielen sollten. Für die eigene Person traf das jedoch weniger zu. Mit dem Alter kommt also nicht zwangsläufig die Erfahrung. Viel wichtiger ist die persönliche Distanz zur Entscheidung. Sollten sich die Probanden nämlich vorstellen, Sie wären ein Freund, der Ihre eigene Situation beurteilt, wurden sie plötzlich viel ausgewogener und klüger in ihrer Einschätzung, wie es mit der zerbrochenen Beziehung weitergehen sollte.

Besonders in unsicheren Situationen profitieren Entscheidungen davon, dass man jemanden um Rat fragt. Denn nicht nur die Entscheidungsqualität, sondern auch die spätere Zufriedenheit mit der getroffenen Wahl steigt, wenn man vorher außenstehende Meinungen eingeholt hat.[53]

Treffen Sie also wichtige Entscheidungen niemals alleine. Holen Sie Rat von Experten oder auch von Außenstehenden – oder überlegen Sie, wie Sie sich selbst beraten würden. Hauptsache, Sie fragen jemanden. Entscheidend ist, dass man gezwungen wird, sich von seiner eigenen Perspektive zu entfernen. Ansonsten schmort man nur in seinem eigenen Saft.

Tipp 9: Entscheiden Sie!

Sie dürfen Angst davor haben, eine Entscheidung zu treffen. Das ist nicht schlimm. Sie können auch falsche Entscheidungen treffen. Auch das ist nicht schlimm. Das Schlimmste ist jedoch, dass Sie keine Entscheidungen treffen, aus Angst, Sie könnten falschliegen.

Machen Sie sich immer klar, dass es die perfekte Entscheidung nicht gibt. Allein schon deswegen nicht, weil Sie das Resultat der meisten Entscheidungen gar nicht objektiv messen können. Wie gut Ihnen dieses Buch gefallen hat, können Sie am Ende nicht in Zahlen fassen. Vielleicht sagen Sie sich, die paar Euro waren gut investiertes Geld, weil Sie wertvolle Anregungen bekommen haben, um besser zu denken. Oder Sie halten die zuletzt gelesenen Seiten für überflüssigen Quatsch. Doch beide Bewertungen sind subjektiv. Vielleicht hatten Sie beim Kauf ganz andere Erwartungen als das, was Ihnen dieses Buch letztlich gebracht hat. Denn obwohl unser Gehirn versucht, Emotionen und Fakten in einer Entscheidung zu vereinen, Emotionen und Bewertungskriterien verändern sich im Laufe der Zeit. Ob Sie mit einer Entscheidung zufrieden sind, merken Sie oft erst hinterher.

Wichtiger als die perfekte Entscheidung ist es, am Ende zu seiner Entscheidung zu stehen und die Verantwortung dafür zu übernehmen. Das können Sie aber nur, wenn Sie auch eine emotionale Grundlage für Ihre Entscheidung vorweisen können. Wenn Sie im Hier und Jetzt eine Entscheidung nach bestem Wissen und Gewissen tragen, dann können Sie sich später niemals vorwerfen, nicht Ihr Bestes gegeben zu haben.

Nahezu alle Studien zum Entscheidungsverhalten zeigen nämlich eines: Entscheidungen machen frei. Menschen fühlen sich meistens besser, wenn sie eine Entscheidung getroffen haben und anschließend die Freiheit haben, sich mit der Entscheidung anzufreunden. Das bedeutet nicht, dass man Entscheidungen niemals widerrufen sollte. Doch auch dafür müssen Sie vorher irgendwas entschieden haben.

Niemals werden Sie alle Informationen haben, die Sie für die beste Entscheidung benötigen. Das brauchen Sie auch nicht. Ganz ähnlich wie Jeff Bezos, der Amazon-Gründer, seine »70-Prozent«-Regel definierte: »(…) die meisten Entscheidungen sollten wahrscheinlich mit etwa 70 Prozent der Informationen getroffen werden, die man gerne hätte. Wenn man auf 90 Prozent wartet, ist man in den meisten Fällen wahrscheinlich zu langsam.«[54] Und, wie ich hinzufügen möchte, meist auch unzufrieden.

WIDERSTANDSFÄHIGKEIT 6

Wie man unter Druck die Nerven behält

Es ist der 26. Juni 1996, Wembley Stadium in London. 75.862 Zuschauer sehen den Höhepunkt eines dramatischen Fußballspiels im Halbfinale der Europameisterschaft. England, das Mutterland des Fußballs, feiert *»Football's coming home«*, Deutschland, der Angstgegner, droht, zum Partycrasher zu werden. 1:1 steht es nach regulärer Spielzeit und Verlängerung, das Elfmeterschießen entscheidet. Kein Problem, denken sich die Engländer, die im Viertelfinale schon Spanien im Elfmeterschießen besiegt haben. Und siehe da: Das Wunder geschieht schon wieder, alle fünf Schützen der Engländer treffen – und zwar nicht irgendwie, sondern vollständig unhaltbar. Doch auch die Deutschen bleiben nervenstark und ziehen immer nach. Dann passiert das, was zum englischen Trauma werden sollte. Gareth Southgate, Englands sechstem Schützen, versagen die Nerven. Verzagt schiebt er den Ball flach zum Tor: ein Leichtes für Andreas Köpke, diesen »Schuss« zu halten. England stürzt, Deutschland jubelt, denn Andi Möller verwandelt, und Deutschland wird später das Turnier gewinnen.

Keine Überraschung, werden Sie sagen. Was soll man schon von den Engländern im Elfmeterschießen erwarten? Kaum eine große Fußballnation hat eine derart schlechte Elfmeterbilanz. Gerade mal gut ein Drittel aller Elfmeterschießen hat England bis heute gewonnen. Okay, die Niederländer sind mit einem Viertel gewonnener Elfmeterschießen als einzige noch ein bisschen schlechter. Zum

Vergleich: Deutschland ist die mit Abstand erfolgreichste Elfmeter-Nation: 85 Prozent Erfolgsquote. Gerade mal ein einziges Elfmeterschießen hat Deutschland bisher verloren: 1976 gegen die Tschechoslowakei. Wahrscheinlich liegt es daran, dass es sich um eine deutsche Erfindung handelt. 1970 schlug der deutsche Schiedsrichter Karl Wald diese Spielregel vor. Zuvor wurde bei einem Unentschieden der Sieger ausgelost. Man stelle sich das mal 1996 vor: Am Mittelkreis wirft der Schiedsrichter eine Münze, während 75.000 englische Fans drum herumstehen. Viel Glück!

Dennoch bleibt die Frage: Warum hat Southgate verschossen? Ein Top-Profi auf dem Zenit seines Könnens sollte ohne Probleme den Ball in jede Ecke des Tors schießen können. Aber er tat es nicht. Und ist damit nicht allein: Uli Hoeneß donnert 1976 den entscheidenden Elfmeter in den Himmel, Bastian Schweinsteiger schießt 2012 ähnlich mutlos wie Gareth Southgate beim Champions-League-»Finale dahoam« den Pfosten an, obwohl er noch im Halbfinale den entscheidenden Elfmeter verwandelt hat.

Ist doch ganz logisch, werden Sie sagen, unter Druck versagen am Ende die Nerven. Doch was soll daran logisch sein? Wäre es nicht besser, wenn wir in harmlosen Situationen Fehler machen – dafür in wichtigen Momenten einen kühlen Kopf bewahren? Überhaupt: Was passiert in unserem Kopf, wenn wir in stressigen Situationen versagen? Wenn wir nicht resistent genug sind, den Moment auszuhalten und unsere beste Leistung zu zeigen?

Schließlich ist unsere Welt heutzutage nicht weniger stressig geworden. Gewiss, nur die wenigsten müssen jeden Tag einen Elfmeter vor Millionenpublikum versenken, doch druckvolle Situationen kennen wir alle: eine entscheidende Prüfung, die wir unbedingt bestehen müssen. Eine wichtige Präsentation, die wir nicht versemmeln dürfen. Ein Bewerbungsgespräch, das über unser weiteres Leben entscheiden kann. Für manche ist es schon eine schreckliche Vorstellung, beim Geburtstag eine kleine Rede zu halten. Oder sein Auto einzuparken, während ein paar Passanten zuschauen.

Je höher der Druck, desto größer die Wahrscheinlichkeit, dass Menschen darunter zusammenbrechen. Und je stressiger die Welt wird, desto mehr Fehler passieren. Zumal heutzutage schon kleine Fehler massive Auswirkungen haben können. So wie im Februar 2017, als ein Amazon-Angestellter bei Wartungsarbeiten etwas Speicherkapazität der beteiligten Computer reduzieren wollte. Leider vertippte er sich in der Eile bei der Eingabe des Wartungsbefehls, woraufhin sich ein Großteil der Amazon-Server abschaltete, bis das System nur noch durch einen Neustart gerettet werden konnte. Ein solcher kleiner Aussetzer kann massiven Schaden anrichten: Denn ein Drittel des gesamten Internets läuft auf Amazon-Servern. Von den 10.000 größten Internetseiten nutzt mehr als die Hälfte die Rechnerkapazität von Amazon.[1] Amazon selbst verdient fast zwei Drittel gar nicht mit dem Verkauf von Büchern oder Elektronikprodukten, sondern mit der Vermietung von Serverkapazitäten. Und ein plumper Tippfehler führte 2017 dazu, dass sich ein Großteil dieser Seiten reihenweise abschaltete. Der Schaden ging in die Hunderte Millionen US-Dollar.[2] Der vielleicht teuerste Tippfehler aller Zeiten.

Die heutigen Zeiten verzeihen offenbar nichts: Der Zeitdruck nimmt zu, die Leistungserwartung ebenfalls – und zu guter Letzt können unsere Fehler massive Schäden anrichten. Wie behält man dabei nur einen klaren Kopf?

Das Versagen unter Druck

Es gibt verschiedene Gründe, weshalb uns unter Druck die Nerven versagen, doch eines haben die meisten Situationen gemeinsam: Man ist nicht allein. Sei es, dass man im Moment seiner Entscheidung von anderen Menschen beobachtet wird – oder dass man weiß, dass über die eigene Leistung später ein Urteil gefällt wird. Diese Fremdbeobachtung kann tatsächlich dazu führen, dass selbst bei denen, die es gut können, die Leistung kollabiert. Auch bei den Besten.

1891 stand ein junger indischer Anwalt in seiner ersten Verhandlung vor Gericht, als ihn genau dieses Lampenfieber packte: »Ich trat für den Beklagten auf und musste somit die Zeugen des Klägers ins Kreuzverhör nehmen. Ich stand auf, aber mein Herz rutschte mir in die Schuhe. Mir schwirrte der Kopf, und ich hatte das Gefühl, als ob dem ganzen Gericht ebenso zumute wäre. Ich konnte mir keine Frage ausdenken.«[3] Klingt nach einem juristischen Weichei und einem lausigen Rhetoriker? Weit gefehlt. So beschrieb Mahatma Gandhi seinen ersten Auftritt vor Gericht. Auch später kämpfte er noch mit der Angst, vor anderen Leuten sprechen zu müssen – eine Schwäche, die fast dazu geführt hätte, dass eine der charismatischsten Persönlichkeiten der Geschichte niemals das Wort ergriffen hätte.

Der Fachbegriff für dieses Fehlverhalten lautet *»choking under pressure«*, was man mit »Versagen unter Druck« übersetzen könnte. Im Moment einer solchen druckvollen Situation sind dabei genau die Areale im vorderen Bereich unseres Gehirns überlastet, die normalerweise dafür sorgen, dass wir uns konzentrieren, unwichtige Reize ausblenden und dafür umso stabiler Entscheidungen treffen können. Ein bisschen kann man sich das vorstellen wie in einem lauten Großraumbüro, in dem alle durcheinanderrufen und telefonieren und man versuchen muss, sich auf ein konkretes Gespräch zu konzentrieren. Je lauter es um einen herum ist, desto schwieriger ist es und desto mehr Fehler macht man. Die Aufnahmefähigkeit ist schlicht überlastet. Ganz ähnlich ist die Situation, wenn wir unter Beobachtung stehen: Auf einmal müssen wir auf viel mehr Dinge achten und werden vom eigentlichen Ziel unserer Handlungen abgelenkt. So fällt es uns schwer, einen kühlen Kopf zu bewahren.

Fehlerquelle 1: Die Überlastungsablenkung

Vor zehn Jahren wollte man genauer wissen, welcher Teil des Gehirns dabei besonders aktiv ist, und bat Probanden in den Hirnscanner. Dort sollten sie eine einfache Aufgabe ausführen: ein mit Flüssigkeit gefülltes Plastikthermometer so zusammenzudrücken, dass die Flüssigkeit eine bestimmte Höhe erreichte. Keine schwere Aufgabe, mit ein bisschen Übung kriegt das jeder hin. Gleichzeitig wurde ihnen jedoch ein Video gezeigt, in dem zwei Labormitarbeiterinnen sie direkt anschauten. So beobachtet, drückten die Probanden nicht nur fester aufs Plastikröhrchen, auch die gleichzeitig gemessene Hirnaktivität veränderte sich. Das Zusammenspiel von Hirnregionen, die Bildinformationen verarbeiten und unsere Handlungen steuern, nahm ab.[4] Einfach gesagt: Unser Gehirn ist überlastet, wenn es mit zu vielen Informationen gleichzeitig konfrontiert wird. Wir sind schlicht biologisch unfähig, unter Beobachtung saubere Bewegungen durchzuführen und uns genauso gut zu konzentrieren, wie wenn wir allein sind.[5]

Das liegt auch daran, dass wir schon kleine Fehler unter Beobachtung besonders aufbauschen. Wenn Menschen unter Laborbedingungen bei einem kleinen Konzentrationsspiel einen Fehler machen, fällt das Fehlersignal im Gehirn deutlich stärker aus, wenn sie dabei beobachtet werden, verglichen mit Situationen, in denen sie allein sind.[6] So bestraft man sich gleich doppelt: Nicht das tatsächliche Feedback des Publikums ist das Problem, sondern dass wir erwarten, schlechtes Feedback zu erhalten.

Diese neurowissenschaftlichen Befunde decken sich mit der psychologischen Theorie, dass belastender Stress nicht einfach so von externen Faktoren ausgelöst wird. Der Stresseffekt ist vielmehr das Ergebnis einer psychologischen Abwägungsentscheidung, wie der US-Psychologe Richard Lazarus 1984 erstmals formulierte.[7] Stellen Sie sich vor, Sie müssten übermorgen einen Vortrag vor 500 Leuten halten. Nun gibt es zwei Möglichkeiten: Entweder Sie trauen sich überhaupt nicht zu, vor diese Menschenmenge zu treten, weil Sie glauben, keine guten Vorträge zu halten, Ihre Körpersprache nicht kontrollieren zu können oder sich ständig zu verhaspeln. Sie kommen also zur Einschätzung, dass Ihre mentalen Ressourcen nicht ausreichen, um in der Situation zu bestehen. Dann werden Sie in der Vortragssituation tatsächlich nicht die beste Leistung bringen. Vielleicht sind Sie aber auch der Typ, der sagt: Vortrag vor 500 Leuten? Das schockt mich nicht, denn ich weiß, was ich sagen will, ich mag es, vor Leuten zu sprechen, ich kann gut mit Sprache umgehen. Dann wird die Vortragssituation Sie anspornen. Wohlgemerkt: Die Aufgabe (einen Vortrag vor 500 Leuten zu halten) ist identisch. Doch nur, wenn Menschen denken, dass sie nicht genügend Fähigkeiten zur Bewältigung der Aufgabe haben, entsteht ein Leistungsproblem.

Dass wir unter Beobachtung unsere Leistung kollabieren lassen, liegt also maßgeblich an uns selbst. Daher müssen wir bei uns selbst ansetzen, um Drucksituationen erfolgreich zu meistern. Wer die Ursache für sein Versagen jedoch in äußeren Stressfaktoren sucht, macht sich schwach. Denn damit schiebt man die Verantwortung auf äußere Umstände, die sich meist nicht beeinflussen lassen. Dabei liegt die Ursache für Versagen unter Druck ebenso in einem selbst wie die Lösung. Ein wichtiges Grundprinzip des *»chokings under pressure«*, das uns noch häufiger in diesem Kapitel begegnen wird.

Wir sind uns selbst der größte Feind

Wenn unser Gehirn unter Beobachtung überlastet ist, werden nicht nur unsere Bewegungen unpräzise, auch unser Denken leidet. Am besten erforscht ist dieses Phänomen beim Lösen von Matheaufgaben, denn dort lässt sich sehr leicht überprüfen, ob ein Gedankengang richtig oder falsch ist. Dabei zeigt sich ein überraschender Effekt: Eigentlich würde man erwarten, dass Menschen mit einem besonders guten Arbeitsgedächtnis, also jene, die deswegen gut in Mathe sind, unter Druck in Mathetests besser abschneiden sollten als Menschen, die sich ohnehin schwertun. Doch genau das ist nicht der Fall. Im Gegenteil: Je besser man in Mathe ist, desto schlechter wird man unter Druck.[8] Und zwar überproportional viel schlechter. Die Erklärung: Unter Druck werden Mathekönner ihrer größten Stärke beraubt – ihres leistungsfähigen Arbeitsgedächtnisses. Das ist sogar direkt im Gehirn messbar: In einer Stresssituation sind genau die wichtigen vorderen Hirnregionen unseres Arbeitsgedächtnisses übermäßig aktiv (sprich: überlastet),[9] weil sie von Hirnregionen in Beschlag genommen werden, die Belohnung, Bestrafung, Erwartung und Erinnerung koordinieren.

So stellt man sich wieder selbst ein Bein: Nicht die Situation an sich lässt Menschen zusammenbrechen, sondern die Erwartungshaltung in unserem Kopf. Die Folge: Mathekönner verlieren ihre wichtigste Hirnregion und rutschen auf das Niveau derjenigen ab, die von vornherein weniger geistige Kapazitäten mitbringen. So ähnlich erging es Mahatma Gandhi, der (eigentlich top ausgebildet und rhetorisch begabt) vor Gericht plötzlich stammelte wie ein unfähiger Jura-Novize. Schrecklich, dass wir unter Druck an unserer verwundbarsten Stelle getroffen werden: unserem geistigen Vermögen. Richard Lazarus lässt grüßen.

Den Moment umdeuten

Die Angst, unter Druck zu versagen, ist nicht neu – und Mahatma Gandhi ist nicht allein mit diesem Problem. Vor ziemlich genau 2080 Jahren ging es dem vielleicht größten Rhetoriker aller Zeiten genauso. Cicero nämlich, der schrieb, »dass ich zu Beginn des Redens erbleiche und mit meinem ganzen Geist sowie mit all meinen Gliedern zittere«.[10] Gleichzeitig war für Cicero diese Nervosität nicht unbedingt etwas Schlechtes. Im Gegenteil. Statt die Angst zu unterdrücken, bestehe der Trick darin, sie sinnvoll zu nutzen und auf ein gesundes Maß zu bringen. Nervosität sei letztlich ein Zeichen von Respekt gegenüber dem Publikum. Man stelle sich mal das Gegenteil vor: Wer eiskalt wie ein Fisch auftritt, kann keine Emotionen vermitteln. Es geht nicht darum, ein perfekter Rhetorik-Roboter zu sein, sondern ein Mensch, der wach und aufmerksam ist. Mehr noch: Cicero zufolge läuft ein Redner ohne Angst (sagen wir besser: Nervosität) Gefahr, schrecklich überheblich zu wirken und sieht dann womöglich keinen Sinn darin, seine Rede vorzubereiten oder im Nachhinein zu verbessern.

Und damit hat er völlig recht. Viele Menschen versuchen, Nervosität grundsätzlich zu vermeiden. Wenn Sie dann nervös werden, setzt eine Negativspirale ein: Sie achten auf ihre Nervosität, woraufhin sie noch nervöser werden und immer mehr verkrampfen. Diesen Teufelskreis muss man gleich zu Beginn durchbrechen. Es ist nämlich mitnichten ein Fehler, aufgeregt und angespannt zu sein, wenn man unter Druck steht. Das Gegenteil ist der Fall. Wie will man bestmögliche Leistung bringen, wenn man nicht aufgeregt ist? Wie wollen Sie entspannt und unaufgeregt eine Europameisterschaft gewinnen? Oder eine Prüfung bestehen?

Sie wollen gerade unter Druck Ihre Höchstleistung bringen? Dann seien Sie bitte nicht cool. Seien Sie produktiv angespannt. Bereit, jetzt abzuliefern. Sie gehen nervös in eine Prüfung? Gut so. Nervosität ist ein Zeichen von Stärke. Sie zeigt Ihnen, dass Sie so weit sind, Ihre Leistung zu bringen. Jetzt ist der Moment endlich gekommen, auf den Sie sich vorbereitet haben. Was für ein Geschenk: Jetzt können Sie zeigen, was Sie können!

Reframing nennt sich dieser psychologische Trick, mit dem man die Situation umdeutet. So zeigte eine große Übersichtsarbeit aus 2024: Wer typische Stresssymptome wie schwitzige Hände, erhöhten Pulsschlag oder ein Engegefühl in der Brust als Ausdruck von Leistungsbereitschaft interpretiert, ist unter Druck tatsächlich leistungsfähiger.[11]

Novak Djokovic ist der erfolgreichste Tennisspieler aller Zeiten. Ganze 24 Grand-Slam-Siege stehen auf seinem Konto, 1.145 Spiele konnte er (bis zum Zeitpunkt, an dem ich dieses Buch geschrieben habe) in seiner Karriere gewinnen. Nur 230 gingen verloren, womit er allein über 180 Millionen US-Dollar an Preisgeld einspielte. Was denken Sie: Wie viel Prozent aller Ballwechsel, die Novak Djokovic jemals gespielt hat, hat er gewonnen?

Es sind gerade mal 54 Prozent.[12] Man könnte auch sagen: Ob er einen Ballwechsel gewinnt, liegt statistisch fast bei 50:50. Übrigens gilt das auch für die anderen Tennis-Dominatoren der letzten Jahrzehnte. Roger Federer und Rafael Nadal gewannen ebenfalls »nur« 54 Prozent ihrer Ballwechsel. Der Unterschied zu erfolgloseren Spielern liegt also nicht darin, dass Champions ihre Gegner in Grund und Boden spielen, sondern, dass sie im entscheidenden Moment voll bei der Sache sind. »Druck ist ein Privileg«, brachte es die Tennis-Pionierin Billie Jean King auf den Punkt. Man darf ihm nicht ausweichen, man muss ihn nutzen.

Am 14. Juli 2019 ging das längste Wimbledon-Finale aller Zeiten zu Ende. Novak Djokovic schlug Roger Federer in dessen letztem Grand-Slam-Finale nach fast fünf Stunden Spielzeit. Dabei waren die Sympathien eigentlich auf Federers Seite, dem »Maestro«, der das Rasentennis revolutioniert hatte. Interessant bei diesem Spiel war, dass Federer in praktisch allen Statistiken überlegen war. Er schlug mehr Asse, mehr Gewinnschläge, machte sogar in Summe mehr Punkte und Spiele. Dennoch verlor er den entscheidenden Satz 13:12. Djokovic wurde direkt im Anschluss an seinen Sieg gefragt, wie er dem enormen Druck standgehalten habe. »Das ist eine gute Frage«, antwortete er, »denn manchmal versucht man einfach, ihn zu ignorieren, was ziemlich schwer ist. Ich versuche, es auf eine gewisse Weise umzuwandeln: Wenn die Menge ›Roger‹ skandiert, höre ich ›Novak‹. Das klingt albern, aber so ist es. Ich versuche, mich selbst davon zu überzeugen, dass es so ist.«[13]

Es klingt wie eine nette Anekdote, doch bei Djokovic, dem Enfant terrible des Tennissports, ist bekannt, dass er in vielen Matches das Publikum gegen sich hatte. In einem Interview mit der US-Sendung *60 Minutes* betonte er jedoch, dass gerade dieser Umstand seine Stärke sei: »Ich habe irgendwie gelernt, in genau dieser Umgebung aufzublühen. Und die Leute glauben, es sei besser, wenn sie mich nicht mögen. Aber genau das holt beim Tennis das Beste aus mir heraus.«[14] Oder wie es Torwart-Titan Oliver Kahn noch treffender formulierte: »Das ganze Stadion wird morgen gegen uns sein. (…) Was Schöneres gibt es nicht.«

Das ist Reframing in Perfektion. Sie haben es in diesem Kapitel schon gelesen: Nicht das Umfeld ist das Problem, weshalb wir unter Druck versagen, sondern wie wir mit dem Druck umgehen. Nervosität ist nicht negativ, es ist ein Zeichen von Leistungsbereitschaft. Und nervende Störungen können mitunter in etwas Positives umgedeutet werden. So werden wir widerstandsfähig.

Sicherheit erlangen

Natürlich ist es leicht gesagt, die Schwierigkeit eines Moments mit einem mentalen Trick einfach in etwas Positives umzudeuten. Ein fester Ablauf oder eine gezielte Bewegung kann helfen, uns Sicherheit zu geben. Denn wenn eine der größten Gefahren unter Druck darin besteht, dass wir überlastet und von zu vielen Reizen abgelenkt sind, dann liegt es an uns, diesen Fokus aktiv wiederzuerlangen.

Pre-Performance-Routine nennt sich das Verfahren, bei dem man sich vor einer druckvollen Situation einen festen Plan überlegt, den man jederzeit abrufen kann, ganz gleich, was passiert. So gewinnt man Sicherheit, weil man sich selbst auch in der unangenehmsten Situation eine kleine Komfortzone schaffen kann. Und mit ein bisschen Komfort wird man gleich viel stabiler.

Sie können diese Pre-Performance-Routinen bei fast allen erfolgreichen Sportlern beobachten, die unter hohem mentalem Druck eine Top-Leistung bringen mussten. Bei Michael Jordan zum Beispiel, einem der besten Basketballspieler aller Zeiten. Vor einem Freiwurf folgten seine Bewegungen einem festen Muster: Er stellte sich schulterbreit an die Freiwurflinie, ließ den Ball in beiden Händen in seine Richtung drehen, prallte ihn dreimal auf den Boden, drehte ihn wieder, schaute dann zum Korb und warf. So war es ihm sogar möglich, komplett blind Freiwürfe zu verwandeln.[15] Man muss es nicht übertreiben wie Rafael Nadal, dessen Routinen auf dem Tennisplatz einen festgelegten 12-Schritt-Ablauf umfassten (inklusive der Reihenfolge, in der er seine Schuhe mit dem Schläger abklopfte),[16] doch die Studienlage ist eindeutig: In allen untersuchten Situationen, alters- und erfahrungsunabhängig, bringen solche festgelegten Abläufe einen Leistungsgewinn.[17]

Das können Sie auch für sich nutzen, wenn Sie keinen

Sport machen. So schneiden Menschen in Prüfungssituationen besser ab, wenn sie zuvor ein individuelles Ablaufmuster durchlaufen.[18] Vielleicht kennen Sie Menschen, die vor einer Prüfung ihre Unterlagen, Getränke und Taschen so akribisch arrangieren, als würden sie Rafael Nadal kopieren, der vor jedem Match minutenlang seine Tennisutensilien ausrichtet. Auch vor Meetings oder wichtigen Besprechungen, vor Vorträgen oder anderen druckvollen Situationen können Sie diesen Trick nutzen: Schaffen Sie sich Sicherheit, indem Sie aus einem Moment der Kontrolle starten. Gewöhnen Sie sich einen festen Ablauf an, bevor Sie in eine druckvolle Situation treten. So laufen Sie viel weniger Gefahr, gleich zu Beginn den Fokus zu verlieren. Einen weiteren Vorteil hat dieses Verfahren obendrein: Sie müssen weniger denken – ein entscheidender Faktor, wie Sie gleich sehen werden.

Fehlerquelle 2: Die »Du denkst zu viel«-Falle

Matthew Emmons gilt als einer der besten Sportschützen der an Schussfreundlichen nicht armen USA. Er hält einen kompletten olympischen Medaillensatz, wurde Weltmeister, nahm an vier Olympischen Spielen teil, war über 23 Jahre Teil der Sportschützen-Elite. Vor allem kann er mit Rückschlägen umgehen: Vor den Olympischen Spielen 2004 wurde sein Gewehr von einem Unbekannten sabotiert, er reiste mit einer Ersatzwaffe nach Athen. Dort gewann er Gold mit dem Kleinkalibergewehr und galt auch im anschließenden Dreistellungskampf als Top-Favorit. Zu Recht: Vor dem letzten Schuss hatte er einen praktisch uneinholbaren Vorsprung auf den Zweiten, er hätte nur die Scheibe vernünftig treffen müssen. Doch beim letzten Schuss passierte das Unfassbare: Er traf perfekt, allerdings die Scheibe seines Kontrahenten. Das bedeutete null Punkte, und er fiel auf den letzten Platz zurück.

Vier Jahre später in Peking: Wieder liegt Emmons vor dem letzten Schießen vorn. Diesmal ist sein Vorsprung noch größer als vier Jahre zuvor. Er müsste nur knapp 7 von 10 Punkten schießen – ein Kinderspiel für einen Könner wie ihn. Doch im letzten Schuss versagen ihm wieder die Nerven. Er schießt bloß 4,4 Punkte (unfassbare drei Punkte schlechter als der zweitschlechteste Schuss in der gesamten Konkurrenz) und wird Vierter.

Vier Jahre später in London: Wieder liegt er vor dem letzten Schuss komfortabel in Führung, mit über einem Punkt. Im letzten Schuss verpatzt er es wieder. Er schießt bloß 7,6 Punkte, ein lächerlicher Wert in diesem Wettbewerb, und fällt auf den Bronzerang zurück.

Interessant ist der Moment, in dem Emmons den entscheidenden Fehler in Peking macht. Er beschreibt später, wie er die Waffe normalerweise von oben nach unten senkt, dabei den Atem anhält, um genau in dem Moment abzudrücken, in dem das Ziel ins Visier rückt. Doch diesmal dachte er genau in diesem Moment zu viel über das Abdrücken nach. Das war der Fehler. Sein Finger gab etwas zu viel Druck auf den Auslöser, der Schuss löste sich zu früh.

Dieses Phänomen ist als »ironischer Fehler« bekannt: Man macht genau das, was man eigentlich vermeiden möchte. Man will genau nicht zu früh abdrücken und macht dann genau das. Man will genau nicht an einen Pfosten schießen, und genau das passiert. Man will sich nicht bei einer wichtigen Stelle verhaspeln und verstolpert dann genau diese Passage. Einen wichtigen Grund dafür beschreibt Matthew Emmons selbst: Man denkt zu viel nach.

Nicht nur von Emmons, sondern auch von anderen Spitzensportlern ist bekannt, dass sie in besonderen Momenten, beispielsweise in einem Finale, auch eine besonders gute

Leistung abrufen wollen. Doch oftmals ist das gar nicht nötig. Wer im Finale steht, ist nicht ohne Grund so weit gekommen. Statt die eingefahrenen und erfolgreichen Abläufe einfach weiterlaufen zu lassen, überdenkt man die Situation und macht seine eigene Leistung kaputt. Ähnlich ergeht es vielen Menschen nach einer Beförderung. Plötzlich glauben sie, besonders gut abliefern zu müssen. Schon der bloße Gedanke, nun etwas Besonderes leisten zu müssen, stört oft genau das, was zuvor zum Erfolg geführt hat. Wann immer Sie in einer Situation sind, in der von Ihnen besondere Leistung verlangt wird, bleiben Sie bei sich selbst und vertrauen Sie auf das, was Sie bisher gemacht haben.

Dieses aktive Überdenken (der Fachbegriff lautet *»explicit monitoring«* oder »Paralyse durch Analyse«) stört den Bewegungsablauf – oder lenkt die Aufmerksamkeit genau auf das, was man eigentlich vermeiden möchte. In dem Jahr, in dem Emmons seinen Rücktritt vom Sportschießen bekannt gab, bestätigte eine Studie genau diesen Effekt bei 57 erfahrenen Sportschützen:[19] Wann immer man ihnen sagte, dass sie ein bestimmtes Ziel treffen sollten, taten sie das (mehr oder weniger gut). Doch sobald man ihnen zusätzlich zeigte, welche Region sie unbedingt meiden sollten, trafen sie überdurchschnittlich häufig genau dorthin. Ähnliche Effekte kennt man von professionellen Baseballspielern. Sobald man ihnen eine No-Go-Area (besser gesagt: eine »No-Wurf«-Area«) zeigte, warfen sie dreimal häufiger in dieses verbotene Gebiet, als wenn sie keine Hinweise erhielten.[20] Leider kam diese wissenschaftliche Erkenntnis für Emmons zu spät. Wenngleich er aus eigener Erfahrung hätte schlauer sein können.

Wer sich selbst beobachtet, macht die Dinge schlimmer. Das können Sie sehr leicht ausprobieren. Spielen Sie beim nächsten Mal, wenn Sie an einer Ampel stehen, einfach die Drucksituation von Matthew Emmons gedanklich durch.

Besonders wenn Sie ein Auto mit Schaltgetriebe haben, kann das schnell kompliziert werden. Sie wissen, dass die Ampel in wenigen Sekunden auf Grün schaltet, also überlegen Sie genau, wie Sie reagieren: Wann drücken Sie die Kupplung, wann legen Sie den Gang ein, wie lassen Sie die Kupplung kommen, und wann geben Sie gleichzeitig Gas? Ich garantiere Ihnen: Je länger Sie während der roten Ampelphase darüber nachdenken, wie genau Sie gleich losfahren, desto schlechter wird es Ihnen gelingen. Vielleicht würgt man das Auto sogar genau deswegen ab, weil man sich extrem genau auf den Anfahrprozess konzentriert hat. Umgekehrt gilt: Wenn Sie gedankenverloren in die Gegend schauen, fahren Sie bei Grün völlig problemlos an.

Wir konzentrieren uns auf das Falsche

Natürlich kommen wir nicht als Bewegungsperfektionisten auf die Welt. Niemand kann ohne Training Autofahren oder mit einem Kleinkalibergewehr eine Fliege in 50 Metern Entfernung treffen. Und wenn man mit dem Üben einer komplizierten Bewegung beginnt, ist man meist deshalb noch schlecht darin, weil man jede Kleinigkeit noch sehr bewusst kontrollieren muss. Die erste Fahrstunde ist die schwerste. Ich selbst kann mich auch an meine ersten Versuche auf dem Fahrrad erinnern. Ich war sieben, als mir die Stützräder abgeschraubt wurden, und ich war völlig unfähig, das Gleichgewicht zu halten. Mein Vater packte mich am Nacken wie ein Kaninchen, und ich fuhr völlig panisch und voller Fehler los. Wahrscheinlich bin ich deswegen Rennradfahrer geworden. Ich spüre immer noch den Griff meines Vaters, dem ich entkommen will.

Auch das Gehirn teilt sich die Arbeit ein, um Fehler zu vermeiden. Dafür nutzt es zwei Systeme: ein Handlungssystem und ein Beobachtungssystem. Das Handlungssystem sorgt dafür, dass unsere Bewegungen präzise geplant und ausgeführt werden können. Es arbeitet bewusst und unterdrückt unerwünschte Gedanken, die zu Fehlern führen könnten. Gleichzeitig scannt das Beobachtungssystem die Umgebung permanent nach solchen möglichen Fehlerquellen ab, um dafür zu sorgen, dass sie rechtzeitig erkannt werden und wir unser Verhalten anpassen können. Das Gehirn hat dafür eine eigene Filterregion, die solche unerwünschten Verhaltensweisen (sprich: Fehler) abblockt: die vordere Gürtelrinde, die zwischen unseren bewusst denkenden Regionen im Stirnbereich und den unterbewusst arbeitenden Arealen in der Mitte des Gehirns liegt. Sie ist quasi die letzte Abwehrlinie zur Fehlervermeidung.

Das Problem ist nun: Das Handlungssystem mitsamt seiner Filterstation, der Gürtelrinde, kann leicht überfordert werden, wenn wir unter Druck stehen, während das Beobachtungssystem permanent weiter scannt und dem Handlungssystem fortwährend neue mögliche Fehlerquellen präsentiert. Oder das Beobachtungssystem fixiert sich auf eine bestimmte Fehlerquelle, die wir unbedingt vermeiden wollen. Irgendwann gelingt es der Gürtelrinde nicht mehr, diesen Fehler abzublocken. Und genau das passiert dann, was wir vermeiden wollten.

Es liegt also nicht daran, dass wir mental, physisch oder von unseren Fähigkeiten her nicht in der Lage wären, die korrekte Handlung auszuführen. Vielmehr können wir in Drucksituationen unerwünschte Handlungsmuster nicht herausfiltern. Wir patzen, weil wir unseren Fokus auf die falschen Dinge richten. Wieder einmal zeigt sich: Es liegt an uns – nicht allein an unserem Umfeld.

Matthew Emmons hat diese wissenschaftliche Erklärung leider nichts mehr genützt. Aber dennoch war er im Moment seiner Niederlage erfolgreich. Am Tag des vielleicht größten

Nervenaussetzers in der olympischen Sportgeschichte, dem Moment, in dem er in Athen auf die falsche Scheibe schoss, saß er niedergeschlagen in einem Biergarten, als die tschechische Sportschützin Katerina Kurkova auf ihn zukam. Um ihn aufzumuntern, gab sie ihm einen Schlüsselanhänger in Form eines vierblättrigen Kleeblatts. Heute sind Matthew und Katerina Emmons verheiratet und haben vier Kinder. Er war bis 2024 Schießtrainer der tschechischen Biathlon-Nationalmannschaft.

Den Fokus justieren

Jedes Mal, wenn ich auf der Autobahn 5 nach Hause fahre, sehe ich bei Heidelberg ein Plakat, das vor der Gefahr warnt, das Handy während der Fahrt zu benutzen. »Tipp, tipp, tot«, ist da zu lesen. Tipp, tipp, wo ist mein Handy?, denke ich mir dann immer. Ironischerweise löst genau dieses Plakat in mir den Impuls aus, nach meinem Handy zu schauen. Natürlich tue ich das nicht. Ich weiß ja, wie mein Gehirn tickt.

Wenn man jemanden zu einer Handlung verleiten will, sagt man ihm am besten, was er nicht tun soll. Stehen Sie jetzt bitte *nicht* auf! Schon haben Sie ganz kurz den Impuls, es trotzdem zu tun – und müssen diesen Reflex aktiv unterdrücken. Solange Ihre vordere Gürtelrinde in Ihrem Gehirn einwandfrei funktioniert, ist das auch kein Problem. Aber wehe, Sie sind unter Druck. Dann kann schon der kleinste Hinweisreiz dafür sorgen, dass wir aus dem Konzept kommen, und wir machen genau den Fehler, den wir eigentlich vermeiden wollen.

Was also tun? Nicht zu denken kann schließlich auch keine Lösung sein, schon gar nicht, wenn man in einer wichtigen Situation seine Leistung bringen muss. Statt den Fokus auf das zu richten, was man auf keinen Fall tun will, sollte man sich auf etwas anderes konzentrieren – zum Beispiel auf etwas Nebensächliches.

Wissenschaftlich gut belegt ist dabei der positive Effekt von »Doppel-Task«-Interventionen. Einfach gesagt: Während man eine gut eingeübte Handlung ausführt, lenkt man sich gleichzeitig mit etwas anderem ab. Nun wissen wir schon aus den ersten Kapiteln dieses Buches: Das Gehirn ist äußerst schlecht darin, sich auf mehrere Dinge gleichzeitig zu konzentrieren. Vielmehr springt es zwischen den Aufgaben hin und her. Aber genau das ist an dieser Stelle gewollt. Wenn man sich kurzzeitig bewusst auf etwas anderes fokussiert, hat das Gehirn nicht parallel Zeit, den erwünschten Bewegungsablauf zu zerstören. So lochen Golfer besser ein, wenn sie genau in dem Moment, in dem der Schläger den Ball trifft, das Wort »Hit« rufen.[21] Basketballer treffen ihre Freiwürfe besser, wenn sie während des Wurfs auf die Wörter eines gleichzeitig gespielten Songs achten.[22] Besonders unter Druck entfaltet dieser Effekt seine größte Wirkung, denn gerade dann führt weniger Denken zu besseren Leistungen. Umgekehrt gilt jedoch: Man kann sich auch selbst schlechtreden. Vielleicht kennen Sie Basketballer, die sich vor dem Freiwurf Mut zusprechen und sich selbst pushen wollen. Das ist gefährlich, denn eine Studie aus 2023 konnte zeigen: Motivierende Selbstgespräche erhöhen die Fehlerrate, wenn sich die Aufmerksamkeit zu sehr auf das richtet, was man vermeiden will.[23]

Ganz wichtig bei jeder Form von Selbstmotivation: Richten Sie den Fokus immer auf das, was Sie tun müssen, um Erfolg zu erlangen. Wie wir im vorherigen Kapitel zum Entscheidungsverhalten gesehen haben, handeln wir entweder, um eine Belohnung zu erreichen, oder um eine Bestrafung zu vermeiden. Wenn Sie sich also auf das Bedrohliche fokussieren (auf einen Misserfolg, eine Bestrafung oder die Scham der Niederlage), werden Sie immer versuchen, sich dagegen zu verteidigen. Dann handeln Sie aber nicht proaktiv und gewinnorientiert, sondern reaktiv und verlustvermeidend. Sie geben die Kontrolle an die Bedrohung ab, bis diese Ihr Handeln so sehr bestimmt, dass Sie den ironischen Fehler begehen.

Statt zu sagen: »Ich will nicht daneben werfen« (und dadurch den Fehlwurf schon gedanklich anzulegen), muss man den Fokus darauf richten, was gelingen soll: »Ich will kurz hinter die vordere Kante des Basketballrings werfen.« Statt zu fürchten: Ich will mich beim Vortrag nicht verhaspeln, definieren Sie, was Sie wirklich unter Kontrolle haben: »Ich möchte folgende Punkte im Vortrag klarmachen.«

Faustregel deswegen: Je besser Sie etwas können, je mehr Sie geübt haben, desto mehr sollten Sie sich darauf verlassen, dass es in kritischen Situationen auch gelingt. Zumindest fährt man damit immer besser, als wenn man sich auf das konzentriert, was man vermeiden will.

Die Kontrolle gewinnen

Viele Menschen versagen unter Druck, weil sie sich von der Situation abhängig machen. Sie konzentrieren sich auf die äußeren Umstände, nicht auf sich selbst. So gibt man die Kontrolle jedoch ab. Beim Elfmeterschießen gibt es beispielsweise zwei Typen von Schützen: Entweder man schießt torwartabhängig oder torwartunabhängig. Wer torwartabhängig schießt, achtet darauf, wie der Torwart sich verhält: Bietet er vielleicht eine Ecke an? Sendet seine Körpersprache ein Signal? Könnte man den Torwart mit einem Blick täuschen? Das Problem ist: Wer torwartabhängig schießt, ist nun mal vom Torwart abhängig. Wenn dieser eben kein Signal sendet, schießt man irgendwohin. Wer hingegen vorher einen Plan hat, was er machen will, gewinnt die Kontrolle über die Situation.[24]

Statt sich darüber Gedanken zu machen, was man nicht kontrollieren kann, sollte man sich auf das fokussieren, was man beherrscht: die eigene Leistung. Es mag sein, dass diese Leistung nicht reicht, aber man kommt seinem Leistungslimit deutlich näher, wenn man sich nicht von äußeren Umständen ablenken lässt. Ganz ähnlich wie Rafael Nadal im Wimbledon-Finale 2008 gegen Roger Federer. Fast fünf Stunden dauert das Match, als es im alles entscheidenden fünften Satz für eine Regenpause unterbrochen wird. Beide Spieler müssen in die Umkleidekabinen und warten dort auf die Fortführung des Spiels. Nadal steht kurz davor, den fünfmaligen Wimbledon-Sieger Federer zum ersten Mal zu entthronen. Doch er denkt nicht an seinen Gegner, sondern besinnt sich auf sich. »Ich werde dieses Spiel nicht verlieren«, ruft Nadal laut zu seinem Coach Toni. »Es kann sein, dass Roger gewinnt. Aber es wird nicht sein, weil ich es verliere.«[25] Nadal gewinnt den fünften Satz dramatisch mit 9:7. Bis heute gilt es als das vielleicht beste Tennismatch aller Zeiten.

Wann immer Sie sich in einer Situation befinden, in der Sie Topleistung unter Druck bringen müssen, fokussieren Sie sich auf das, was Sie können. Vielleicht reicht das aus, vielleicht nicht. Aber Sie werden sich später nichts vorwerfen müssen, wenn Sie dadurch ans Limit Ihrer Fähigkeiten gegangen sind. Wenn Sie sich hingegen auf etwas konzentrieren, was außerhalb Ihrer Kontrolle liegt (wie andere Menschen oder äußere Umstände), geben Sie die Kontrolle ab. Das muss nicht sein.

Fehlerquelle 3: Die Übererregungsproblematik

Kennen Sie noch das Handy-Spiel »Snake«? Es geht ganz leicht: Sie müssen eine Schlange über einen Bildschirm steuern und dabei Punkte aufsammeln, woraufhin die Schlange länger wird. Ein Kinderspiel.

Früher war dieses Spiel auf jedem Nokia-Handy standardmäßig dabei. Wenn man in den frühen 2000ern auf einen Bus warten musste, war es ein Leichtes, das Spiel bis zum Ende erfolgreich durchzuspielen. Aber was würde passieren, wenn man dieses (wohlgemerkt nicht besonders schwierige) Spiel nicht einfach so, sondern für Geld spielen würde? Sagen wir, Sie bekommen fünf Euro, wenn Sie es schaffen, die Schlange auf ein bestimmtes Feld zu steuern. Vielleicht sagen Sie: Für das Geld strenge ich mich extra an, und Sie konzentrieren sich besonders gut. Was würde jedoch passieren, wenn man den Bonus hochschrauben würde? Auf 10 Euro, auf 40 Euro, auf 4.000 Euro? Spielen Sie dann immer noch so unbeschwert? Wahrscheinlich nicht, denn irgendwann sind Sie gestresst.

Ein ganz ähnliches Spiel führte man mit Probanden durch, während ihre Gehirnaktivität im Hirnscanner aufgezeichnet wurde. Da Universitäten meistens knapp bei Kasse sind, konnte man den Testteilnehmern leider keine vierstelligen Beträge in Aussicht stellen, es blieb bei maximal 40 Euro für einen erfolgreichen Versuch, die Schlange in ein Zielgebiet zu steuern. Das reichte schon, damit die Leute öfter Fehler machten. Die Aktivität in den vorderen (bewusst denkenden und planenden) Hirnregionen war erhöht, doch die Fähigkeit dieser Regionen, die Bewegungen zu kontrollieren, war gestört.[26] Anders gesagt: Man verliert den Fokus auf das Wesentliche, weil die Aussicht auf Belohnung zu Übererregung führt.

Das Gleiche passiert auch umgekehrt: wenn nicht eine Belohnung, sondern eine Bestrafung droht. Denn Bestrafungen werden in denselben Hirnregionen verarbeitet wie Belohnungen, im Grunde handelt es sich um eine »negative Belohnung«, die einen ähnlichen Effekt hat: Sie löst Stress aus.

Stress wirkt im Gehirn wie eine biochemische Scheuklappe:[27] Großflächig werden sogenannte Neuromodulatoren ausgeschüttet (vor allem Noradrenalin), die auf weit verzweigte Bereiche des Gehirns wirken. Sie ändern nicht, was wir wahrnehmen, sondern wie wir das tun: nämlich fokussierter.[28] Diese Wirkung können Sie sich wie einen Fotofilter auf einem Smartphone vorstellen. Dieser verändert nicht den Bildinhalt, sondern nur dessen Darstellung. Die Wirkung von Noradrenalin ähnelt einem Kontrastregler in einer Foto-App: Drehen Sie den Regler etwas hoch, werden die Konturen klarer und das Bild deutlicher. Genau darin liegt der eigentlich positive Effekt von Stress: Er macht unsere Gedanken zunächst etwas klarer und fokussierter. Deswegen bringen wir leicht gestresst die beste Leistung. Das funktioniert so lange gut, bis der Kontrastregler zu weit aufgedreht wird und das gesamte Bild kollabiert. Dann verschlimmbessert das Noradrenalin unsere Wahrnehmung, und unsere Leistung bricht ein. Selbst einfachste Bewegungsabläufe oder Denkprozesse werden dadurch unmöglich.

Das Unerwartete vorbereiten

Am 17. Juli 1994 tritt der damals wahrscheinlich beste Fußballer der Welt zum entscheidenden Elfmeter an: Roberto Baggio im Fußball-WM-Finale gegen Brasilien. Brasilien hat vorgelegt, Baggio muss treffen. Und wie man nach der Lektüre dieses Kapitels schon vermutet: Er verschießt.

Als ich vor einigen Jahren einen Vortrag für die deutsche Fußballnationalmannschaft im Rahmen der Vorbereitung auf ein Länderspiel hielt, zeigte ich genau das Video von jenem wohl folgenreichsten Elfmeter-Patzer aller Zeiten. Denn alles, was ich in diesem Kapitel bisher beschrieben hatte, kommt hier zusammen: Die mentale Überlastung (durch Beobachtung) ist maximal, die Übererregung durch Stress (Belohnung mit dem Weltmeistertitel oder Bestrafung als ewiger Loser) ebenfalls – und wer das Video von Roberto Baggio genau betrachtet, kann nachvollziehen, wie er torwartabhängig schießen will, dabei die Kontrolle verliert, einen Moment zu viel nachdenkt, sein gesamtes Bewegungsmuster zerstört und schließlich (ironischerweise) über das Tor schießt.

Wer in solchen Situationen bestehen will, muss im Voraus genau planen, wie er handelt. Ich kenne professionelle Trader, die stressige Momente an der Börse im Training simulieren, damit sie in realen Stresssituationen nicht nachdenken müssen, sondern genau wissen, was zu tun ist. Denn wer den maximalen Stress nicht vorher durchspielt, steht im Ernstfall dumm da.

Die wahrscheinlich beste Technik, das zu tun, nennt sich Prognosetraining. 1990 entwickelten die deutschen Sportpsychologen Hans Eberspächer und Hans-Dieter Hermann diese einfache, aber wirkungsvolle Idee.[29] Man simuliert die stressige Situation in einem geschützten Umfeld, um dadurch zu lernen, mit ebenjenem Stress umzugehen.

Wenn Sie beispielsweise einen Vortrag üben, tun Sie das nicht vor dem Spiegel, vor dem Sie jederzeit neu ansetzen können, wenn Sie sich verhaspeln. Denn Sie werden niemals einen Vortrag vor einem Spiegel halten. Sie werden im echten Leben auch nicht einfach noch einmal von vorne beginnen, weil Sie unzufrieden mit einer Passage sind. Es gibt keine »Zurück-Taste« – und genau darauf sollten Sie Ihr Training ausrichten. Gutes Training ist dafür da, sich auf Schwierigkeiten vorzubereiten. Wer in seiner Vorbereitung für eine stressige Situation keinen Stress simuliert, braucht sich nicht zu wundern, wenn er im entscheidenden Moment nicht weiß, was zu tun ist.

Bei einem Vortrag besteht der größte Fehler meistens nicht darin, dass man sich verhaspelt oder kurz den Faden verliert, sondern darin, dass man nicht weiß, wie man mit dieser Situation umgehen soll. Doch das können Sie üben. Sie könnten beispielsweise vor einem kleinen ausgewählten Publikum aus drei Freunden einen Vortrag halten. Allerdings mit der Maßgabe, dass Sie nur eine einzige Chance haben, den Vortrag fehlerfrei aufzusagen. Wenn Sie im Üben Ihres Vortrags fortgeschritten sind, könnten sich Ihre Freunde überdies überlegen, Sie aus dem Konzept zu bringen. Einer könnte das Handy rausholen und darauf herumtippen, ein anderer unverschämt den Kopf schütteln oder mitten in Ihrer Rede kurz den Raum verlassen, während Sie sich um Kopf und Kragen reden.

Gleiches gilt für eine Prüfungssituation, bei der Sie nicht versagen dürfen. Praxistipp: Bitten Sie einen Freund, ganze Prüfungen mit künstlicher Intelligenz zu erstellen, und nutzen Sie diese unbekannten Testfragen für ein realistisches Prognosetraining. Nehmen Sie sich vor, die Prüfung einmal, und zwar nur einmal, unter Zeitdruck zu bearbeiten. Setzen Sie sich ein hartes und knappes Zeitlimit und, wenn Sie fortgeschritten sind, suchen Sie sich einen Ort, an dem Sie gestört sind. Sie können mir vertrauen: Sie werden gestählt aus einer solchen Vorbereitung herausgehen.

So wie Michael Phelps, der bis heute als erfolgreichster Schwimmer aller Zeiten gilt. Sein Coach Bob Bowman war ein schlauer Fuchs und bereitete ihn schon früh auf das Unvorhersehbare vor. Als der 13-jährige Phelps bei den US-Nachwuchsmeisterschaften seine Schwimmbrille vergaß, brachte Bowman sie ihm absichtlich nicht an den Startblock: »Ich hätte sie ihm bringen können, aber ich entschied mich, sie zu behalten und zu sehen, was er daraus macht.«[30] Phelps gewann das Rennen trotzdem.

In Vorbereitung auf die Olympischen Spiele in Peking

griff Bowman zu noch härteren Trainingsmethoden. Er zerstörte absichtlich Phelps' Schwimmbrille, damit dieser lernte, selbst in der absurden Situation einer mit Wasser volllaufenden Brille die Kontrolle zu behalten und Bewältigungsmethoden (engl.: »*Coping*«-Strategien) für diesen Moment zu entwickeln.[31] Beim olympischen 200-Meter-Schmetterling-Finale in Peking passierte das tatsächlich: Seine Schwimmbrille verrutschte. Schon nach der ersten Bahn war er praktisch blind – und schlug dennoch mit Weltrekord an. Im Training hatte er genau das geübt und im Wettkampf das gesamte Rennen vor seinem inneren Auge, jede Armbewegung, jede Atmung pro Bahn genau durchgezählt. Sehen musste er eigentlich nicht mehr. Jeder andere Schwimmer wäre in Panik verfallen. Die Schwimmerin Lydia Jacoby ereilte im Staffelfinale bei den Olympischen Spielen in Tokio ein ähnliches Schicksal: Ihre Brille verrutschte komplett. Sie kam aus dem Rhythmus, das Team verlor die sicher geglaubte Medaille.

Den Stress trainieren

Gareth Southgate, wir haben es zu Beginn dieses Kapitels gesehen, gilt als einer der tragischsten Elfmeterschützen der englischen Fußballgeschichte. Gäbe es jemanden Besseren, um England aus diesem Tal der Elfmeter-Unfähigkeit herauszuführen?

Im Vorfeld der Weltmeisterschaft 2018 bereitete Southgate seine Mannschaft nach den Regeln des Prognosetrainings vor. Um sich die Herausforderung klarzumachen: Vor diesem Turnier hatte England jedes Elfmeterschießen bei Weltmeisterschaften verloren – und überhaupt nur ein einziges Mal gewonnen (eben 1996 bei der EM gegen Spanien). Doch Southgate setzte genau an dieser Schwäche an. Zwanzig Jahre hatte er Zeit gehabt, um aus seinem Patzer zu lernen, und das tat er.

Als Erstes mussten alte Glaubenssätze über Bord geworfen werden. »Elfmeterschießen ist eine Lotterie«, so hört man es ständig. Aber diese Haltung macht schwach. Wer glaubt, ein Elfmeterschießen sei reines Glück, sieht keinen Grund, sich besonders anzustrengen. Er ist frei jeder Verantwortung, schließlich kann man sich auch nicht zwingen, die richtigen Lottozahlen zu ziehen. »Es geht bestimmt nicht um Glück. Es geht nicht um Zufall. Es geht darum, unter Druck seine Leistung zu bringen«, so Southgate.[32] Dieses Reframing bereitete den Boden für die wichtigen Elfmetermaßnahmen.

Wenn es nicht um Glück geht, geht es um Kontrolle: Statt die Auswahl der Schützen der Hitze des Gefechts nach über 120 Spielminuten zu überlassen, wurde schon Monate vorher festgelegt, wer wann schießen würde. Man analysierte die Routinen im American Football, wo jeder Spieler seine Rolle ganz genau kennt und in Sekundenbruchteilen ein vorher festgelegtes Bewegungsschema abruft, und übertrug diese festgelegten Abläufe auf den Elfmeterprozess. Weniger Denken ist schließlich mehr, wenn der ironische Fehler droht. Man übte den unendlich langen Gang vom Mittelkreis zum Elfmeterpunkt, in dem all die fehlerprovozierenden und ironischen Gedanken aufkommen können, die einen aus dem Konzept bringen. Jeder Spieler legte sich vor seinem Schuss ein festes Ablaufschema fest – inklusive eines festen Repertoires an Schüssen, damit man eben nicht mehr nachdenken musste und torwartunabhängig schießt.

Sie trainierten sogar die Reaktion auf den Pfiff des Schiedsrichters. Normalerweise laufen Spieler nämlich sofort an, nachdem der Pfiff ertönt. Doch damit hat der Schiedsrichter die Kontrolle über den Schützen. »Die Pfeife ist nicht dein Signal. Sie ist das Signal des Schiedsrichters.

Du kannst also den Anlauf beginnen, wann immer du willst. Deine Routine beginnt nicht mit der Pfeife, sondern dann, wenn du möchtest, dass sie beginnt«, so die Ansage des Spielanalysten Chris Markham an die Spieler.[33] Vorher hatten die englischen Spieler die kürzeste Anlaufzeit: Noch nicht einmal eine halbe Sekunde nach dem Pfiff liefen sie los, als wollten sie den Schuss nur schnell hinter sich bringen.[34] Nach diesem Prognosetraining war es anders. Denn jeder wusste, was er zu tun hatte.

Auch der letzte Rest an Unkontrollierbarkeit wurde minimiert: Nach jedem Schuss hatte der Torwart sofort die Aufgabe, den Ball aus dem Netz zu holen und dem nächsten Schützen zu geben. Der Ball, Symbol des Unvorhersehbaren im Fußball, musste unter Kontrolle gebracht werden. Niemals durfte der Eindruck aufkommen, die Situation entgleite einem.

Man trainierte das Elfmeterschießen nicht zu Beginn, sondern am Ende einer intensiven Einheit, um das Gefühl der Müdigkeit zu simulieren. In einigen Trainingssessions sollten sich die Spieler sogar gegenseitig ausbuhen und verbal niedermachen, um die belastende Situation zumindest ansatzweise nachzustellen. Kurzum: Sie waren vorbereitet, als sie im Achtelfinale auf Kolumbien trafen. Zum ersten Mal gewannen sie ein Elfmeterschießen bei einer WM. Glückwunsch, das muss ich als deutscher Fußballfan neidlos anerkennen, so nutzt man all das, was ich in diesem Kapitel aufgeschrieben habe.

Die Geschichte ist jedoch noch nicht zu Ende. Drei von vier Elfmeterschießen hat England seitdem bei großen Turnieren gewonnen. Das Wichtigste jedoch nicht. 2021 saß ich kopfschüttelnd und fassungslos vor dem Fernseher, als England im EM-Finale im heimischen Wembley-Stadion gegen Italien spielte und all das, was sie zuvor trainiert hatten, plötzlich vergessen schien: Kurz vor Schluss der Spielzeit wurden schnell zwei junge Spieler für das Elfmeterschießen eingewechselt. Die Auswahl der Schützen war das reine Chaos. Kontrolle der Situation? Fehlanzeige! Southgate machte all jene Fehler, die man in dieser Situation nicht machen darf (und die er selbst längst behoben hatte). England verlor. Und das völlig zu Recht.

Freud und Leid liegen eng beieinander – vor allem dann, wenn der Stress zunimmt. Klar, Menschen machen dann Fehler, die drei wichtigsten Gründe und Gegenmaßnahmen haben Sie in diesem Kapitel kennengelernt. Lassen Sie sich jedoch niemals entmutigen, sich solchen stressigen Situationen zu stellen. Und erinnern Sie sich an Roberto Baggio, der nach seinem fatalen Elfmeter in geradezu philosophischer Weisheit meinte: »Elfmeter vergeben nur diejenigen, die den Mut haben, sie zu schießen.«

7 ANPASSUNGSFÄHIGKEIT

Wie man im Denken flexibel bleibt und neue Situationen meistert

1968 stand Spencer Silver vor einem Problem. Als Entwickler der US-Firma 3M war er beauftragt worden, einen neuartigen, möglichst starken Klebstoff herzustellen. Tatsächlich gelang es ihm, einen Kleber zu entwickeln – doch dieser verhielt sich nicht ganz so wie gewünscht. Anstatt zwei Objekte dauerhaft fest miteinander zu verbinden, sorgte Silvers Klebstoff dafür, dass sich die verklebten Flächen ebenso leicht wieder voneinander lösen ließen. Man konnte die Objekte zwar immer wieder aneinander haften lassen, jedoch nie dauerhaft fixieren. Und was noch schlimmer war: Der Klebstoff ließ sich weder in Lösemittel auflösen noch auf herkömmliches Klebeband auftragen. Ein Fehlschlag!

Allerdings nur, solange man in gewohnten Bahnen denkt. Fünf Jahre später kam die Rettung durch einen Perspektivwechsel: Was, wenn man sich von der ursprünglichen Idee verabschiedet, zwei Dinge dauerhaft zu verbinden, und stattdessen die vermeintliche Schwäche des Klebstoffs (nämlich eben nicht dauerhaft zu kleben) gezielt nutzt? Ein Kollege von Spencer Silver kam auf genau diesen Gedanken. Der Legende nach war ebenjener Arthur Fry, ein regelmäßiger Kirchgänger, davon genervt, dass er Lesezeichen in seinen Gesangbüchern nur mithilfe unpraktischer Büroklammern befestigen konnte. Diese ließen sich nur schwer entfernen und beschädigten die Seiten auf Dauer. Der neuartige Klebstoff bot jedoch eine viel elegantere Lösung: Auf den Rand eines Notizzettels aufgebracht, ließ sich dieser beliebig oft anheften und genauso leicht wieder ablösen.

Zurück am Arbeitsplatz, setzte Fry seine Idee in die Tat um. Er experimentierte mit dem zunächst als nutzlos geltenden Klebstoff und entwickelte selbstklebende Lesezeichen, die er in firmeninterner Korrespondenz einsetzte. Es dauerte nicht lange, bis seine Kollegen das Potenzial dieses neuartigen Klebers erkannten. Er ließ sich auf unterschiedlichste Produkte übertragen: etwa auf Notizzettel, Klebestreifen oder Textmarker, die sich leicht anbringen und ebenso einfach wieder entfernen ließen. Aus Spencer Silvers vermeintlichem Fehlschlag wurde so die größte Produktidee von 3M: der Post-it-Notizzettel.[1]

Heute kleben auf meinem Schreibtisch manchmal fast ein Dutzend dieser farbigen Haftzettel, ein Produkt, das seinen Erfolg einer besonderen Denkweise von Spencer Silver, Arthur Fry und ihren Kollegen verdankt: der sogenannten kognitiven Flexibilität, der Fähigkeit, die eigene Perspektive zu ändern, wenn es die Situation erfordert. Mit anderen Worten: anpassungsfähig zu sein.

Gerade wenn sich die Rahmenbedingungen ändern, wird diese Fähigkeit zur Adaptivität besonders wichtig. Im Grunde beruht der Erfolg der Menschheit maßgeblich darauf, dass wir flexibel bleiben und nicht stur an unseren Ideen festhalten. Das sehe nicht nur ich so, sondern auch das World Economic Forum. In seinem regelmäßig erscheinenden *Future of Jobs Report* listet es die wichtigsten menschlichen Denkfähigkeiten für die Zukunft auf. In der Ausgabe aus dem Jahr 2025 belegt Flexibilität im Denken den zweiten Platz. An erster Stelle steht analytisches Denken – also die Fähigkeit, Zusammenhänge zu verstehen und kritisch zu hinterfragen. Dieses Thema haben wir bereits angeschnitten, und es wird im nächsten Kapitel ausführlich behandelt.[2] Schließlich haben gerade die letzten Jahre eindrücklich gezeigt, wie schnell wir uns auf tief greifende Umbrüche einstellen müssen: den digitalen Wandel, die Corona-Pandemie, den Aufstieg der künstlichen Intelligenz – und nicht zu vergessen die bis vor Kurzem kaum vorstellbaren Krisen in Politik und Wirtschaft. Wie immer gilt in solchen Momenten: Wer sich am schnellsten auf neue Situationen einstellen kann, wird am Ende am meisten Erfolg haben. Wer starr an seinen Denkmustern festhält, gerät dauerhaft ins Hintertreffen.

Es ist ein uraltes evolutionäres Prinzip: Der Anpassungsfähigste überlebt. Werfen Sie dazu gerne einen Blick auf die erfolgreichsten Lebensformen: Sie sind nahezu unzerstörbar, weil sie sich an jede Lebensbedingung anpassen können. Neben dem Menschen gelingt es auch Ratten, Mäusen und Kakerlaken, praktisch jeden Lebensbereich zu besiedeln. Schädlinge sagen wir dazu. Vielleicht auch deswegen, weil wir erkennen müssen, dass uns diese Lebewesen hinsichtlich ihrer Adaptivität ebenbürtig sind. Gegenbeispiele gibt es auch: Der Pandabär ist so ein Fall. Er ernährt sich ausschließlich von Bambus (das ist schon mal eine schlechte Idee, wenn es um Anpassung geht), bevorzugt einen einzigen Lebensraum und ist selbst im Zoo äußerst fortpflanzungsunwillig. Was für ein Loser. Wer so spezialisiert ist, muss irgendwann aussterben. Sein einziges Plus: Er sieht knuddelig aus. Vielleicht rettet ihn das. Aber es ändert nichts daran, dass Spezialisierung selten langfristig erfolgreich ist. Im Gegenteil: Spezialisierte Systeme funktionieren nur, solange die Rahmenbedingungen konstant sind. Wie ein monokultiviertes Maisfeld: supergut, wenn alles bleibt, wie es ist. Jedoch gefährdet, wenn sich eine Kleinigkeit ändert.

Gerade diese Änderungen muss man erkennen und sich auf sie einstellen: Gibt es vielleicht eine neue Art zu denken? Lohnt es sich, alte Denkmuster hinter sich zu lassen, um künftig erfolgreich zu bleiben? Wer das nicht tut, der könnte das Schicksal des Pandabären teilen. Und die Geschichte ist voller solcher Beispiele.

Wie man untergeht – oder sich ändert

Im Jahr 1975 entwickelte der damals 25-jährige Steve Sasson ein bahnbrechendes Produkt: eine Fotokamera, die Bilder nicht analog auf Film, sondern digital speicherte. Zwar war seine Firma auf analoge Fotografie spezialisiert, doch ließ sie ihm die Freiheit, mit einer neuen fotografischen Technik zu experimentieren. Das Ergebnis konnte sich sehen lassen. Zugegeben, besonders ästhetisch war die erste Digitalkamera der Welt nicht. Sie war etwa so groß wie ein Toaster, doch die Bildqualität war durchaus passabel. In internen Meetings präsentierte Sasson die Leistungsfähigkeit seiner Kamera auf trickreiche Weise: Bevor er das Wort ergriff, machte er ein Foto mit seiner Kamera, schloss den Speicherchip an einen Fernseher an und präsentierte auf dem Bildschirm das eben aufgenommene Bild. Das machte Eindruck – jedoch nicht bei jedem. Warum soll jemand auf diese Art ein Foto aufnehmen, wenn es sich doch problemlos mit einem konventionellen Film machen lässt? So die Frage der Führungskräfte an Sasson.[3] Kein Wunder, dass diese Idee nicht weiterverfolgt wurde, schließlich hätte sie das hauseigene Geschäftsmodell kannibalisiert.

Steve Sasson arbeitete damals für einen der größten Fotofilmhersteller der Welt: Eastman Kodak. Immerhin ließ sich die Firma das Prinzip der Digitalfotografie patentieren und verdiente Milliarden mit der Lizenzierung. Steve Sasson ist heute in der »Hall of Fame« US-amerikanischer Ingenieure,[4] seine damalige Firma ging pleite. Denn obwohl man die Technologie in der Hand hielt, änderte man die Strategie erst, als es zu spät war: Der Markt für analoge Fotografie wurde zunächst von Digitalkameras verdrängt und schließlich durch Handys und Smartphones nahezu komplett ausgelöscht.

Wer sich also nicht anpassungsfähig verhält und sich als starrköpfiger Spezialist versteht, dem droht das Schicksal des Pandabären. Das muss jedoch nicht so sein. Im Jahr 2000 machte Kodak über 13 Milliarden US-Dollar Umsatz[5] – in etwa genauso viel wie der japanische Konkurrent Fujifilm.[6] Zwölf Jahre später war Kodak pleite, Fujifilm macht hingegen heute etwa doppelt so viel Umsatz wie damals[7] und beschäftigt mit über 72.000 Mitarbeitern doppelt so viele wie vor einem Vierteljahrhundert. Dabei stand Fujifilm vor der exakt selben Problematik wie Kodak. Doch das Management reagierte anders. Statt das dem Untergang geweihte Produkt des Analogfilms zu optimieren, änderte man die Perspektive: Was ist überhaupt das eigentliche Produkt der Firma? Schnell erkannte man: Es geht nicht um Fotos, sondern um Farben, Bildgebung und Belichtung. Könnte man die Kompetenzen in diesen Bereichen also auch auf andere Gebiete außerhalb der Fotografie übertragen? Heute umfassen die Geschäftsbereiche von Fujifilm natürlich immer noch Fotoprodukte, aber auch Medizintechnik (bildgebende Verfahren in der Radiologie), Speichermedien (bei der Produktion von Halbleitern und Computerchips spielen Belichtungstechnologien eine Rolle) und sogar Kosmetik. Denn wer weiß, wie Materialien durch Licht altern, kann auch Produkte entwickeln, die diesen Alterungsprozess der Haut aufhalten.

Es ist die Anpassungsfähigkeit im Denken, die über den Erfolg oder Misserfolg entscheidet. Das gilt für Unternehmen wie für Einzelpersonen. Die Studienlage ist dazu eindeutig: Flexibilität im Denken verbessert den Bildungserfolg,[8] lässt Menschen bescheidener werden und dadurch weniger in Denkfallen tappen,[9] sie führt dazu, dass man andere besser versteht und soziale Bindungen aufbaut,[10] und nicht zuletzt sind geistig flexiblere Menschen auch unternehmerisch erfolgreicher.[11]

Das Problem ist nur: Obwohl Menschen wohl die anpassungsfähigsten Lebewesen sind (immerhin haben wir als einzige alle Kontinente besiedelt), fällt es uns mitunter schwer, eingefahrene Denkmuster abzulegen und wirklich flexibel zu denken. »Status-quo-Bias« nennt sich dieser Denkfehler – oder auf Deutsch: »Das haben wir schon immer so gemacht.« Wir halten am Gestrigen fest in der Hoffnung, dass uns das in die Zukunft trägt.

Aufgepasst, dass es uns dann nicht geht wie Kodak, Nokia oder Blockbuster (dem DVD-Verleiher, der von Netflix verdrängt wurde). Sie verschwanden von der Bildfläche, weil sie zu spät erkannten, dass sich das wirtschaftliche Umfeld grundlegend verändert hatte, und stattdessen zu lange an alten Denkmodellen festhielten. Um das Beste aus unserem Denken herauszuholen, müssen wir diesen Fehler vermeiden.

Wobei: Ich muss mich korrigieren. Nokia macht heute als Netzwerkausrüster gut 1,7 Milliarden US-Dollar Gewinn pro Jahr. Zum Vergleich: Die BASF (übrigens zeitgleich 1865 mit Nokia gegründet) liegt bei knapp 1,5 Milliarden US-Dollar.[12] Ob das Loser-Image von Nokia nicht vielleicht doch ungerechtfertigt ist? Schließlich startete die Firma als Papierhersteller, verkaufte später Stromkabel, entwickelte aus der Stromkabelisolierung Gummiprodukte wie Gummistiefel oder Fahrradreifen, stieg in den späten 1960er-Jahren auf Unterhaltungselektronik um, präsentierte 1982 das erste Autotelefon, revolutionierte um die Jahrtausendwende die Mobiltelefonie und verdient nun Geld als Anbieter von Telekommunikationslösungen. Wenn es einer Erfolgsgeschichte für Wandlungsfähigkeit bedarf, dann ist es wohl Nokia.

Wenn der Affe schlauer ist

Wenn man untersuchen will, wie Menschen ihre Perspektiven und Denkmuster verändern, nutzt man im Labor sogenannte »Task-Switching«-Tests. Diese prüfen, wie schnell jemand in der Lage ist, sich von alten Denkstrategien zu lösen, wenn es einen erfolgversprechenderen Lösungsweg gibt. Doch sosehr ich die Anpassungsfähigkeit von Menschen bisher gepriesen habe, manchmal tun sie sich dabei schwerer als gedacht.

Im Jahr 2019 untersuchte eine Arbeitsgruppe um die US-Psychologin Julia Watzek von der Georgia State University, Atlanta, wie gut Menschen wirklich darin sind, ihre Ansichten über Bord zu werfen und dafür einen anderen, aber besseren Denkweg zu nutzen.[13] Sechzig Menschen, allesamt Studenten der Uni in Atlanta, traten in diesem Experiment gegen sieben Rhesusaffen und 22 Kapuzineräffchen an. Die Aufgabe war simpel: Man trainierte zunächst alle Probanden (inklusive der Affen) darauf, zwei bestimmte Symbole nacheinander auf einem Bildschirm anzutippen, um dann auf ein blaues Dreieck drücken zu können und daraufhin eine Belohnung zu erhalten. Nachdem alle den dreischrittigen Tippmechanismus verinnerlicht hatten, änderte man jedoch die Spielbedingungen. Plötzlich war es auch möglich, die ersten zwei Symbole zu überspringen, direkt auf das blaue Dreieck zu tippen und die Belohnung sofort zu erhalten.

Was tut man also? Für 70 Prozent aller Affen war die Entscheidung klar: Sie nutzten die neue Strategie schon beim ersten Mal. Es dauerte keine drei Spielrunden, und alle Affen wählten den effizienteren Weg. Und die menschlichen Probanden? In der ersten Runde, in der die Abkürzung verfügbar war, nutzte nur einer die neue und viel effizientere Tipp-Route. Vielleicht brauchen Menschen einfach etwas länger, um sich an solche Veränderungen zu gewöhnen? Falsch gedacht! Selbst nachdem die Teilnehmer Zeit hatten, die bessere Route auszuprobieren, blieben die meisten bei der umständlichen, aber vertrauten Variante. Mehr als die Hälfte wählte nie die bessere Strategie!

Noch mal zum Mitschreiben: 100 Prozent aller untersuchten Affen wechselten direkt zum besseren Lösungsweg – und noch nicht mal die Hälfte der Menschen. Wir rühmen uns, die anpassungsfähigsten Lebewesen auf diesem Planeten zu sein, und werden doch in einem simplen »Ändere deine Denkweise«-Spiel von Affen geschlagen. In einem Folgeexperiment untersuchte man, ob die bessere Strategie schlicht übersehen wurde, oder ob sich die Teilnehmer bewusst gegen sie entschieden.[14] Die teilnehmenden Studenten sollten in einem ähnlichen Spiel zunächst eine umständlichere Route erlernen, um eine Belohnung zu bekommen. Anschließend bot sich ihnen jedoch die Option, von dieser gewohnten Route abzuweichen und die Belohnung direkt zu erhalten. Als man die Augenbewegungen untersuchte, zeigte sich: Die Teilnehmer nahmen die Abkürzung sehr wohl wahr. Und dennoch entschieden sich knapp 90 Prozent dagegen! Selbst nachdem man ihnen im Anschluss explizit zeigte, dass man direkt die Abkürzung nehmen konnte, blieb knapp ein Drittel weiterhin bei der umständlichen Variante. Offenbar ist es nicht ganz so einfach, seine Denkweisen zu ändern. Als würden uns eingespielte Handlungsmuster magisch anziehen. Im Kapitel zu den Gewohnheiten haben wir schon gesehen, wie mächtig solche Automatismen sind. Hier sind jedoch noch andere Kräfte am Werk, die verhindern, dass wir uns flexibel auf neue Situationen einstellen.

Wer zu viel abschaut, kann verlieren

Stellen Sie sich vor, ich lege sechs verdeckte Spielkarten vor Ihnen auf den Tisch. In der Mitte platziere ich eine weitere verdeckte Spielkarte. Meine Information an Sie lautet: Die mittlere Spielkarte ist eine Vorhersage, welche genau, das sehen Sie gleich. Nun tippe ich reihum nacheinander die sechs verdeckten Spielkarten an, die um die mittlere Spielkarte herumliegen. Sie bestimmen, wann ich stoppe und die Karte umdrehe. Vielleicht ist das bei der dritten der sechs Karten der Fall. Ich drehe um: Es ist eine Kreuz 10. Nun die Auflösung der Vorhersage: Ich drehe auch die zentrale Karte um, es ist ebenfalls eine Kreuz 10. Was denken Sie, wie kann das sein?

Logisch, werden Sie sagen, alle Karten auf dem Tisch zeigen eine Kreuz 10. Tatsächlich ist das die Lösung – und genau dieses Experiment führte man vor einigen Jahren an der Universität in Besançon in Frankreich durch.[15] Doch es ging noch weiter. Einer anderen Probandengruppe sagte man nämlich nicht, dass die mittlere Karte eine »Vorhersage« sei, sondern man gab die Information, dass man die Entscheidung der Probanden, bei welcher Karte sie Stopp sagen würden, durch besondere »magische« Bewegungen unterbewusst beeinflussen könne (was natürlich Quatsch ist). Beeinflusst waren die Probanden trotzdem – aber anders, als sie dachten. Während im ursprünglichen Test über 80 Prozent der Teilnehmer die richtige Lösung erkannten (alle Karten waren identisch), kamen in der zweiten Variante weniger als 20 Prozent darauf. Der Grund: Menschen bleiben gerne bei der Denkweise, die man ihnen vorgegeben hat. Selbst wenn es sinnvoller wäre, sie zu hinterfragen.

So bauen Menschen völlig unnötige Schritte in ihren Lösungsweg ein, insbesondere dann, wenn ihnen zuvor ein komplizierter Lösungsweg für eine ähnliche Aufgabe gezeigt wurde.[16] Hat man ein bestimmtes Handlungsmuster einmal von jemand anderem übernommen, bleibt man gerne dabei, selbst wenn es offensichtlich einfachere Alternativen gibt. Dieses Verhalten nennt man »Überimitation«: das unkritische Nachahmen komplett überflüssiger Handlungsschritte.[17] Tatsächlich tappen Erwachsene sogar häufiger in diese Falle und zeigen sich geistig weniger flexibel als dreijährige Kinder. Während sich die Älteren auch an unnötige Handlungsaufforderungen hielten, waren drei- und fünfjährige Kinder viel eher bereit, ihr eigenes Vorgehen zu hinterfragen, und entdeckten dadurch die effizienteren Lösungswege.[18] Bevor ich meine, vermutlich dem Kindesalter entwachsene, Leserschaft an dieser Stelle jedoch zu sehr entmutige, die Forschung zeigt auch: Die Fähigkeit zur geistigen Anpassungsfähigkeit wächst zunächst mit dem Alter, erreicht in etwa um das 30. Lebensjahr ihren Höhepunkt und nimmt danach leicht ab.[19] Wie deutlich dieser Rückgang ausfällt, ist allerdings abhängig davon, wie wir unser Gehirn fordern. Dazu kommen wir gleich in diesem Kapitel.

Alle hier genannten wissenschaftlichen Studien haben eines gemeinsam: Sie zeigen, dass wir uns in unserer Bereitschaft zu flexiblem Denken sehr von unserem Umfeld beeinflussen lassen. Natürlich ist es vorteilhaft, seine Position zu räumen, wenn es eine bessere gibt. Aber das kostet: Jeder Strategiewechsel ist mit Aufwand verbunden und bringt manchmal auch Unsicherheit mit sich. Denn nicht immer ist klar, ob es sich langfristig lohnt, seine Handlungsweise zu verändern. Vielfach ist es daher oft praktischer, sich am Verhalten anderer zu orientieren. Nicht zuletzt unsere Fähigkeit, mit wildfremden und nicht verwandten Artgenossen zu kooperieren, hat dazu geführt, dass wir Probleme so erfolgreich lösen können wie kaum ein anderes Lebewesen. Dieses kulturelle und kognitive Erbe wirkt in unserer Denkweise nach: Es kann gefährlich sein, sich flexibel zu verhalten.

Nicht der »Umfaller« sein

Wir feiern die Adaptivität des menschlichen Denkens, unsere Fähigkeit, uns dynamisch auf neue Situationen einzustellen. Vieles mag man der Menschheit vorwerfen – aber sicher nicht, dass sie im Ernstfall nicht zu neuen und herausragenden Lösungen fähig wäre und sich von Altbewährtem lösen würde, wenn es darauf ankommt. Und dennoch: Gerade in unserem Kulturkreis gilt man schnell als Umfaller oder als prinzipienloser Wendehals, wenn man seine Meinung zu flott ändert. In der Evolution sind Opportunisten erfolgreiche Generalisten, die sich an unterschiedlichste Umweltbedingungen anpassen können. Im allgemeinen Sprachgebrauch umweht den Opportunisten jedoch die Aura des meinungsschwachen und angepassten Mitläufers. Als wäre Anpassung eine Schwäche.

Achten Sie einmal darauf, wie in politischen Debatten oder in persönlichen Diskussionen eine Meinungsänderung als Niederlage gewertet wird. Starke Meinungen ändern sich nicht, sie haben zu dominieren. Der Klügere gibt nach? Wohl nur so lange, bis er der Dumme ist. In Kalifornien begegnete mir diese Maxime als wichtiges Grundprinzip erfolgreichen Marketings: *»Never apologize! Never explain!«* Wer sich ändert, ist schwach. Lieber mit wehenden Fahnen untergehen, anstatt sich uneitel der eigenen Meinung gegenüber auf eine neue Situation einzustellen. Was für ein Unsinn!

Natürlich ist es nicht immer sinnvoll, vorschnell und unüberlegt seine Meinung zu ändern. Die Wissenschaft geht derzeit davon aus, dass geistige Flexibilität in einem stabilen und gut vorhersehbaren Umfeld eher Nachteile bringt, denn man setzt damit das aufs Spiel, was bisher erfolgreich war. Flexibles Denken hingegen bringt Vorteile, wenn die Rahmenbedingungen unsicher sind und sich schnell verändern.[20]

Das Problem ist: Menschen können zwar grundsätzlich

ihre Denk- und Handlungsweisen ändern. Oftmals erfordert das noch nicht mal viel Aufwand. Denken Sie an die soeben vorgestellten Experimente, bei denen es nur darum ging, auf den Bildschirm zu tippen: Es wäre einfacher, weniger zu tippen, aber genau das fällt uns schwer. Denn Menschen sind schlecht darin, zu erkennen, wann man flexibel sein sollte. Zu lange denken wir, dass wir uns in einem stabilen Umfeld befinden, um dann viel zu spät zu merken, dass sich die Welt um uns herum längst verändert hat. Es geht also nicht nur darum, flexibel zu denken, sondern vor allem darum, zu erkennen, wann man es tun muss. Und das fällt unter bestimmten Bedingungen besonders schwer.

Erfolg macht träge

Die Ironie will es, dass Menschen dann besonders unflexibel in ihrem Denken werden, wenn es ihnen gut geht oder wenn sie Experten auf einem Gebiet sind. Fast wäre Siemens Anfang der 2000er-Jahre genau diese fehlende Anpassungsfähigkeit zum Verhängnis geworden. Damals dominierte die Communications-Sparte von Siemens das Telefoniegeschäft, weil ihre Technologie eine hervorragende Gesprächsqualität bot. Das Problem war jedoch: Diese Technik war nicht zukunftsfähig. Doch man erkannte es nicht. Schon in den 1980er-Jahren lehnte Siemens die Idee von drei jungen Kerlen ab, die Telefonate mit einer völlig neuen Technologie realisieren wollten. Statt die perfekte Gesprächsqualität über einen direkten Kanal zu ermöglichen, sollte das Gespräch in kleine Datenpakete zerlegt und anschließend über das Internet verschickt werden. Der Nachteil: Die Gesprächsqualität leidet. Der Vorteil: Damit würde man einer neuen Übertragungstechnologie den Weg ebnen, denn nicht nur Telefongespräche, sondern praktisch alle Informationen ließen sich so in Datenpakete zerlegen und versenden. »Wenn das ginge, hätten wir es ja erfunden«, entgegneten die Manager von Siemens.[21] Die kalifornischen Jungs gingen nach Hause, gründeten Cisco, einen der größten Netzwerkausrüster der Welt, der Mitte der 2000er-Jahre mit dem aufkommenden Erfolg des Internets die Communications-Sparte von Siemens in die Pleite schickte: Über 50.000 Menschen verloren ihren bisherigen Arbeitsplatz.[22] So kann es gehen, wenn man zu lange am Denkmodell von Werner von Siemens festhält, der vor fast 160 Jahren mit den Zeigertelegraphen die Kommunikation ebenfalls umgekrempelt hatte.

Wieder einmal gilt: Der Athlet auf dem Höhepunkt seiner Kraft ist seinem Fall am nächsten. Diese kognitive Hybris findet sich nicht nur auf unternehmerischer Ebene, sondern ist auch direkt im Labor messbar, wenngleich subtiler. Gibt man beispielsweise Schachexperten (Schachspielern mindestens auf dem Niveau eines Meisterkandidaten, der vierthöchsten Titelstufe beim Schachspiel) eine Schachaufgabe, die zwar ähnlich, aber nicht genau gleich zu einer bekannten Stellung auf dem Schachbrett ist, werden sie versuchen, ihre Erfahrungen mit dieser Spielsituation zu nutzen. Könnte man vielleicht von der bekannten Stellung eine Strategie ableiten, um die Schachaufgabe zu lösen? Was den wenigsten Schachexperten jedoch auffiel: Es gab eine viel einfachere Lösung des Schachrätsels, auf die man aber gerade deswegen nicht kam, weil man versuchte, sein bekanntes Schema abzuspulen. Sie hätten sich bloß von ihrem Denkmuster lösen müssen, doch das taten sie nicht. Im Ergebnis fielen sie auf das Leistungsniveau von Schachanfängern zurück, die unbekümmert auf die naheliegende Lösung kamen.[23] Ähnliche Resultate zeigen sich bei Matheexperten. Werden sie vor eine Aufgabe gestellt, greifen sie oftmals auf kompliziertere, aber vertraute Lösungswege zurück, statt eine viel einfachere Methode zu wählen.[24]

»Cognitive entrenchment« nennt sich dieses Phänomen, was man mit »geistiger Verschanzung« übersetzen könnte. Gerade Experten neigen dazu, starr und unflexibel an ihren bisherigen Denkweisen festzuhalten.[25] Kein Wunder, denn wer sich jahrelang Mühe gegeben hat, ein bestimmtes Denkverfahren zu entwickeln, oder im Topmanagement meint, schon alles gesehen zu haben, wird Opfer seiner eigenen geistigen Eitelkeit. Man verpasst die Gelegenheit, sich rechtzeitig zu ändern. Gerade bei unternehmerischen Entscheidungen kann das fatal sein.

Über den Tellerrand schauen

Vor einigen Jahren diskutierte ich mit dem Google-Management die Rolle, die künstliche Intelligenz in Zukunft einnehmen könnte. *»AI first«* war schon Ende der 2010er-Jahre die Strategie des Suchmaschinenkonzerns, der kurz zuvor die KI-Firma DeepMind übernommen hatte. Ein Glück, denn wenige Jahre später schickte sich OpenAI mit ChatGPT an, den Markt für künstliche Intelligenz umzukrempeln. Alphabet rief den Alarmzustand »Code Red« aus und scheint gerade noch rechtzeitig die Kurve zu kriegen, bevor neue KI-Suchmaschinen dem Platzhirsch das Wasser abgraben. Dazu muss man wissen: Alphabet ist in erster Linie eine Werbefirma. Etwa drei Viertel des Umsatzes, also knapp 265 Milliarden US-Dollar, stammen ausschließlich aus Onlinewerbung – und gerade künstliche Intelligenz könnte dieses Werbegeschäft in Zukunft ändern. Aktuell lebt Alphabet davon, dass es neben den Google-Suchergebnissen Werbeplätze in einem Auktionsverfahren an zahlungswillige Kunden verkauft. Doch ob das in Zukunft auch noch so sein wird? Besser ist es, flexibel zu bleiben und bereit zu sein, die eigene Suchmaschine durch neue Technologien herauszufordern, bevor es ein anderer tut. Niemand weiß schließlich, wohin die Reise geht. Auch aus diesem Grund gönnt sich Alphabet jedes Jahr einen Milliardenverlust für seine Sparte »andere Wetten« (offiziell: *»other bets«*). Dort experimentiert man mit selbstfahrenden Autos, mit Drohnen für Essenslieferungen oder mit Fleisch aus dem 3-D-Drucker. Ob sich das alles durchsetzt? Wer weiß? Muss ein Unternehmen seine Strategie von Zeit zu Zeit ändern, ist es besser, kein schwerfälliger Tanker zu sein, sondern eine mobile Flotte.

Dass das kein kitschiges Bild ist, zeigte eine interessante Untersuchung im Fachblatt *Nature Communications*: Im Jahr 2019 wurden über 540.000 Positionsangaben ausgewertet, die knapp 2.500 Fischerboote innerhalb von zwei Jahren auf ihren Fahrten westlich von Florida sammelten. Dabei stellte man fest: Manche Fischer suchten permanent nach neuen Fanggründen und wichen öfter von typischen Routen ab. Unter normalen Bedingungen waren sie damit genauso erfolgreich wie Fischer, die ihre angestammten Fanggebiete aufsuchten. Doch das änderte sich, als die besten Gebiete für zehn Tage geschlossen wurden: Nun konnten die entdeckungsfreudigen Fischer profitieren. Sie passten sich am flexibelsten an die neuen Bedingungen an, suchten schnell neue Fanggründe auf und fingen signifikant mehr Fische.[26] Das bedeutet: Wenn es einem gut geht, ist genau dann der richtige Zeitpunkt, am meisten in seine Anpassungsfähigkeit zu investieren. In Zeiten des Umbruchs ist es oft schon zu spät.

Vielleicht sollte man das auch mal Apple sagen, dem großen Profiteur des Nokia-Niedergangs. Während heute KI-Firmen den Digitalmarkt radikal zu verändern drohen, verdient sich Apple noch eine goldene Nase mit seinen iPhones. Dabei haben sie den Trend zu KI völlig verschlafen, wie Nokia damals den Trend zum Smartphone. Krampfhaft versucht Apple, KI-Technologie in seine Smartphones einzubauen, damit Siri nicht bald so wirkt wie »Clippy«, die sprechende Büroklammer von Microsoft Anfang der 2000er-Jahre: superlustig, aber völlig nutzlos – ein schlechtes Produkt. Es wäre nicht das erste Mal, dass ein Platzhirsch aufgrund der eigenen Überheblichkeit fällt.

Die Richtung im Kopf ändern

Wer die in diesem Kapitel vorgestellten Experimente aufmerksam verfolgt hat, ahnt es schon: Geistige Flexibilität ist keine Eigenschaft, die man irgendwo konkret im Gehirn verorten könnte. Es gibt kein »Flexibilitätsareal«, das automatisch das Denken umstellt. Tatsächlich geht es ja um die Denk*änderung,* also darum, bewusst von einem Denkmodus in einen anderen zu wechseln. Das wiederum ist im Gehirn messbar. Meist untersucht man dabei die Flexibilität bei vergleichsweise einfachen Aufgaben[27] (etwa wenn man eine Tastenreihenfolge ändern oder Spielkarten nach unterschiedlichem Prinzip sortieren muss), die Erkenntnisse daraus sind dennoch interessant.

Wie man vermuten könnte, sind für geistige Flexibilität Gehirnareale beteiligt, die sich auf die aktuelle Aufgabe konzentrieren, während andere Areale im Hintergrund beobachten, was sonst noch wichtig sein könnte. Im Prinzip handelt es sich dabei um eine ähnliche Balance, die wir schon im ersten Kapitel dieses Buches gesehen haben: Während das Kontrollnetzwerk im vorderen Bereich des Gehirns den Fokus auf eine Aufgabe richtet und eine Handlungsstrategie umsetzt, sucht das Aufmerksamkeitsnetzwerk nach Alternativen. Entscheidend für ein erfolgreiches Umschalten zwischen verschiedenen Denkweisen ist dabei eine Region, die zwischen diesen Netzwerken vermittelt: die *»inferior frontal* *junction*«, die untere frontale Verbindung im Großhirn. Diese Region fungiert als Schaltstelle zwischen einem kontrollierten und aufgabenbezogenen Denken und dem Suchen nach anderen Möglichkeiten. Immer dann, wenn man seine Denkweise ändert, spielt sie eine wichtige Rolle beim Umschalten.[28] Tatsächlich lässt sich anhand der Hirnaktivität in dieser Region mit knapp 80-prozentiger Sicherheit vorhersagen, ob jemand in einer Laborsituation seine Denkrichtung ändern wird.[29]

Geistige Flexibilität und Anpassungsfähigkeit setzen daher vor allem das Fördern des Umschaltens zwischen Denkmustern voraus. Übersichtsarbeiten zeigen, dass es wenig bringt, einfach nur die Fähigkeit zum geistigen Problemlösen zu trainieren.[30] Schließlich kann man eine perfekte Lösungsstrategie entwickelt haben und dennoch unfähig sein, seine Herangehensweise zu ändern, wenn es das Umfeld erfordert. Was kann man stattdessen tun, um seine Anpassungsfähigkeit auszubauen?

Wechseln Sie Ihre Aufgaben!

Wer flexibel denken will, sollte diese Flexibilität üben. Leider macht man oft das Gegenteil: Man konzentriert sich darauf, eine Aufgabe nach der anderen abzuarbeiten, anstatt das Umschalten zwischen Aufgaben zu trainieren. Wohlgemerkt: Es geht nicht darum, wahllos hin und her zu springen (das wäre unnützes Multitasking, wie in Kapitel 1 schon beschrieben), sondern um die Fähigkeit, verschiedene Aufgabenbereiche miteinander zu kombinieren. Der Fachbegriff dafür lautet »*interleaving*«, also das »Verzahnen« von Problemstellungen.

Eine Forschergruppe aus Los Angeles untersuchte diesen Effekt 2021 genauer[31] und wählte sich dafür ein vergleichsweise anspruchsvolles Themenfeld aus: den Physikkurs an der dortigen Universität. Man teilte die 350 Studenten in zwei Gruppen ein. Die erste Gruppe arbeitete die Physikaufgaben themenspezifisch ab, fokussierte sich also zunächst auf Problemstellungen aus der Atomphysik, dann auf die Eigenschaften von elektrischen Kondensatoren, dann auf das Ohm'sche Gesetz. Die zweite Gruppe wechselte die Problemstellungen jedoch ab, anstatt die Themen blockweise abzuhaken. Das Ergebnis war erstaunlich: Die Studenten, die ihre Themen abwechselnd und nicht blockweise abarbeiteten, konnten insgesamt weniger Themen bearbeiten. Sie schätzten diese Herangehensweise auch nicht als besonders zielführend ein. Doch die Testergebnisse sprachen eine andere Sprache. Gerade diejenigen, die Themen regelmäßig abwechselten, waren anschließend besonders gut darin, neue und unerwartete Aufgaben zu bearbeiten. Sprich: Sie gaben nicht nur das wieder, was sie gelernt hatten, sondern sie änderten ihre Lösungsstrategien, wenn die Aufgabe unerwartet war.

Insofern ist es durchaus möglich, sein Gehirn im *»Task Switching«*, dem Umschalten zwischen Aufgaben, gezielt zu trainieren. Die Kunst besteht darin, nicht ins Multitasking zu verfallen, bei dem man noch während einer noch unerledigten Aufgabe schon zur nächsten wechselt. Wichtig ist vielmehr, nach einer abgeschlossenen Aufgabe eine neue anzufangen, die nicht zu ähnlich ist. Ein illustratives Beispiel: Wer seine Kochkünste verbessern will, sollte nicht die ganze Woche hindurch italienisch kochen, sondern an verschiedenen Tagen unterschiedliche Küchen ausprobieren: italienische, spanische oder englische. Was auf den ersten Blick verwirrend erscheint, hat erwiesenermaßen langfristig positive Effekte:[32] Man schult nicht nur die konkrete Fähigkeit (etwa italienisch zu kochen), sondern vor allem das Umschaltspiel zwischen verschiedenen Tätigkeiten.

Schaffen Sie Abwechslung!

In *Alice im Wunderland* trifft Alice auf die Grinsekatze, die eine höchst eigenwillige Eigenschaft hat: Sie kann verschwinden und dabei ihr Grinsen zurücklassen. Außerdem stellt die Katze mit seltsamen Aussagen die typischen Annahmen von Logik, physikalischen Regeln, Raum und Zeit infrage. Schließlich ist Alice im Wunderland, und dort gelten andere Regeln.

Was würde wohl geschehen, wenn man tatsächlich in ein solches Wunderland eintreten könnte? Mithilfe von virtueller Realität ist es zumindest möglich, ein in Teilen ähnliches Erlebnis zu schaffen. Mehr als 60 niederländische Studenten erkundeten in einem Experiment eine virtuelle Nachbildung ihrer Universitätscafeteria. Doch in dieser Umgebung galten andere Naturgesetze: Näherten sich die Studenten einem Koffer, so wurde dieser immer kleiner. Entfernten sie sich, wurde er größer. Traten sie an einen Tisch heran, fuhr ein Spielzeugauto gegen eine Flasche, die daraufhin nach oben schwebte. Die Welt war so unvorhersehbar und paradox wie das Wunderland, in dem sich Alice aufhielt. Das Ergebnis der Studie war erstaunlich: Als die Studenten anschließend darum gebeten wurden, möglichst vielfältige Antwortkategorien auf eine Frage wie »Was kann alles Geräusche machen?« zu finden, zeigten sich besonders diejenigen einfallsreich, die zuvor die paradoxe virtuelle Realität erlebt hatten. Oder anders gesagt: Es fiel ihnen leichter, sich von bestehenden Denkkategorien zu lösen, also geistig flexibel zu sein.[33] Ähnliche Effekte zeigten sich auch, wenn die Teilnehmer in der virtuellen Umgebung auf Objekte an ungewöhnlichen Orten trafen, etwa auf Bücher in einer Autowerkstatt oder einem Bekleidungsgeschäft.[34] Es ist die Provokation von bestehenden Annahmen, die uns auffordert, unser Denken zu ändern. Wozu sollte unser Gehirn besonders anpassungsfähig sein, wenn sich niemals etwas ändert?

Nun kann man nicht jeden Tag mit einer digitalen Brille bewaffnet in eine virtuelle Realität hinabsteigen, um sich durch die Vielfalt neuer Erfahrungen inspirieren zu lassen (wobei: Mittlerweile sind entsprechende Produkte längst zu erschwinglichen Preisen auf dem Markt), doch der wissenschaftliche Punkt ist ein anderer. Vielfalt und Überraschung im Leben führen dazu, dass wir unser Denken anpassen müssen. Im Jahr 2021 veröffentlichte man die Ergebnisse einer Langzeitstudie, in der untersucht wurde, welchen Einfluss Abwechslung im Alltag auf die Denkfunktionen hat. Über einen Zeitraum von zehn Jahren wurden rund 1.500 Testpersonen hinsichtlich der Vielfalt ihrer Tätigkeiten befragt: etwa dazu, ob sie sportliche Aktivitäten öfter mit ehrenamtlichen Aufgaben abwechselten oder an manchen Tagen in der Nachbarschaft mithalfen und an anderen im Chor sangen. Das Ergebnis war eindeutig: Je abwechslungsreicher und überraschender ihr Alltag gestaltet war, desto besser konnten sie kognitive Probleme lösen und sich auf neue Aufgaben einstellen.[35] Der größte positive Effekt zeigte sich übrigens bei denjenigen, die im Laufe ihres Lebens immer mehr Abwechslung in ihren Alltag brachten.

Ändern Sie Ihr Umfeld!

Vor zwei Jahren besuchte ich einen Kupferstecher-Workshop. Zugegeben: Mit Kupferstichen habe ich normalerweise nichts zu tun. Ich bin künstlerisch komplett unbegabt. Meine zeichnerischen Fähigkeiten sind seit der Grundschule auf demselben Stand geblieben – und ich lüge nicht. Doch als sich die Gelegenheit ergab, für einen Tag in die Rolle Albrecht Dürers zu schlüpfen, sagte ich zu.

Natürlich war ich nicht in der Lage, auch nur ansatzweise die Präzision des vielleicht bedeutendsten deutschen Künstlers der Geschichte zu erreichen. Ich pauste lediglich eine hübsche Zeichnung ab und ritzte sie in die weiche Kupferplatte. Dennoch veränderte sich meine Denkweise: Ich erkannte, wie wichtig die persönliche Note, das individuelle Erkennungszeichen, ist, wenn man ein Produkt kostengünstig vervielfältigen kann. Vor demselben Problem stand Albrecht Dürer vor über 500 Jahren, als seine Kupferstiche billig nachgemacht wurden. Und so erfand er sein berühmtes Label. Eine geniale Idee, die gerade heute, in Zeiten noch viel günstigerer digitaler Vervielfältigung, aktueller ist denn je. Ich habe meine Kupferplatte ins Regal gestellt, und wenn ich (wie gerade jetzt in diesem Augenblick) an meinem Schreibtisch nach rechts blicke, erinnere ich mich an Dürers Ideen, mit denen er seine Marke stärkte und bekannt machte.

Wann immer Menschen etwas Ungewohntes tun, fällt es ihnen anschließend leichter, ihr Denken anzupassen und altbekannte Probleme auf neue Weise zu lösen. Im Jahr 2022 untersuchte man dieses Phänomen in einem besonders ungewöhnlichen Umfeld: einem Unterwasser-Nachtclub. Dafür arbeitete man mit dem Betreiber eines der tiefsten Schwimmbecken überhaupt zusammen. Die Teilnehmer brauchten keine Taucherfahrung, denn sie trugen Ganzkörpertauchanzüge mit einer direkten Luftzufuhr zur Oberfläche. So ging es entspannt bis in 40 Meter Tiefe. Ein DJ legte Musik auf, die direkt in die Tauchhelme der Teilnehmer übertragen wurde. Zwar konnte man nicht mit Getränken anstoßen – aber außergewöhnlich war diese Erfahrung allemal, das Ergebnis ebenfalls. Als man anschließend die Denkfähigkeiten testete, stellte sich heraus: Der Tauchgang machte die Menschen flexibler. Sie fanden ungewöhnlichere Lösungen für Aufgaben und wechselten öfter zwischen verschiedenen Denkmustern.[36]

Ein Umfeld, das aus dem Rahmen fällt, rüttelt das eigene Denken auf. Ähnliche Effekte sind auch von Reisen sowie dem Erleben fremder Kulturen und Sprachen bekannt.[37] So sind Menschen, die unterschiedlichen Kulturräumen ausgesetzt sind, signifikant besser darin, ihre Denkweise zu verändern und ungewöhnliche Lösungen zu finden.

Es sind die Unterschiede im Umfeld, die die geistige Flexibilität ankurbeln. Erinnern Sie sich an den Beginn dieses Kapitels: Arthur Fry kam während seiner Kirchgänge auf das Problem, das er später mit »Post-it«-Zetteln lösen konnte. Ähnlich fördern Job-Rotation-Programme, bei denen Mitarbeiter innerhalb eines Unternehmens verschiedene Tätigkeiten durchlaufen, die geistige Anpassungsfähigkeit. Sie sind im Anschluss flexibler im Lösen von Aufgaben und passen ihre Denkweisen leichter an neue Situationen an.[38]

Das Schlimmste, das Sie Ihrem Gehirn antun könnten, ist ein monotones Leben. Natürlich lieben wir feste Gewohnheiten (das haben Sie in diesem Buch schon gesehen). Doch genauso wichtig wie Sicherheit gebende Routinen ist es, sein Leben von Zeit zu Zeit zu würzen: einen anderen Weg zur Arbeit zu nehmen. Ein Magazin zu kaufen, das man sonst nie lesen würde. In ein Restaurant zu gehen, das man noch nicht kennt. Man muss nicht sein Leben völlig auf den Kopf stellen, um seine Denkroutinen aufzubrechen. Viel wichtiger ist es, immer wieder neugierig zu sein.

Ändern Sie die Fragestellung!

Kennen Sie die App Burbn? Nein? Ich auch nicht. Denn sie gibt es nicht mehr. Ursprünglich war die Idee, dass Nutzer der App (benannt nach dem Whiskey) ihre Barbesuche dokumentieren, bewerten und mit Freunden teilen. Das Problem war jedoch: Niemand nutzte die App dafür, sie war einfach zu unübersichtlich. Jetzt gibt es zwei Möglichkeiten: Entweder man stampft das Projekt ein und widmet sich etwas Neuem. Oder man ändert die Perspektive: Wofür wurde Burbn tatsächlich genutzt? Gründer Kevin Systrom entschied sich für den zweiten Weg. Zusammen mit Mike Krieger analysierte er das Nutzungsverhalten und stellte fest: Die Nutzer verwendeten die App hauptsächlich, um Fotos von Bars zu teilen. Schnell änderten sie die Strategie. Sie reduzierten die App auf genau diese Funktion – das brachte den Erfolg. Aus Burbn wurde Instagram.

Menschen machen zu häufig den Fehler, bei Entscheidungen für die Zukunft zu sehr an der Vergangenheit festzuhalten. Sie blicken auf den Status quo und fragen nur, wie sie diesen optimieren können. Das Problem dabei: Genau dann verpassen sie den Zeitpunkt, an dem das Fortführen des Bestehenden keine Zukunft mehr hat. »*Functional fixedness*«, das Festhalten an der gewohnten Funktion, nennt man diesen Denkfehler, der verhindert, dass man sich von seinen bisherigen Denkmustern löst. Nach dem Motto: Wer einen Hammer in der Hand hält, für den besteht die Welt nur aus Nägeln. Das beste Gegenmittel ist, die Situation neu zu deuten. So zeigte eine Übersichtsarbeit aus 2024: Menschen lösen Probleme besser, wenn sie Fehlschläge emotional ganz bewusst anders bewerten.[39] Statt sich auf das Negative und den Fehlschlag zu konzentrieren, ändert man die Fragestellung: Gibt es eine andere Perspektive auf die Sache? Könnte man seine bisherigen Ideen anders nutzen?

Zu häufig lassen sich viele schon vom ersten Fehlschlag entmutigen und verpassen so die Chance, geistig flexibel zu bleiben. Dabei sind es gerade diese Richtungsänderungen, die langfristig Erfolg bringen können. YouTube startete beispielsweise als Dating-Website,[40] auf der Nutzer per Kurzvideo einen Partner finden sollten. Das klappte überhaupt nicht, noch nicht mal, als die Gründer auf der Kleinanzeigen-Website Craigslist 20 US-Dollar dafür zahlten, dass sich Menschen auf YouTube registrierten. Doch der Durchbruch gelang, als klar wurde, dass die Nutzer unabhängig von der Partnersuche vor allem Videos hochladen und anschauen wollten.

Manchmal hilft auch ein Zufall. In den 1950er-Jahren produzierte eine kleine Firma in Cincinnati namens Kutol ein eher langweiliges Produkt: Tapetenreiniger. In den 1940er-Jahren wurden Häuser noch mit Kohle beheizt, sodass die Tapeten regelmäßig verdreckten und mit Spezialchemikalien gereinigt werden mussten. Doch die Zeiten änderten sich: Elektrische Heizungen wurden üblich, und neue Vinyltapeten ließen sich leicht mit Wasser und Seife säubern. Damit geriet Kutols Hauptprodukt ins Aus. Die Schwägerin des Firmeninhabers Joseph McVicker, Ray Zufall (so ihr echter Name!), kam jedoch auf eine andere Idee: Sie stellte fest, dass sich die klebrigen Reste des Tapetenreinigers wunderbar als Knetmasse eigneten. Sie waren ungiftig, ließen sich leicht verformen, klebten nicht zu sehr und waren beliebig färbbar. Kutol stellte um und machte aus der Knetmasse eines der beliebtesten US-Spielzeuge des 20. Jahrhunderts: Play-Doh.[41]

Hier wird nicht nur deutlich, dass es das Umdeuten der Zielsetzung ist, das den Erfolg bringt, sondern vor allem auch die eigene Uneitelkeit. Natürlich kann man an alten Ideen festhalten, aber das ist nicht standhaft, sondern dumm. Vor allem dann, wenn sich die Rahmenbedingungen schnell verändern. Andererseits fällt uns eine Denkänderung genau deswegen schwer, weil wir uns dann eingestehen müssen, dass wir falschlagen. Auch um diesen Gesichtsverlust zu vermeiden, halten Menschen unnötig lange an alten Denkmustern fest. Dabei ist die Studienlage eindeutig: Menschen mit intellektueller Bescheidenheit, die an ihren gestrigen Ansichten nicht dogmatisch festhalten, sind langfristig erfolgreicher,[42] anderen Perspektiven gegenüber offener eingestellt[43] und geistig flexibler.[44]

Ganz offenbar ist die geistige Anpassungsfähigkeit auch eine Frage von Mut: Nur wer sich traut, seinen bisherigen Ansichten zu widersprechen, ist wirklich frei darin, neue Denkwege zu entwickeln. Manchmal zeigen sich selbst Affen oder kleine Kinder offener für Neues als wir, einfach, weil sie unbefangener ausprobieren. Wir hingegen klammern uns oft an einmal gefasste Meinungen, um der sozialen Erwartung von Standhaftigkeit zu genügen. Dabei ist es genau das Infragestellen des Bestehenden, das uns neue Wege öffnet.

8

KRITISCHES DENKEN

Wie man Dinge hinterfragt und besser durchdringt

Ich beginne dieses Kapitel mit einem Geständnis: Ich könnte heute kein Pferd mehr aufzäumen. Ich wüsste auch nicht, wie man es sattelt oder ein Hufeisen beschlägt. Mein Ururgroßvater Eduard Beck würde vermutlich verständnislos den Kopf über mich schütteln. Um die Jahrhundertwende arbeitete er in einem Pferdebetrieb, und auf einem alten Foto sehe ich, wie mein Urgroßvater ihm dabei hilft, ein Pferd zu beschlagen.

Ich könnte auch keinen Rechenschieber bedienen, mit Logarithmentafeln rechnen oder Stenografie schreiben. Ich muss das auch gar nicht mehr können. Denn die Anforderungen unseres Alltags haben sich geändert. Was einst eine unverzichtbare Fähigkeit war, ist heute schlicht überflüssig geworden.

Diese Entwicklung ist so alt wie die Menschheit. Seit über 7000 Jahren erfinden Menschen Dinge, damit sie weniger denken müssen: von der Schrift über Bücher, Notizblöcke, Stifte hin zu Rechnern, Computern, dem Internet und künstlicher Intelligenz. Im Prinzip ist die Geschichte der Menschheit eine Geschichte der Denkauslagerung: Unser Gehirn ist faul, Denkarbeit kostbar. Jede Gelegenheit, diese zu vereinfachen, wird bereitwillig genutzt. Wir nennen diese Entwicklung Fortschritt, weil jede neue Technologie, trotz aller Verführung, weniger zu denken, immer dazu diente, mehr zu denken: neue Ideen zu entwickeln, mehr Wissen zu verbreiten, mehr Informationen zu verarbeiten und mehr Probleme zu lösen.

Das bedeutet natürlich nicht, dass diese Entwicklung jemals ohne Kritik geblieben wäre: Schon Sokrates beklagte vor über 2400 Jahren die Einführung der Schrift, die »den Seelen der Lernenden vielmehr Vergessenheit einflößen [wird], weil sie das Gedächtnis vernachlässigen werden«[1]. Natürlich waren Sokrates und Platon schlau genug, die Schrift selbst zu nutzen. Unter damaligen Philosophen waren Wachstafeln durchaus verbreitet, um Ideen festzuhalten und eben nicht zu vergessen.[2]

Ich höre noch die Warnungen meiner Mathelehrer, die uns predigten: »Benutzt nicht immer den Taschenrechner! Später im Leben habt ihr auch nicht ständig einen Rechner dabei!« Tja, so kann man sich täuschen. Heute trage ich in meiner Hosentasche einen Computer, dessen Rechenleistung die des Großrechners der NASA für die Apollo-Mondmission bei Weitem übersteigt. Nur dass ich heute auf meinem Smartphone Katzenvideos anschaue und nicht auf den Mond fliege. Aber das ist mein persönliches Problem.

Neue Technologien, die unser Denken auslagern, haben uns überhaupt erst in die fortschrittliche Lage versetzt, in der wir uns heute befinden. Denn auch wenn ich heute kein Pferd mehr aufzäumen kann und im Betrieb meines Vorfahren wohl nutzlos gewesen wäre: Mit seinen damaligen Fähigkeiten hätte er heute ebenso wenig eine Chance. Im selben Maß, in dem sich die Technologie verändert, verändern sich auch die Ansprüche an uns. Wer möchte heute noch seine Wäsche mit einem Waschbrett schrubben? Oder in eine Bibliothek gehen, um in dicken Büchern eine Literaturrecherche zu machen? Oder zwei Tage warten, bis ein handschriftlicher Brief sein Ziel erreicht hat? Ja, handschriftliche Briefe sind nett – aber sie sind zur Nische geworden. Schließlich gibt es auch noch Kutscher, trotz Autos und Fahrrädern.

Die Welt ändert sich – und damit auch unser Denken. Doch gerade heute wächst die Sorge, dass wir unser Denken endgültig auslagern und es dabei verkümmern lassen. Mit der Verbreitung künstlicher Intelligenz steht die Ablösung unserer kognitiven Fähigkeiten auf dem Spiel. Taschenrechner und Internetrecherche haben vielleicht Teilbereiche unseres Denkens ersetzt: die Rechenleistung und das Gedächtnis. Nun aber sollen auch abstraktes Denken, das Erkennen von Zusammenhängen, das Bewerten von Informationen und sogar das Erzeugen neuer Ideen ausgelagert werden. Ob diese neue Technik das kann, ist dabei egal. Das Problem entsteht vielmehr, wenn Menschen sie mit diesem Anspruch nutzen und daraufhin jene Fähigkeiten verlieren, die sie bewahren sollten: das kritische Denken. Denn wer der Antwort von KI vollständig vertraut, muss sein eigenes Gehirn nicht mehr anstrengen.

Der Triumph der Faulheit

Meine Lehrer hatten noch Angst, dass ich wahlweise vom Fernsehen, dem Game Boy, Computerspielen, dem Internet oder Handys »verdummen« könnte. Sie hatten ja keine Ahnung, was knapp 20 Jahre später passieren würde: Die Jungs, die in den 1990er- und 2000er-Jahren angeblich durch Computerspiele verblöden sollten, entwickelten später die leistungsfähigsten KI-Systeme der Gegenwart, vor denen nun wiederum die heutigen Lehrer warnen, weil sie Angst haben, diese könnten die jetzigen Schüler »verdummen«. Was hat man über die Typen gelacht, die früher Science-Fiction-Filme geschaut haben – aus denen könne ja nichts werden. Heute bauen sie Computersysteme nach dem Vorbild ihrer Filme.

Apropos: Unterschätzen Sie nicht, wie stark diese popkulturellen Einflüsse auf die KI-Entwickler sind. Das zugrunde liegende Prinzip von ChatGPT & Co. sind sogenannte »Transformer«-Modelle. Die bahnbrechende Veröffentlichung, »Attention Is All You Need«[3] (eine Referenz an das Beatles-Lied »Love is all you need« – übrigens damals auch als Verderbnis für die langhaarige Jugend verschrien), wurde 2017 von acht Google-Wissenschaftlern veröffentlicht und inzwischen knapp 175.000-mal zitiert. Sie gilt schon jetzt als wissenschaftlicher Meilenstein. Der deutsche Mitautor Jakob Uszkoreit hatte die Idee, das KI-System »Transformer« zu nennen, weil er als Kind mit den gleichnamigen Actionfiguren gespielt hatte.[4]

Ich schweife ab, die Sorge bleibt. Denn dass uns Technik gewisse Denkfunktionen abnimmt, ist nicht neu. Doch ernsthaft kritisch wird es, wenn der Kern unseres Denkens durch die ständige Nutzung von Computersystemen verkümmert. Jener Kern, der uns befähigt, Fragen zu stellen, auszuprobieren, Regeln zu hinterfragen, kritisch zu überlegen, vom Ende her zu denken, uns selbst zu widersprechen, Ursachen zu verstehen, uns auf vollkommen neue Probleme einzustellen und das Unerwartete zu antizipieren. Kurzum: kritisch zu denken. Diese Fähigkeiten werden auch im 21. Jahrhundert über Erfolg und Misserfolg entscheiden.

Oder etwa nicht? Vielleicht werden in Zukunft diejenigen am besten denken, die die KI am cleversten für ihre Aufgaben einsetzen. So wie heute die Kunst, mit Logarithmentafeln zu rechnen, verkümmert ist und es niemanden stört, könnte eines Tages auch die Fähigkeit zum kritischen Denken in Vergessenheit geraten, und niemand nimmt davon Notiz.

Kritisch zu sich selbst sein

»Kritisches Denken« ist ein großer Begriff. Niemand wird wohl widersprechen, dass wir »kritische Geister« brauchen, also Menschen, die in der Lage sind, die Dinge zu hinterfragen. Doch bevor wir uns den Gefahren widmen, die unser Denken bedrohen (und zu den möglichen Auswegen, wie wir in Zukunft »besser« denken können), machen wir einen Schritt zurück: Was ist mit »kritischem Denken« gemeint?

Eine der ersten kognitiven Definitionen geht auf den US-amerikanischen Psychologen Benjamin Bloom zurück, der bereits in den 1950er-Jahren gemeinsam mit vier weiteren Bildungswissenschaftlern ein Modell des kritischen Denkens entwarf.[5] Die Idee: Kritisches Denken besteht aus mehreren Bausteinen. Man muss Wissen aufbauen (sprich: sich erinnern können), ursächliche Zusammenhänge verstehen, neue Ideen zusammenfügen, diese analysieren und vergleichen, sie anwenden und schließlich beurteilen, ob sie funktionieren und gegebenenfalls angepasst werden müssen. Seither wurde dieses Modell vielfach erweitert und ergänzt, doch im Kern lässt sich kritisches Denken weiterhin auf ein Prinzip verdichten: Wissen aufbauen, analysieren, anwenden und, wenn nötig, nachjustieren.[6]

Entscheidend für kritisches Denken (und darauf richtet sich der Fokus dieses Kapitels) ist die Fähigkeit, sich selbst beim Denken zu beobachten. Diese Fähigkeit nennt man Metakognition: das Wissen über das eigene Denken und die Möglichkeit, es anzupassen. Kritisches Denken bedeutet deswegen immer auch Uneitelkeit – zum einen gegenüber den Informationen, die man einordnen und hinterfragen muss, zum anderen gegenüber sich selbst: die Bereitschaft, im Zweifel eigene Ideen zu verwerfen oder zu erkennen, wenn man Denkfehlern, Vorurteilen oder Biases (also Denkverzerrungen wie dem Denken in Stereotypen oder der

Sehnsucht nach Bestätigung der eigenen Meinung) erliegt. Kritisch denkende Menschen folgen keinen Instinkten, sie arbeiten keine Befehle ab, sie funktionieren nicht, sondern sind frei und mündig.

Kritisch zu sein ist etwas anderes, als skeptisch zu sein. Der Skeptiker geht davon aus, dass etwas nicht stimmt. Er lehnt ab, nimmt eine Abwehrhaltung ein. Der Kritiker hingegen hinterfragt ergebnisoffen. Er ist bescheiden (ganz im Sinne der sokratischen Haltung »Ich weiß, dass ich nichts weiß.«) und dadurch offen für Veränderung. Skeptische Menschen sind manipulierbar. Man muss ihnen nur das Gegenteil dessen präsentieren, was sie ohnehin ablehnen, und schon verhärtet sich ihre Position. Kritische Menschen sind im besten Sinne frei im Denken. Sie sind robust gegenüber Manipulation, fallen weniger auf Denkvereinfachungen wie Heuristiken oder Denkverzerrungen herein. Ja, sie können unbequem sein, doch vor allem sind sie keine geistigen Automaten.

Wie das Denken endet

Ende 2022 schloss die OECD eine Untersuchung zu den kritischen Denkfähigkeiten junger Erwachsener ab.[7] Über einen Zeitraum von fünf Jahren wurde getestet, wie gut Hochschulabsolventen Probleme analytisch erkennen, bewerten und anschließend Lösungen entwickeln konnten. Gewiss, kritisches Denken umfasst noch mehr, doch gerade für junge Akademiker sind diese Fähigkeiten grundlegend. Über 120.000 Menschen nahmen an der Studie teil, die sich über sechs Länder erstreckte: Finnland, Italien, Großbritannien, Chile, Mexiko und die USA. Das Ergebnis war ernüchternd: Nicht einmal die Hälfte der untersuchten Personen, nämlich nur 45 Prozent, war in der Lage, grundlegende

Techniken des kritischen Denkens anzuwenden. Nur 20 Prozent zeigten Anzeichen dafür, auch im späteren Leben wirklich analytisch und kritisch Probleme lösen zu können. Und was noch schlimmer war: Während des Untersuchungszeitraums nahm die Fähigkeit des kritischen Denkens der Studenten kaum zu. Man sollte annehmen, dass mehrere Jahre an Universitäten eine signifikante Wirkung auf das Denken haben. Doch gerade in den Fächern mit dem höchsten Praxisbezug wie Wirtschaft, Gesundheit und Landwirtschaft waren die Ergebnisse besonders schlecht.

Ein besorgniserregender Trend, der in den letzten Jahren an Dramatik gewonnen hat. Bereits 2019 untersuchte der US-Personaldienstleister SHL die kritischen Denkfähigkeiten von Arbeitskräften in über 6.000 Firmen aus mehr als 200 Ländern. Das Ergebnis: Gerade bei jüngeren Menschen sank die Fähigkeit zum kritischen Denken seit 2009 kontinuierlich.[8] Eine neuere SHL-Studie, die im US-Magazin *Forbes* 2024 zitiert wurde, untersuchte die Fähigkeiten von 8.000 US-Uniabsolventen. Auch hier zeigte sich: Besonders jüngere Menschen schneiden in den Bereichen strategisches und kritisches Denken schlecht ab.[9]

Offenbar begann der Trend, dass jüngere Menschen weniger gut in der Lage sind, Probleme zu durchdringen, ihr eigenes Denken zu hinterfragen und darauf basierend Probleme zu lösen, schon, bevor KI auftauchte. Doch die Nutzung von künstlicher Intelligenz scheint diesen Prozess weiter zu verstärken. 2025 untersuchte eine Arbeitsgruppe der Carnegie Mellon University in Pennsylvania zusammen mit dem Research-Team von Microsoft, welchen Effekt der Einsatz von KI in Unternehmen tatsächlich auf das Denken der Beschäftigten hat. Dass Microsoft dabei nicht gerade als Kritiker dieser Technologie gilt, liegt auf der Hand, schließlich war es maßgeblich am Aufbau von ChatGPT beteiligt und plant, mit seinen KI-Produkten in Zukunft gutes Geld zu verdienen. Dennoch zeigte die Studie, die 319 Büroangestellte untersuchte: Je mehr sie KI-Systemen eine Lösung überließen, desto weniger dachten sie selbst kritisch über die Problemlösung nach. Besonders bei einfachen Aufgaben war die Bereitschaft, die Lösung der KI noch mal zu überprüfen, gering. Und je größer das Vertrauen in die KI war, desto seltener gaben die Probanden an, selbst noch einmal kritisch zu hinterfragen, ob die Antwort plausibel sei. Der Trend war klar: Es wird weniger eigenständig nachgedacht, sondern das Ergebnis der KI höchstens am Ende kurz überprüft. Das Problem: Wird KI dauerhaft eingesetzt, könnte sie zu einer »Abhängigkeit von diesem Werkzeug führen und die Fähigkeit zum eigenständigen Problemlösen reduzieren«, so das Fazit der Studienautoren.[10]

Wobei gerade Deutschland als besonders unkritisch gegenüber der künstlichen Intelligenz eingestellt ist. Eine weltweite Studie, der »AI Sentiment Index 2025«, durchgeführt von der Wirtschaftsprüfungsgesellschaft EY,[11] befragte über 15.000 Personen aus 15 Ländern und kam im Frühjahr 2025 zu dem Ergebnis: Gerade mal 27 Prozent der Deutschen überprüfen die Ergebnisse, die KI ihnen liefert. Noch unkritischer waren Schweden und Frankreich. Was paradox ist, denn nirgendwo ist die Skepsis gegenüber KI größer als in Europa. Doch offenbar sind wir zu faul, noch mal genauer nachzuschauen, wenn wir eine gefällige KI-Antwort bekommen. Die kritischsten Länder sind (überraschenderweise) übrigens Südkorea, Indien und China. Doch selbst hier überprüft über die Hälfte der Menschen das Ergebnis einer KI-Antwort nicht.

Welche Auswirkung wird künstliche Intelligenz dauerhaft auf unser Denken haben? Eine Sichtweise, die ich oft höre, wenn ich mich in Kalifornien mit KI-Entwicklern unterhalte, lautet: Wer viel weiß und gebildet ist, wer die Techniken zur Quellenarbeit und zum kritischen Hinterfragen kennt, wer also mündig oder erfahren ist, für den ist KI der ultimative Katalysator zu besserem Denken. Genau diese Personen profitieren von der Geschwindigkeit, mit der neue digitale Systeme Informationen aufbereiten oder ganze Lösungswege anbieten. Wer hingegen diese Techniken zum kritischen Denken nicht kennt, wer ungebildet oder zu vertrauensselig gegenüber KI ist (oder einfach nur faul), der wird von dieser Technik abhängig. Plakativ gesprochen: KI spaltet die Gesellschaft. Schlaue Menschen werden schlauer. Dumme Menschen werden dümmer.

Erste Studienergebnisse gehen in diese Richtung. So zeigte eine Untersuchung von Studenten eines Programmierkurses in den USA: Diejenigen, die ohnehin wenig Probleme mit Programmieraufgaben hatten, wurden durch den Einsatz von KI noch besser. Sie konnten auch unnütze Antworten der KI besser aussortieren und durch gezielten Einsatz von KI ihre Lösungswege beschleunigen.

Anders sah es hingegen bei denjenigen aus, die sich schon ohne KI schwertaten. Hier führte der Einsatz von KI dazu, dass sie deren Hilfestellungen schlechter einschätzen konnten. Sie waren daher öfter überfordert und nicht in der Lage, kritisch zu prüfen, ob die Lösungen auch wirklich plausibel waren. Ergebnis: Nach dem Einsatz von KI überschätzten sie ihre Ergebnisse und schnitten letztlich schlechter ab.[12]

Nun könnte man sich fragen: Was ist Ursache und was ist Wirkung? Sind Menschen, die ohnehin schlecht in kritischem Denken sind, besonders empfänglich für den Einsatz von KI-Technologien? Oder ist es andersherum, und der Einsatz von KI macht uns unselbstständiger im Denken? Und sollte man sich wirklich solch große Sorgen machen, dass wir in Zukunft die Fähigkeit verlieren, uns und unsere Umwelt kritisch zu hinterfragen? Schauen wir uns deswegen die Top 3 der größten Denksünden in der digitalen Welt an.

Danach folgt ein kleiner Selbstverteidigungskurs gegen den Verlust menschlicher Kritikfähigkeit.

Problem 1: Das geistige Abladen

Erinnern Sie sich noch an den Selfie-Stick? Dieses Gadget, das in den 2010er-Jahren an praktisch jedem touristischen Hotspot zu sehen war: eine Teleskopstange, mit der man das Smartphone ein oder zwei Meter von sich weghalten konnte, um Selfies oder Gruppenfotos zu schießen. Wie wir wissen, war der Selfie-Stick nur eine kurzfristige Übergangstechnologie. Heute sieht man die Dinger praktisch nicht mehr. Die Menschen haben längst gelernt, den Arm weit genug von sich wegzuhalten, um gute Selfies zu machen, und die Weitwinkelobjektive tun ihr Übriges.

Die Smartphonefotografie hat die Art und Weise, wie wir die Umgebung wahrnehmen, maßgeblich geändert. Früher hat man wildfremde Menschen gefragt, ob sie ein Foto machen könnten, und ihnen den Fotoapparat in die Hand gedrückt. Ein Verhalten, das unserer heutigen Individualisierung und Sehnsucht nach persönlicher Kontrolle fast vollständig zum Opfer gefallen ist. Vor der Digitalfotografie waren Fotos noch kostbar. Man überlegte sich, was man fotografiert, und ging folglich aufmerksamer durch die Welt.

Heute wird alles sofort und gedankenlos fotografiert, denn im Nachhinein lassen sich die besten Bilder problemlos auswählen. Gäbe es eine bessere Art, sich an die schönsten Urlaubserlebnisse zu erinnern? Ja, die gibt es: gar keine Fotos zu machen. Das Problem besteht nämlich darin, dass wir *glauben*, uns durch viele Fotos besser an den Urlaub zu erinnern. Aber das ist ein Trugschluss. Wir lagern vielmehr die »Erinnerungsfunktion« unseres Gehirns an ein Gerät aus – und strengen uns dann selbst weniger an. Wozu sollte man sich noch auf den Moment konzentrieren, wenn man ihn später digital wieder abrufen kann? Allerdings zeigt die Forschung immer eindeutiger: Wer fotografiert, erinnert sich später schlechter an den konkreten Moment als jemand, der nur aufmerksam im Hier und Jetzt war.

Wenige Wochen bevor ich dieses Kapitel schrieb, war ich im Museum of Modern Art in New York. Endlich einmal wollte ich die »Sternennacht« von Vincent van Gogh in Wirklichkeit sehen. Ich ging extra früh ins Museum, um vor dem Besucheransturm einen ruhigen Blick auf das Bild zu werfen. Und tatsächlich: Ich war allein im Raum und werde diesen Anblick nicht vergessen. Eine halbe Stunde später war der Raum voll, und Horden von Touristen stürmten zum Bild, knipsten so viele Fotos wie möglich und eilten dann gleich zum nächsten Highlight weiter. Hätten diese Menschen doch nur die Studie von Julia Soares und Benjamin Storm aus dem Juli 2022 gelesen. Die beiden Psychologen untersuchten, was das Fotografieren von Bildern mit unserem Gedächtnis anrichtet. Die Probanden bekamen zunächst Gemälde gezeigt und sollten, je nach Versuchsanordnung, entweder ein Foto, kein Foto oder fünf Fotos mit dem Smartphone machen. Anschließend gab es einen Gedächtnistest: Würde das Fotografieren dazu führen, dass sich das Gedächtnis verbessert oder verschlechtert? Tatsächlich zeigte sich ein »dosisabhängiger« Effekt: Je mehr Fotos die Teilnehmer machten, desto schlechter konnten sie sich später an Details der Gemälde erinnern.[13]

Dieser sogenannte Foto-Beeinträchtigungseffekt (*photo impairment effect*) wurde durchaus angezweifelt, weil man auch vermuten könnte, dass gerade das Fotografieren zu erhöhter Konzentration auf das Motiv führt. Doch bereits 2021 widerlegte eine Untersuchung diese Annahme. Die Studienautoren wollten gezielt testen, ob der fotografische Fokus auf ein bestimmtes Objekt das Gedächtnis stärkt (schließlich beschäftigt man sich auch beim Fotografieren bewusst mit dem Motiv). Das Ergebnis war eindeutig: Fotografieren verschlechtert die Erinnerung grundsätzlich.[14]

Der Fotoeffekt ist ein alltagsnahes Beispiel für das Phänomen des »geistigen Abladens« (*»cognitive offloading«*). Wir delegieren geistige Aufgaben an technische Systeme, um dann festzustellen, dass wir gedanklich fauler werden. Eng verwandt damit ist der »Google-Effekt«: Man erinnert sich schlechter an Informationen, wenn man davon ausgeht, dass man sie im Internet oder irgendwo abgespeichert finden kann. Wozu noch nachdenken, wenn man schnell googeln kann? Eine Übersichtsstudie aus 2024 konnte diesen Effekt tatsächlich bestätigen – vor allem bei Menschen, die ihr Smartphone zur Internetsuche benutzen.[15] Die Studie zeigte auch ein Gegenmittel: Menschen, die gebildet sind und viel Wissen angesammelt haben, sind gegen diese internetbedingten Erinnerungslücken besser gefeit.

Im Prinzip passiert beim geistigen Abladen genau das, was schon beim »körperlichen Abladen« passiert ist. Wenn ich die Fotos meinerUrurgroßeltern aus ihrem Pferdebetrieb betrachte, sehe ich Menschen, die ständig körperlich aktiv waren. Sie waren schlank und muskulös. Heute ist körperliche Aktivität durch Maschinen in vielen Bereichen überflüssig geworden. Kein Wunder, dass das auch Auswirkungen auf den menschlichen Körper hat. Wer sich nicht körperlich anstrengt, kann nicht körperlich fit sein. Das Gleiche gilt für den Geist: Wer sich kognitiv nicht anstrengt, kann auch nicht kognitiv stark sein.

Natürlich sind die kurzfristigen Effekte des Abladens von geistiger Arbeit durchaus vorteilhaft. Gerade bei geistig anspruchsvollen Aufgaben profitieren Menschen davon, wenn sie digitale Unterstützung nutzen können. So schneiden sie in Konzentrationstests kurzfristig besser ab, wenn Computersoftware ihnen hilft, Parallelaufgaben schneller erledigen zu können.[16] Im Fall von künstlicher Intelligenz werden Einzelpersonen, die bei der Bearbeitung von Fallbeispielen (zum Beispiel: »Wie motiviert man Konsumenten, ein neues Produkt auszuprobieren?«) auf KI zurückgreifen, in ihrer Leistung sogar mit kleinen Teams vergleichbar.[17] Doch je langfristiger die Perspektive, desto größer können die Nachteile sein. So zeigte eine Studie, veröffentlicht im Fachjournal *Nature*, dass der Einsatz von KI das Entscheidungsverhalten von Studenten signifikant verschlechtert und sie fauler werden lässt (*»makes humans lazy«*).[18] Besonders intensiv ist dieser Effekt auf das kritische Denken. In einem Versuch sollten sie mithilfe von ChatGPT einen Aufsatz verfassen. Sie waren dabei zwar schneller und besser als eine Testgruppe, die ganz ohne Hilfe auskommen musste oder nur mit Unterstützung durch menschliche Experten arbeitete. Doch der langfristige Effekt war nicht so positiv: Die KI-unterstützten Personen konnten ihre Fähigkeiten später kaum auf neue Aufgaben übertragen. Die Studienautoren sprechen von einer drohenden »metakognitiven Faulheit« (*»metacognitive laziness«*).[19] Das ist nicht überraschend. Wer fängt schon an zu denken, wenn er es nicht tun muss?

Problem 2: Die geistige Abhängigkeit

Wie oft hinterfragen Sie die Ansagen Ihres Navigationssystems? Ich kenne Menschen, die geben die Zieladresse ein und folgen den Anweisungen des Navis dann blind. Denn Navis haben sich als verlässlich erwiesen – und was zuverlässig ist, dem vertraut man.

Ich gestehe: Ich bin anders. Ich spiele permanent an der Navigation rum, und besonders auf langen Strecken prüfe ich immer wieder, ob es, je nach Verkehrslage, nicht doch eine bessere Route gibt. Manchmal passiert dann der GAU:

Ich fahre auf ein wichtiges Autobahnkreuz zu und habe zwei Routen zur Auswahl, die sich in ihrer Ankunftszeit gerade einmal um eine Minute unterscheiden. Jetzt beginnt das Grübeln: Wenn ich die A3 Richtung Köln nehme, bin ich meistens schneller, aber gibt es dort zu dieser Tageszeit nicht öfter Stau? Ist die A45 vielleicht kürzer, aber wegen der vielen Baustellen letztlich doch langsamer? Manchmal schwitze ich Blut und Wasser, dabei geht es nur um eine winzige Minute. Kritisches Denken kann manchmal ganz schön anstrengend sein. Auch für meine Mitreisenden.

Aber genau das ist notwendig – gerade dann, wenn man sich auf technische Systeme verlässt, die nicht 100-prozentig zuverlässig sind. Immer wieder verunglücken gutgläubige Tesla-Fahrer, weil sie dem Autopiloten blind vertrauen, in der Erwartung, das Fahrzeug werde schon alles richtig machen.[20] Automatisierungsfehlschluss nennt sich diese geistige Falle. Oder auch »Übervertrauen«, weil Menschen in der Annahme, irgendjemand habe sich bei dem technischen System schon etwas gedacht, allzu leichtgläubig die Kontrolle abgeben und die Handlungen des Systems nicht mehr kritisch analysieren. Die Folgen können dramatisch sein. Selbst erfahrene Radiologen lassen sich bei der Beurteilung von Mammogrammen zur Brustkrebsfrüherkennung von KI täuschen. Sollten sie allein beurteilen, ob ein Tumor sichtbar war, lagen sie in 82 Prozent der Fälle richtig. Erhielten sie zu jeder Aufnahme jedoch eine (von den Versuchsleitern absichtlich falsche) KI-Einschätzung, orientierten sich die Ärzte viel zu stark an dieser Vorgabe: Ihre Trefferquote sank auf knapp 46 Prozent. Das ist schlechter, als wenn sie geraten hätten. Noch schlimmer war der Effekt bei jungen Ärzten mit nur einem Jahr Berufserfahrung: Unter dem Einfluss der falschen KI-Auswertungen waren nur noch knapp 25 Prozent ihrer Einschätzungen korrekt.[21]

Ähnliche Effekte kennt man auch, wenn KI bei der Auswahl von Bewerbern,[22] bei Finanzentscheidungen[23] oder in Notfallsituationen eingesetzt wird, etwa wenn Roboter den Weg aus einem brennenden Haus weisen sollen. In allen Fällen verlassen sich Menschen zum eigenen Nachteil und mitunter sogar gegen besseres Wissen auf die Empfehlungen der KI oder des Roboters. Im letzteren Fall wurde eine Brandsituation in einem Gebäude simuliert, bei der den Studienteilnehmern ein Roboter zur Seite gestellt wurde, der den besten Fluchtweg weisen sollte. Tatsächlich folgten Menschen den Anweisungen des Roboters selbst dann, wenn diese offensichtlich falsch waren: Statt das Gebäude zu verlassen, liefen sie in eine dunkle Sackgasse.[24]

Vertrauen entsteht durch Verlässlichkeit. Menschen glauben, dass technische Dinge unter strengen Sicherheitskriterien konstruiert wurden und daher zuverlässig funktionieren. Das ist auch bei praktisch allen Produkten der Fall. Alles, was Menschen jemals hergestellt haben, wird genutzt, weil es verlässlich ist. Ein Filzstift ist ein einfaches Beispiel. Wenn ich die Kappe des Stiftes abnehme, wird die Stiftspitze freigelegt. Wenn ich mit dem Stift über ein Blatt Papier fahre, zieht er eine Linie, immer und ausnahmslos (es sei denn, die Tinte ist aufgebraucht, aber selbst das ist vorhersehbar). Ebenso gilt: Wenn ich ein Auto nach links lenke, fährt es auch nach links. Immer. Darum bezahle ich dafür. Wenn ich bei einem Taschenrechner fünfmal dieselbe Eingabe mache, bekomme ich fünfmal dasselbe Ergebnis. Kommt ein falsches Resultat heraus, liegt das nicht am Rechner (denn dieser arbeitet zuverlässig), sondern an mir. Das ist mir bewusst. Deswegen kann ich den Taschenrechner für bestimmte Aufgaben einsetzen – und für andere nicht.

Mit künstlicher Intelligenz ist das anders. Zum ersten Mal hat die Menschheit ein Produkt hergestellt, das sich grundsätzlich nicht verlässlich verhält. Generative KI (also jene, wie Sie sie von ChatGPT & Co. kennen) reagiert nämlich immer wieder anders. Stelle ich in einem solchen System fünfmal dieselbe Frage, kann ich fünf verschiedene Antworten bekommen. Denn das ist ihr Prinzip: Solche Systeme sind komplex und nicht 100-prozentig vorhersehbar. Das wäre, als würde man bei einem Auto nach links lenken – und es fährt meistens nach links, manchmal aber auch nach rechts. Manchmal gibt es Gas oder bremst. Gewiss, man arbeitet daran, die Zuverlässigkeit dieser KI-Technologien zu verbessern. Aber ihr grundlegendes Prinzip bleibt: Sie funktionieren eben nicht 100-prozentig vorhersehbar, und deshalb sind sie auch nicht 100-prozentig verlässlich.

Dennoch vertrauen Menschen solchen Systemen übermäßig. Sie vertrauen sogar komplett trotteligen Robotern oder fehlerhaften Navigationsansagen. Diese Abhängigkeit untergräbt auf Dauer die Bereitschaft, selbstständig nachzudenken.[25] Denn wir verlassen uns blind auf Pseudo-Verlässlichkeit von technischen Systemen, bis wir vollständig abhängig sind. Übrigens sind wir auch vollständig haftbar. Keine KI-Firma bezahlt für den Fehler, den ihre Systeme verursachen. Das Denken wird uns zwar abgenommen, doch die Verantwortung sollen wir trotzdem übernehmen. Was für ein seltsamer Deal. Aber vielleicht sind wir zu bequem, um diesen Nachteil für uns zu erkennen.

Problem 3: Die geistige Eitelkeit

Kritisches Denken bedeutet, in der Lage zu sein, das eigene Wissen auf den Prüfstand zu stellen. Dafür muss man aber erst einmal erkennen, dass man das tun sollte. Die Nutzung moderner digitaler Medien wirkt dem leider entgegen: Sie bestärkt Menschen in ihrer Überheblichkeit und lässt sie glauben, alles zu wissen. Wozu also sich dann noch selbst hinterfragen?

Wie soll man erkennen, ob eine Information valide oder unsicher ist? Nicht immer hat man schließlich die Zeit oder die Nerven, sämtliche Nachrichten und Meldungen kritisch zu beurteilen. Es mag ein netter Anspruch sein, den eigenen Verstand zur Qualitätssicherung von Informationen einzusetzen. Doch sind wir ehrlich: Niemand sitzt mit Papier und Stift vor einer Nachrichtensendung und notiert sich die Meldungen, die später einer kritischen Überprüfung unterzogen werden sollten.

Das Gehirn nutzt deswegen einen Trick: Je leichter eine Information zugänglich ist und je öfter man ihr begegnet, desto korrekter wird sie sein. In Zeiten, in denen Informationen grundsätzlich spärlich waren, war das eine durchaus sinnvolle Denkvereinfachung.

Das Problem ist: Wir wenden diesen Denktrick auch heute noch an und halten das, was leicht zugänglich ist, automatisch für besonders stimmig. Das führt zur »Flüssigkeitsillusion«, wie sie im Zusammenhang mit Suchmaschinen gut beschrieben ist: Je leichter sich Informationen im Internet finden lassen, je »flüssiger« sie vermittelt werden, desto wahrer erscheinen sie uns. Und noch mehr: Menschen schätzen »flüssige Informationen« nicht nur als valider ein, sondern auch sich selbst als kompetenter, allein, weil sie sie schnell im Internet gefunden haben. Selbst bei Themen, nach denen sie gar nicht gegoogelt haben.[26]

Diese Pseudosicherheit des eigenen Wissens kann dramatische Auswirkungen haben. »Cyberchondrie« nennt sich das moderne Phänomen, bei dem Menschen beliebige Krankheitssymptome googeln, bis für sie feststeht: Sie müssen an Krebs erkrankt sein. Die schiere Geschwindigkeit, mit der Informationen heute verfügbar sind, suggeriert eine Gewissheit,[27] die so weit reicht, dass sich Menschen Krankheiten förmlich »ergoogeln« oder beim Arztbesuch den ausgebildeten Mediziner für weniger kompetent halten als sich selbst. Nach dem Motto: »Ich weiß, dass ich alles weiß.« So wird man alles, aber sicher nicht kritisch denkend.

Nicht nur denken Menschen weniger nach, sie verspüren auch immer weniger das Bedürfnis dazu. So halten sich viele dann für besonders kompetent in einem Thema, wenn sie auf Facebook häufig Beiträge dazu sehen, selbst wenn sie diese gar nicht gelesen haben. Tatsächlich fühlen sie sich sogar kompetenter als jene, die sich einen Artikel zu dem Thema durchgelesen haben.[28]

Neben der Bequemlichkeit und der Abhängigkeit von digitalen Technologien sind unsere Eitelkeit und die Sehnsucht nach Denkvereinfachung und Bestätigung die größten Hürden für selbstständiges und kritisches Denken. Besonders problematisch ist, dass der Einsatz künstlicher Intelligenz diesen Hang zu Denkvereinfachungen noch verstärkt. Eine Untersuchung der Universität Bilbao aus dem Jahr 2023 zeigte sogar, dass sich mithilfe von KI neue Denkverzerrungen bei Menschen einimpfen lassen.[29] In der Studie sollten Teilnehmer fiktive Gewebeaufnahmen bezüglich einer erfundenen Krankheit beurteilen. Waren mehr dunkle als helle Zellen zu sehen, sollten die Probanden eine »positive« Diagnose stellen, andernfalls eine »negative«. Das ist eine einfache Aufgabe. Man muss bloß helle und dunkle Kästchen zählen. Die Hälfte der Probanden erhielt dabei während des Trainings von einer KI Unterstützung. Tatsächlich handelte es sich nicht um eine echte künstliche Intelligenz, sondern bloß um einen eingeblendeten Hinweis, ob die Gewebeaufnahme »positiv« oder »negativ« sei. Der Clou war jedoch: Diese »KI« hatte eine systematische Verzerrung. Immer wenn knapp mehr helle als dunkle Zellen zu sehen waren, diagnostizierte sie fälschlicherweise »positiv«. Obwohl nicht schwer zu erkennen war, dass die KI falschlag, übernahmen die Probanden diesen Bias. Selbst später, als sie ohne KI-Unterstützung und komplett selbstständig neue

Bilder beurteilen sollten, machten sie exakt den Fehler, den die KI ihnen »beigebracht« hatte.

Kurzum: Menschen werden unkritisch, wenn sie neue Technologie nutzen. Nicht nur, dass sie sich das Denken abnehmen lassen, sie bauen sogar aktiv die Schwächen neuer technologischer Systeme in ihr eigenes Denken ein. Solange diese Technologien nicht perfekt sind, ist das eine gefährliche Strategie. Erschwerend kommt hinzu, dass sich die meisten Menschen dieser Denkschwäche nicht bewusst sind.[30] Es ist die alte Problematik des Denkens: Entweder sind Menschen klug genug, die Nützlichkeit des selbstkritischen Hinterfragens zu erkennen. Oder sie sind zu unkritisch, um überhaupt zu merken, wie begrenzt ihr Denken ist. Sokrates war sich dessen schon bewusst. Schade, dass die Menschheit in vielen Dingen nicht weiter ist als vor 2.400 Jahren.

Selbstverteidigungstechnik 1: Lesen Sie lateral!

Neulich scrollte ich durch Instagram. Da der Algorithmus offenbar erkannt hat, dass ich mich für Natur und Tiere interessiere, zeigte er mir Videos voller zoologischer Sensationen: Tiefseewesen wie von einem fremden Planeten. Würmer, die über den Meeresboden krabbelten, krebsartige Kreaturen so groß wie Backbleche und gepanzert wie ein Gürteltier. Unfassbar, dachte ich mir, welche Wunder die Natur noch bereithält. Doch beim dritten dieser seltsamen Tiefseebewohner wurde ich misstrauisch: Solche Tiere habe ich so ähnlich mal in einem Zoologie-Lehrbuch über Lebewesen aus der Zeit der Dinosaurier gesehen – aber heute? Und überhaupt: Mischwesen, die aussahen wie ein Wurm und sich bewegten wie ein Tausendfüßler? Das konnte doch nicht stimmen. Ich warf einen kurzen Blick auf das Instagram-Profil, von dem diese Videos stammten: Ganz offenbar waren die Videos mit KI erstellt worden. Um ein Haar wäre ich selbst als Opfer des unkritischen Denkens darauf hereingefallen.

Wir leben in einer Welt, in der die Wahrheit durch die schiere Menge an Falschnachrichten und Sensationsmeldungen so stark verwässert wird, dass sie kaum noch zu erkennen ist. Das ist nicht neu. Schon vor über 100 Jahren hatte die Presse ein ähnliches »Problem«: Als sich Ende des 19. Jahrhunderts die Medienmogule Hearst und Pulitzer in immer unglaublicheren Schlagzeilen übertrumpfen wollten, stieß das Mediensystem an Grenzen. US-Zeitungen waren schon damals tendenziös in ihrer Berichterstattung und verbreiteten schamlos Falschmeldungen, um ihre Auflage zu steigern.

1835 brachte die *New York Sun* beispielsweise eine Artikelserie über angebliches »Leben auf dem Mond«: Der britische Astronom John Herschel (den gab es wirklich) habe mit neuen Teleskopen in Südafrika nicht nur Exoplaneten entdeckt, sondern auch Fledermausmenschen auf dem Mond gesichtet. Die Lüge flog auf und ging als »*Great Moon Hoax*«, der große Mondschwindel, in die Mediengeschichte ein,[31] was andere Zeitungen jedoch nicht davon abhielt, auch noch Monate später die Geschichte zu verbreiten.

Auch danach waren Zeitungen immer wieder mit Falschmeldungen durchsetzt, doch erst der Zeitungskrieg von Pulitzer und Hearst brachte das System an den Rand des Kollapses. Der Begriff »*Yellow Journalism*« stammt aus jener Zeit, in der Nachrichten so sehr verzerrt, Sensationsmeldungen aufgebauscht und emotionale Titelstorys inszeniert wurden, um die Auflage zu steigern und konkrete Politik zu machen. Irgendwann dämmerte es selbst den Verlegern, dass sie dabei waren, ihr eigenes Produkt zu zerstören. Wer sollte noch zu einer Zeitung greifen, wenn anzunehmen war, dass mehr als die Hälfte der Nachrichten erstunken, erlogen oder auf Skandal getrimmt waren? Pulitzer distanzierte sich später vom »*Yellow Journalism*«, er gründete an der Columbia University in New York eine Journalistenschule, um die wichtigen Qualitätsstandards in der Medienberichterstattung zu etablieren:[32] nämlich kritische Quellenarbeit statt sensationsgeiler Emotionalisierung. Ironischerweise hätte er den später nach ihm benannten Pulitzer-Preis wohl selbst niemals erhalten. Doch der Weg war bereitet für die Entwicklung des Pressekodex, der die allerschlimmsten Auswüchse von Fake News in der Pressewelt unterbinden sollte. Bis heute ist der Pressekodex auch in Deutschland die einzige wirtschaftliche Selbstverpflichtung, die über einen so langen Zeitraum derart konsequent eingehalten wird. Der Grund: Die Verlage haben ein Eigeninteresse, die Qualität ihres Produktes zu schützen.

Übrigens steht die Online-Welt derzeit vor genau diesem Problem. »*AI Slop*«, »KI-Fraß«, nennt sich das Phänomen, dass das Internet von immer mehr künstlichen Inhalten überschwemmt wird. Vermutet wird, dass es einen Kipppunkt geben könnte, ab dem Menschen eben nicht mehr auf Instagram, TikTok, Facebook und X gehen, weil sie davon ausgehen müssen, dass die Mehrheit der Videos, Bilder und Texte nur noch KI-generierter Schrott oder gezielt erfundene Falschmeldungen ist.

Bis dahin muss man sich selbst helfen. Wie das gehen kann, untersuchten Wissenschaftler an der Stanford University.[33] Es traten gegeneinander an: clevere Leute, nämlich zum einen Stanford-Elitestudenten, zum anderen zehn Geschichtsprofessoren derselben Uni und schließlich professionelle Faktenchecker aus verschiedenen Medienhäusern. Die Aufgabe: Alle sollten die Webseite des »American College of Pediatricians« besuchen. Was die Teilnehmer jedoch nicht wussten: Diese Webseite ist gespickt mit allem, was man heute braucht, um online zu manipulieren. Sie wirkt wie die Seite einer wissenschaftlichen Behörde mit einem richtigen Management und zahlreichen Verweisen auf wissenschaftliche Studien. Das Problem: Es handelt sich dabei nicht um die Vereinigung amerikanischer Kinderärzte, sondern um eine Anti-Schwulen-Vereinigung, die krude Thesen über eine totalitäre transgendergesteuerte Übernahme der Gesellschaft verbreitet. Nach dem Besuch dieser Seite durften die Teilnehmer die Website der »American Academy of Pediatrics« besuchen. Hierbei handelt es sich tatsächlich um eine seriöse Vereinigung von über 67.000 Kinderärzten in den USA. Anschließend sollten sie einschätzen, welche der beiden Seiten vertrauenswürdiger sei. Das Ergebnis: 60 Prozent der Stanford-Studenten und nur geringfügig weniger der Geschichtsprofessoren hielten die Webseite der Hass-Gruppe für vertrauenswürdiger. Die Faktenchecker hingegen erkannten sofort, dass es sich in einem Fall um eine seriöse Interessensvereinigung handelt, im anderen Fall um eine hasserfüllte Splittergruppe.

Was taten die Faktenchecker, was die Professoren und Studenten nicht taten? Sie verließen die Webseiten. Im Studium wird man darauf trainiert, sich intensiv in Texte einzuarbeiten, um sie inhaltlich zu durchdringen. Wer jahrelang so geschult wird, glaubt, schlau genug zu sein, um innere Widersprüche in einem Text (oder auf einer Webseite) zu erkennen und das Unseriöse durch die Kraft des eigenen Denkens zu enttarnen. Aber das gelingt nicht. Wer professionell kritisch denken will, nutzt nicht irgendeine Wundertechnik, sondern setzt an der Wurzel an: Man wird bescheiden. Man glaubt nicht daran, eine Internetseite selbstständig durchschauen zu können. Deswegen scrollten die Faktenchecker in der Studie die Webseiten gar nicht durch, sondern arbeiteten »lateral«: Sie öffneten sofort weitere Internetseiten, um die Seriosität der Quelle zu prüfen. Sie wussten, dass sie nicht schlauer sind als die Verfasser von Schwindel-Nachrichten, und ließen sich deshalb gar nicht erst auf deren Verführungen ein. Oder wie es Sam Wineburg, der Co-Autor der Studie, formulierte: »Sie lernten am meisten über die Seite, paradoxerweise, indem sie die Seite verließen.«[34] Das ist keine neue Erkenntnis. Schon 1807 schrieb der damalige US-Präsident Thomas Jefferson: »Derjenige, der niemals in eine Zeitung schaut, ist besser informiert als derjenige, der darin liest; insofern, als dass der, der nichts weiß, näher an der Wahrheit ist als derjenige, dessen Kopf mit Falschnachrichten und Fehlern gefüllt ist.«[35]

Ganz so weit würde ich nicht gehen. Doch das kritische Bewerten von Nachrichten ist heute mindestens so wichtig wie vor über 200 Jahren. Dabei erfordert laterales Lesen, also das sofortige Überprüfen eines Medieninhalts durch andere Quellen, vor allem eines: Mut. Man muss sich seine eigene Eitelkeit eingestehen, nämlich den Gedanken, klüger zu sein als die Erfinder von Fake News. Meistens ist man das nicht. Ich hatte bei meinem Instagram-Tiefseewesen-Video Glück, denn seit der zweiten Klasse ist mein absolutes Lieblingstier der Pottwal. Ich kannte mich also schon ein bisschen mit der Tiefsee aus. Geholfen hat aber auch hier das laterale Lesen: In den Kommentaren fanden sich schnell »Fake News!«-Hinweise. Eigentlich müsste dieses Verhalten so selbstverständlich sein wie das Nach-rechts-und-links-Schauen, bevor man die Straße überquert. Niemand hält sich für schlauer als den Straßenverkehr, bevor er die Straßenseite wechselt. Diese körperliche Bescheidenheit sollte man auch geistig an den Tag legen. Ansonsten glaubt man irgendwann jeden Schrott: von Fledermausmenschen auf dem Mond bis hin zu wurmartigen Tiefseekrabblern.

Selbstverteidigungstechnik 2: Strukturieren Sie Ihr Denken!

Ein paar Online-Nachrichten und Social-Media-Videos zu bewerten, um nicht hinters Licht geführt zu werden – schön und gut. Aber es gibt Lebensbereiche, in denen ist die Informationslage so unübersichtlich, dass selbst erfahrene Faktenchecker an ihre Grenzen stoßen: etwa geheimdienstliche Operationen. Wer sich hier vorschnell auf eine Information verlässt, kann nicht nur Opfer seines eigenen Denkens, sondern auch gezielt von einem feindlichen Staat manipuliert werden.

Um das zu vermeiden, trainiert die U.S. Air Force ganz konkret und direkt die Fähigkeit, sich selbst zu hinterfragen. »Strukturierte Selbstkritik« oder »strukturierte Analysetechniken« nennen sich die Herangehensweisen, nach denen man einen Sachverhalt nicht irgendwie bewertet, sondern nach klaren Kriterien, die im Vorfeld definiert werden.[36] Das eigentliche Problem bei Falschinformationen sind nämlich nicht die Informationen selbst, sondern unser Denken, unsere Selbstgefälligkeit und Bequemlichkeit.

Im Jahr 2023 untersuchte eine Forschungsgruppe der Air Force, wie man geheimdienstliche Informationen schnell und dennoch produktiv-kritisch auswerten kann. Eine Gruppe bekam geheimdienstliche Informationen vorgelegt, die unterschiedliche und zum Teil widersprüchliche Geschichten und Falldarstellungen enthielten. Die Aufgabe: Die Teilnehmer mussten aus diesem Chaos vier klare Informationselemente (*»essential elements of information«*) herausfinden, die für die Beantwortung der geheimdienstlichen Fragestellung entscheidend waren. Für diese Analyse hatten sie eine Stunde Zeit. Und wie man sich denken kann, war ihre Leistung nicht besonders gut.

Eine andere Gruppe arbeitete hingegen mit einem konkreten und recht einfachen Schema (engl. *scaffolding*, zu Deutsch: Gerüst), nach dem die Informationen ausgewertet werden sollten. Statt sofort die Geheimdienstinformationen zu durchforsten, sollten sie schrittweise vorgehen: erst das Problem selbstständig definieren, dann mögliche Lösungen entwickeln, und erst dann (und das war wichtig) diese Lösungen mithilfe der Geheimdienstlage bestätigen oder widerlegen, um schließlich die finale Lösung zu entwickeln. Anstatt aus den vorliegenden Informationen direkt eine Lösung zu destillieren, dreht man den Spieß um: Man überlegt zunächst, wofür man die Informationen einsetzen möchte, und wählt sie danach gezielt aus. Im ersten Fall ist man abhängig von den Informationen. Sie bestimmen, was man denkt. Im zweiten Fall ist die Auswahl der Informationen abhängig von einem selbst: Man definiert, was wichtig ist, und nutzt die Information zweckgebunden. So gewinnt man Kontrolle über die Information.

Kein Wunder, dass diese Gruppe zweieinhalbmal so effektiv arbeitete wie die erste.[37] Übrigens auch erfolgreicher als eine Vergleichsgruppe, die zwar ebenfalls einen strukturierten Ansatz wählte, jedoch zunächst nach potenziell wichtigen Informationen im Geheimdienstdokument suchen sollte und anschließend testete, ob diese für die Lösungsfindung hilfreich waren. Denn auch hier hatten die Informationen zu großen Einfluss auf die Urteilsfindung. Zuerst eigenständig denken, das ist der wichtige Schlüssel zur echten Kritikfähigkeit.

Auch wenn man nicht jeden Tag Geheimdienstdokumente auswerten muss, dieses Prinzip ist dennoch auf den Alltag übertragbar. Denn der Kerngedanke, dass man nach einer Denkstruktur Informationen auswertet, ist automatisierbar. Wir haben es schon im Kapitel über die Gewohnheiten gesehen: Wird ein Schlüsselreiz mit einer direkten Reaktion (einer Routine) beantwortet, muss man nicht mehr nachdenken. Eine solche Routine könnte so aussehen: Wer steckt hinter der Information? Was ist der Beweis für deren Richtigkeit? Und können andere Quellen dies bestätigen? Diese drei Fragen erwiesen sich als entscheidend, um Informationen schnell und dennoch kritisch zu bewerten.[38] Diese Technik lernt man schnell. So konnten Studenten schon nach zweimaligem Training (jeweils eine gute Stunde) auch Wochen später besser die Substanz von angebotenen Informationen einschätzen.[39]

Selbstverteidigungstechnik 3: Halten Sie inne!

Jedes Jahr passieren in Deutschland gut 3.000 medizinische Behandlungsfehler mit einem Schaden für die Patienten.[40] Das sind jedoch nur die gemeldeten Fälle. Tatsächlich geht man jährlich von über 160.000 Menschen aus, die medizinisch falsch behandelt wurden. Schätzungsweise 17.000 Todesfälle gehen auf vermeidbare medizinische Fehlentscheidungen zurück.

Ein häufiger Grund: Man denkt zu wenig nach, steht unter Stress und Zeitdruck, man zieht vorschnelle Schlüsse oder lässt keinen Widerspruch zu. Das Gegenmittel: die »medizinische Pause«.[41] Ärzte verbessern ihre Diagnosefähigkeiten, indem sie nach der Erstdiagnose innehalten und sich gezielt fragen, ob es noch zwei weitere Erklärungen für die Symptome geben könnte.[42]

Wenn kritisches Denken tatsächlich darunter leidet, dass wir geistige Aufgaben gedankenlos an Technik oder andere Mitmenschen auslagern, dann ist die »metakognitive Pause« eine Möglichkeit, die Kontrolle zurückzugewinnen. Gezielt den Automatismus des Nichtdenkens zu unterbrechen hilft, um sich der eigenen Denkvereinfachung bewusst zu werden.

Der zweite Vorteil: Man kann sich eine Zweitmeinung

einholen. Wie in diesem Kapitel beschrieben, ist ein großes Problem unserer Zeit, dass wir *glauben*, alles zu wissen, weil Informationen so leicht verfügbar sind. Die bloße Reibungslosigkeit, mit der wir heute an Informationen gelangen, lässt uns diese für besonders valide halten und nimmt uns gleichzeitig die Zeit, sie zu hinterfragen. Dabei profitieren Menschen davon, wenn sie jemanden fragen, der nicht zu tief im konkreten Problem steckt. Okay, ein Arzt sollte während einer OP vielleicht nicht den Rechnungsprüfer der Klinik fragen, welchen nächsten Schritt er machen soll. Doch wenn es darum geht, eine generelle kritische Denkfähigkeit zu entwickeln, gibt es nichts Besseres als ein abwechslungsreiches Umfeld, das auch kontraintuitive Ideen beisteuert.[43] Gerade beim Einsatz von KI ist dieser Schritt entscheidend. Denn diese moderne Technologie kommt nicht nur allwissend daher, sie widerspricht ihren Nutzern auch praktisch nie. So selbstbestätigt muss irgendwann jeder die Bereitschaft verlieren, kritisch zu widersprechen.

Selbstverteidigungstechnik 4: Trainieren Sie sich!

In der 12. Klasse beschäftigten wir uns im Kunstunterricht mit dem Thema »Fotografie«. Wir analysierten historische Pressebilder, auf denen Sowjets wichtige Staatsleute einfach herausretuschiert hatten. Wir untersuchten aktuelle Fotos aus den Nachrichten hinsichtlich ihrer Plausibilität: Schreit der Mann auf dem Bild aus dem Nahen Osten deswegen so dramatisch, weil sein Kind entführt wurde? Oder vielleicht nur, weil sein Fußballverein verloren hat? Wir betrachteten die wichtigsten Techniken, mit denen man durch gezielte Bildausschnitte eine Wirkung beim Betrachter erzielt oder wie durch bewusstes Weglassen von Kontext ein verzerrter Eindruck der Wirklichkeit entsteht. Es gipfelte darin, dass wir schließlich selbst eine Werbekampagne entwickeln sollten, die auf überspitzte und zynische Weise Konsumenten manipuliert und emotional aufstachelt.

Wohlgemerkt: Das war im Jahr 2002. Drei Jahre bevor Facebook, vier Jahre bevor Twitter gegründet wurde. Heute rufen alle danach, dass man in der Schule ein Medientraining anbieten sollte, dabei hatten wir das schon gemacht, bevor der Begriff Fake News allgemeiner Sprachgebrauch wurde. Im Kunstunterricht. Denn wo ein Wille ist, da ist auch ein Weg. Selbst beim engsten Lehrplan.

Es gibt nichts Einprägsameres, als sich selbst einmal konsequent zu überlegen, wie man das unkritische Denken der Menschen ausnutzen könnte. Vom Opfer zum Täter werden, wenn man so will. Drogendealer sind auch selten selbst süchtig, schließlich kennen sie die Gefahren ihres Produktes.

17 Jahre nach meinem Kunstunterricht führte man an der Universität Cambridge in England einen ähnlichen Ansatz durch. Dafür nutzte man ein Onlinespiel namens »Bad News«, in dem die Teilnehmer in die Rolle eines Meinungsmanipulators schlüpfen sollten. Wie könnte man möglichst viele Follower gewinnen? Nach und nach wurden sie in sechs wichtigen »Waffengattungen« der Meinungsmanipulation geschult: sich als eine vertrauenswürdige Quelle ausgeben, Emotionen anheizen, Verschwörungen und Gerüchte streuen, andere Meinungen diskreditieren, Diskussionen polarisieren und gezielt Hasskommentare verfassen.[44] Da die BBC über das Experiment berichtete, war es ein Leichtes, genügend Teilnehmer zu finden. Über 15.000 Personen spielten mit, sodass man überprüfen konnte, welche Auswirkungen das Spiel kurz- und mittelfristig hatte. Das Ergebnis war verblüffend: Obwohl es nur ein kurzes Onlinespiel war (und kein wochenlanger Kunstunterricht wie bei mir), waren die Teilnehmer im Anschluss signifikant besser darin, falsche Meldungen auf Twitter zu erkennen.[45] Eine

Folgestudie Ende 2023 konnte diese Ergebnisse bestätigen und zeigen, dass die Testteilnehmer auch weniger Falschnachrichten teilten.[46] Als wären sie gegen die Methoden der Denkvereinfachungen immunisiert und hätten ihr kritisches Denken geschärft.

Gedanklich die Seiten zu wechseln kann helfen. Ich habe in Kalifornien viele Leute getroffen, die mit Social Media einen Haufen Geld verdient haben oder gerade mit künstlicher Intelligenz dabei sind, einen Haufen Geld zu verdienen. Keiner von ihnen würde auf die Versuchungen und Fallstricke der Technologie hereinfallen. Überlegen Sie gerne einmal selbst, was Sie tun würden, wenn Sie sich das unkritische Denken Ihrer Mitmenschen zunutze machen wollten. Sie werden überrascht sein, wie viel mündiger Sie selbst werden.

9 KREATIVITÄT

Wie man Denkmuster bricht und neue Lösungen entwickelt

Am 7. November 2024 wurde bei Sotheby's das Gemälde »A. I. God. Portrait of Alan Turing« versteigert – für über eine Million US-Dollar.[1] Nun passiert es beim amerikanischen Auktionshaus öfter, dass hochpreisige Kunst den Besitzer wechselt. Doch dieses Bild war besonders. Denn vermutlich war es nicht das Motiv, das den Preis bestimmte: ein halb-abstraktes Porträt des mathematischen Vordenkers Alan Turing, der nicht nur die Enigma-Verschlüsselung der Deutschen knackte, sondern auch Grundlagen für moderne künstliche Intelligenz schuf. Einzigartig war die Tatsache, dass das Bild vollständig von einer künstlichen Intelligenz geschaffen wurde. Der Kunstroboter Ai-Da, benannt nach der britischen Mathematikerin Ada Lovelace aus dem 19. Jahrhundert und kuratiert vom Galeristen Aidan Meller,[2] erstellte nicht nur das Konzept des Bildes, sondern malte es auch noch mit einer künstlichen Hand. So wurde es zum bisher teuersten KI-Gemälde und löste das ebenfalls von einer künstlichen Intelligenz geschaffene Bild »Edmond de Belamy« ab, das schon 2018 beim Auktionshaus Christie's für 432.500 US-Dollar einen Käufer fand.

Offenbar steht die Vormachtstellung menschlichen Einfallsreichtums auf dem Spiel. KI-Kunstwerke bringen nicht nur auf Auktionen viel Geld ein, sie räumen auch Preise ab. 2022 siegte Jason Allen bei einem Kunstwettbewerb mit seinem von KI erzeugten und später nachbearbeiteten Bild

»Théâtre d'Opéra Spatial«.[3] 2023 gewann der deutsche Fotokünstler Boris Eldagsen den »Sony World Photography Award«, doch lehnte er den Preis ab, um darauf aufmerksam zu machen, dass er das Foto mithilfe einer KI generiert hatte.[4] Zwar wussten die Organisatoren, dass es sich nicht um eine klassische Fotografie handelte, ließen das Werk jedoch in der Kategorie für kreative und experimentelle Bilder zu.

Im letzten Kapitel haben wir gesehen, wie sehr unser kritisches Denken durch die KI-getriebene Medienexplosion herausgefordert ist. Hier rückt nun eine andere Frage in den Vordergrund: Welche Rolle spielt menschliche Kreativität noch, wenn künstliche Intelligenz genauso gut oder sogar besser Bilder malen, Gedichte schreiben oder Musik erzeugen kann? Lange Zeit haben wir uns gerühmt, als einziges Lebewesen auf der Welt wirklich neue Ideen zu entwickeln. Heute ist es praktisch unmöglich zu erkennen, ob ein Werk von einer KI oder vom Menschen stammt. Eine groß angelegte Untersuchung aus dem Jahr 2024 mit über 2.600 Teilnehmern aus den USA, Deutschland und China zeigte: Niemand konnte zuverlässig einschätzen, ob ein Text, ein Bild oder Audio-Erzeugnis von einer Maschine oder einem Menschen geschaffen wurde.[5] Der Turing-Test (erdacht von dem KI-porträtierten Alan Turing) erfordert, dass eine KI den Menschen so täuschen kann, dass dieser sie für menschlich hält. Dieser Test ist längst bestanden. Wenn Menschen heute einschätzen sollen, ob sie gerade ein KI-erzeugtes oder menschengemachtes Bild betrachten (ohne zu wissen, um was es sich tatsächlich handelt), liegt die Trefferquote bei knapp über 50 Prozent.[6] Anders gesagt: Man könnte auch raten.

»Aber KI-Kunst ist doch langweilig und inhaltslos«, werden Sie sagen. Das mag sein (und in diesem Kapitel zeige ich, warum genau das für unser zukünftiges Denken wichtig ist). Doch unterschätzen Sie nicht, wie bereitwillig sich Menschen täuschen lassen. Im Jahr 2024 wurden gut 950 Probanden gebeten, aus zwanzig Bildern ihre Favoriten auszuwählen. Natürlich führte man die Testpersonen aufs Glatteis, denn alle Werke waren von einer KI erstellt worden. Wurde jedoch bei einigen Bildern angegeben, sie seien »von Künstlern gemacht«, bewerteten die Teilnehmer diese besser als die von »KI gemachten« Pendants.[7] Ähnlich verhält es sich mit von KI erzeugter Musik.[8] Anders gesagt: KI-Kunst wird erstens nicht erkannt und zweitens als nicht besonders schlecht eingeschätzt. Nur wenn der Mensch als Urheber genannt wird, wächst auch die Wertschätzung. Schließlich müssen wir Menschen zusammenhalten gegen die aufstrebende künstliche Intelligenz.

KI muss nicht mit Gehalt überzeugen, um als kreativ zu gelten. Denn Menschen sind wahre Meister darin, selbst in die belanglosesten Dinge etwas hineinzuinterpretieren. Ich kenne Erwachsene, die mit ihrem Kuscheltier (nachgewiesenermaßen tote Materie) sprechen. Andere geben ihrem Auto einen Namen. Um Menschen mit Ideen zu beeindrucken, muss man ihnen keine Ideen anbieten, sondern es reicht, eine Projektionsfläche zu schaffen für ihre eigenen Ideen, Wünsche und Vorstellungen. In Belanglosigkeiten kann man sich nämlich (ein bisschen Fantasie vorausgesetzt) super selbst bespiegeln.

Fordern Sie Gehalt und Substanz, wenn es um konkrete Inhalte geht? Dann hören Sie beim nächsten Mal genau hin, welche Musik im Radio läuft. Das Allermeiste ist beliebiges Gedudel, das gefällig klingt, aber inhaltlich austauschbar bleibt. Dass das keine pessimistische Kulturkritik eines mittelalten Mannes ist, zeigte eine Studie im Fachblatt *Nature Scientific Reports*. Die Analyse von über 12.000 Liedern (Rock, Country, Rap, Pop und R&B) aus den vergangenen 40 Jahren ergab: Songtexte werden immer einfacher, enthalten mehr Wiederholungen und werden obendrein inhaltlich immer negativer.[9] Eine weitere, im Frühjahr 2025 vorab veröffentlichte Analyse von 20.000 Musikstücken aus über vier Jahrhunderten zeigte, dass dieser Trend zur Simplifizierung auch vor klassischer Musik oder Jazz nicht haltmacht.[10]

Werden wir also immer unkreativer? Und was bedeutet Kreativität im Angesicht inflationärer KI-Kunst? Schließlich gilt Kreativität nach wie vor als eine *der* Schlüsselkompetenzen, wenn man in Zukunft erfolgreich sein will. Bereits 2023 zeigte eine internationale Studie mit über 11 Millionen Befragten aus mehr als 800 verschiedenen Organisationen, dass für 70 Prozent der Unternehmen Kreativität in den nächsten Jahren eine zunehmend wichtige Fähigkeit sein wird.[11] Und laut einer 2024 durchgeführten Umfrage des australischen Softwareanbieters Canva in Zusammenarbeit mit dem Meinungsforschungsunternehmen The Harris Poll, an der über 3.000 Befragte aus den USA, Australien und Großbritannien teilnahmen, glauben 85 Prozent der Personalverantwortlichen, dass menschliche Kreativität in Zukunft sogar eine noch viel größere Rolle einnimmt. Was für eine seltsame Diskrepanz: Nie war es einfacher (und billiger), eine Vielzahl an neuen Ideen, Bildern, Texten, Musik zu erzeugen – und gleichzeitig war die Forderung nach kreativem Denken selten so hoch wie derzeit.

Vor diesem Hintergrund: Was macht menschliche Kreativität in Zukunft aus? Wie verbessern wir genau die Denkfähigkeiten, die man nicht so leicht digital ersetzen kann? Wie kommen wir auf gute Ideen, brechen alte Denkmuster, entwickeln neue Lösungen? Blicken wir deswegen kurz in den »Maschinenraum« menschlicher Kreativität, um zu erkennen, welche geistigen Fähigkeiten in Zukunft wirklich gebraucht werden.

Das Unmessbare fassen

Wenn man die Kreativität von Menschen messen will, hat man ein Problem. Denn Kreativität ist keine objektive Größe. Sie können sich nicht neben einen Menschen stellen, ein Maßband herausholen und damit seine Ideen vermessen. Es gibt noch nicht mal eine skalierbare Einheit für Kreativität: »ein Kilo Ideen«, »ein Meter gute Einfälle«? Unmöglich, so etwas Subjektives in Zahlen zu fassen.

Hinzu kommt: Kreative Ideen lassen sich oft nicht eindeutig als richtig oder falsch bewerten. Sie sind neuartig. Ob sie gut sind, wird sich vielleicht erst später herausstellen. Es ist schließlich auch kaum vorherzusagen, ob ein neues Musikstück oder ein Gemälde erfolgreich sein wird. Was bedeutet Erfolg überhaupt? Dass viele Menschen sich daran erfreuen? Dass man damit viel Geld verdienen kann? Oder dass es andere zu neuen Ideen inspiriert?

Die schwer greifbare Kreativität unterscheidet sich von der deutlich besser messbaren Intelligenz. Intelligenztests funktionieren eindeutig: Es werden Aufgaben gestellt, auf die es immer nur eine einzige korrekte Antwort gibt. Wer in kürzerer Zeit mehr richtige Antworten findet als andere, ist intelligenter. Doch in solchen Tests werden nie offene Fragen gestellt, die Kreativität erfordern. Niemand fragt: Wie verdoppelt man den Fahrradverkehr in Stuttgart? Wie löst man das Rentenproblem? Wie wird Deutschland wieder Fußball-Weltmeister? Die größten Fragen unserer Zeit lassen sich nicht allein mit Intelligenz beantworten, denn das würde bedeuten, dass unsere Welt sehr langweilig wäre, weil eindeutig berechenbar.

Um das kreative Vermögen von Menschen dennoch unter halbwegs standardisierbaren Laborbedingungen zu testen, gibt man ihnen üblicherweise Aufgaben, bei denen es darum geht, möglichst viele neuartige Verknüpfungen herzustellen – eine Fähigkeit, die man »divergentes Denken« nennt. Ein Klassiker unter diesen Tests wurde vom US-amerikanischen Psychologen Joy Paul Guilford schon in den 1950er-Jahren entwickelt. Vielleicht kennen Sie Aufgaben aus dem sogenannten Guilford-Test, bei denen man viele neue Verwendungsmöglichkeiten für eine Zahnbürste, für einen Ziegelstein oder für einen Autoreifen entwickeln soll. Guilfords Kollege Ellis Paul Torrance baute diesen Ansatz weiter aus und verfeinerte die Testbatterie: Testpersonen müssen angefangene Bilder möglichst kreativ ergänzen, vorgegebene Geschichten geistreich fortführen oder kaputte Gegenstände auf ungewöhnliche Weise reparieren. Am Ende entscheidet eine Jury darüber, wer die besten Ideen hat. Denn objektiv lässt sich das Kreativvermögen nicht messen.

Es steht außer Frage, dass diese Fähigkeit, das eigene Denken zu öffnen und auch abseitige Informationen zur Problemlösung heranzuziehen, für den persönlichen Erfolg wichtig ist. Bereits in den späten 1950er-Jahren untersuchte Torrance mithilfe seiner Tests das kreative Denkvermögen von Schulkindern in den USA. Nachfolgeuntersuchungen, fünfzig Jahre später, zeigten: Die Kinder, die schon in der Schule besonders erfolgreich im Lösen von divergenten Assoziationsaufgaben waren, waren auch als Erwachsene häufiger kreativ tätig. Sie schrieben Bücher, arbeiteten in der Kunstszene, lieferten einfallsreichere Softwarelösungen, entwarfen bessere Designs für Produkte oder Gebäude, fanden bessere Lösungen für handwerkliche Probleme und waren häufiger in Führungspositionen oder der Werbebranche tätig.[12]

Divergentes Denken, das Finden neuer Verknüpfungen, ist wichtig. Doch wie schöpft man dieses Potenzial aus?

Nur wer abschweift, kann gewinnen

Kennen Sie die berühmte Skulptur »Der Denker« von Auguste Rodin? Den Mann, der auf einem Stein sitzt, die Beine angewinkelt, seinen Kopf auf seine rechte Hand gestützt? Ganz offenbar überlegt der Herr sehr angestrengt, vielleicht grübelt er über etwas nach.

Nie wurde der Vorgang des menschlichen Denkens so falsch dargestellt wie in dieser Figur. Rodin mag ein Meister der Kunst gewesen sein, vom Denken hatte er jedoch keine Ahnung. Niemand kommt in dieser verkrampften Pose auf gute Ideen. Fragen Sie gerne mal, wo Menschen gut nachdenken können. Niemand wird antworten: »Am Schreibtisch, wenn ich konzentriert auf den Boden schaue und ein angestrengtes Gesicht mache.« Tatsächlich kommen wir auf neue Einfälle, wenn wir unsere Gedanken schweifen lassen: in der grünen Natur,[13] bei nicht anstrengenden Routinetätigkeiten,[14] beim Spazierengehen, Abtrocknen oder Autofahren. Merken Sie etwas? Es sind fast immer Situationen, in denen man sich bewegt, in denen man allein ist und in denen man nicht auf einen Bildschirm schaut (wie schon im ersten Kapitel erwähnt).

Denn der Blick muss schweifen, damit es die Gedanken ebenfalls können. Wenn das nicht passiert, ist das kreative Denken eingeschränkt. Eine Studie im renommierten Fachblatt *Nature* vom April 2022 zeigte: In Videomeetings sind Menschen besonders unkreativ.[15] Das liegt nicht nur daran, dass sie nicht im selben Raum sitzen, sondern vor allem daran, dass sie dazu angehalten sind, in die Webcam oder auf den Bildschirm zu schauen. Doch was tun Menschen, wenn sie auf Ideen kommen? Sie lassen den Blick schweifen. Das geht in Videogesprächen schlecht. Wenn Ihr Gegenüber Sie also beim nächsten Online-Meeting nicht anschaut, dann Glückwunsch. Vielleicht sprechen Sie gerade so anregende Ideen aus, dass er intensiv darüber nachdenken und den Blick wandern lassen muss.

Das Tagträumareal

Wer mit dem Blick umherschweift, tut das auch gedanklich. In der Wissenschaft spricht man vom *»mind wandering«*, dem gedanklichen Umherwandern. Besonders aktiv sind in solchen Momenten Regionen, die im hinteren und seitlichen Bereich des Gehirns liegen. Ein weit verzweigtes Netzwerk aus unterschiedlichen Arealen, die unter dem Begriff »Grundeinstellungsnetzwerk« zusammengefasst werden. Offenbar liegt unsere gedankliche Grundeinstellung darin, nicht permanent bei der Sache zu sein, sondern immer mal wieder an etwas anderes zu denken.

Entdeckt wurde dieser spannende Verbund von Arealen, der nicht nur fürs Tagträumen, sondern auch für Selbstwahrnehmung, Hypothesenbildung oder das Hineinversetzen in andere Positionen zuständig ist, Anfang der 2000er-Jahre,[16] als man die Hirnaktivität von Probanden im Hirnscanner (während einer funktionellen Kernspintomografie) untersuchte. Um festzustellen, wo im Gehirn die Aktivität bei konkreten geistigen Aufgaben ansteigt, musste man zunächst einen Vergleichswert messen: Wie verhält sich die Ruheaktivität des Gehirns, wenn die Probanden lediglich im Scanner liegen? Erstaunlicherweise war das Gehirn selbst in solchen Ruhephasen, in denen die Probanden nichts machen sollten, weitaus aktiver als gedacht. Sie kennen das von sich selbst. Beobachten Sie einmal Ihre Gedanken, wenn Sie einfach nur dasitzen und »nichts« denken sollen. Sie tun es trotzdem. Irgendwas geht Ihnen immer durch den Kopf. Selbst mit ausgefeilten Achtsamkeitsübungen und Meditationen gelingt es nur, die Aktivität des Grundeinstellungsnetzwerks zu reduzieren, aber niemals ganz abzuschalten.[17] So lästig und nervig das ständige Gedankenkarussell im Grundeinstellungsnetzwerk auch sein kann, es hat sich als wichtige Region für kreatives Denken, genauer gesagt für divergentes Denken, entpuppt.

In einer besonders spektakulären Untersuchung gelang es 2022, der Rolle des Grundeinstellungsnetzwerks beim kreativen Assoziieren auf die Spur zu kommen. Zwar untersuchte man nur 13 Probanden, diese aber auf eine außergewöhnlich intensive Weise. Es handelte sich um Patienten, bei denen im Rahmen einer Hirnoperation die Schädeldecke geöffnet wurde, um Tumorgewebe zu entfernen. Solche Gelegenheiten sind für Neurowissenschaftler besonders wertvoll, da sie die Hirnaktivität nicht nur messen, sondern auch direkt mittels Elektroden auf dem Gehirn beeinflussen können. Diese Operationen werden meist bei vollem Bewusstsein der Patienten durchgeführt. Das ist zum einen unproblematisch, weil das Gehirn ein Organ ohne Schmerzrezeptoren ist. Zum anderen ist es notwendig, denn bei hochpräzisen Operationen am Gehirn kann man so während des Eingriffs testen, ob eine wichtige Hirnregion versehentlich beeinträchtigt wird.

Eine Arbeitsgruppe um den israelischen Neurochirurgen Ben Shofty ließ die Probanden mit geöffneter Schädeldecke und Elektroden auf dem Gehirn klassische Aufgaben des divergenten Denkens lösen (»Finden Sie viele verschiedene Verwendungsmöglichkeiten für einen Ziegelstein!«) und unterdrückte währenddessen mittels der Elektroden auf dem Gehirn die Aktivität des Grundeinstellungsnetzwerks. Das Ergebnis: Die Zahl der entwickelten Ideen nahm ab, aber nicht deren Originalität.[18] In einer Folgestudie unterdrückte man andere Bereiche des Grundeinstellungsnetzwerks mit dem Resultat, dass diesmal die Neuartigkeit, nicht jedoch die Anzahl der Ideen abnahm.[19] Zum ersten Mal wurde so direkt gezeigt, dass die Aktivität des Grundeinstellungsnetzwerks ursächlich für das Erzeugen neuer Ideen ist.

Arbeitsteilung für Ideen

Kreativität ist im Gehirn echte Teamarbeit: Erst erzeugt das Grundeinstellungsnetzwerk divergente, also abweichende und neuartige Ideen. Anschließend werden diese von vorderen Hirnarealen (im sogenannten Kontrollnetzwerk) bewertet und sortiert. Erinnern Sie sich an das allererste Kapitel dieses Buches. Dort war schon die Rede von der fokussierenden Kraft des Kontrollnetzwerks, das unsere Aufmerksamkeit scharf stellt. Im Falle von kreativen Ideen passiert etwas Ähnliches: Das Kontrollnetzwerk filtert unsere Gedanken und verdichtet sie – ein Prozess, den man »konvergentes Denken« nennt. Für diese Arbeitsteilung spricht, dass in den genannten Untersuchungen die Hirnaktivität beim Finden neuer Ideen zunächst im Grundeinstellungsnetzwerk ansteigt und erst danach die vorderen Hirnareale dazukommen. Mit anderen Worten: erst abschweifen, dann fokussieren.

Dieses grundlegende Prinzip des kreativen Denkens scheint kulturell unabhängig zu sein. Denn egal ob in Japan, China, Österreich, Kanada oder den USA: Menschen aktivieren ihr Gehirn auf eine ähnliche Weise, wenn sie viele verschiedene Ideen entwickeln sollen. Eine groß angelegte Untersuchung der Hirnaktivität von fast 2.500 Personen aus diesen Ländern zeigte: Je besser die Balance zwischen dem fokussiert denkenden vorderen Kontrollnetzwerk und dem abschweifenden Grundeinstellungsnetzwerk, desto vielfältiger sind die entwickelten Ideen.[20] Die kreativsten Köpfe sind weder zu fokussiert noch zu umherschweifend. Die Wahrheit scheint in der Mitte zu liegen: Phasen zu haben, in denen man sich konzentriert mit einem Problem beschäftigt. Dann einen Schritt zurückzutreten, sich anderen Eindrücken auszusetzen, den Ort zu wechseln oder mit anderen Menschen zu sprechen, um schließlich mit neuen Ideen zum Problem zurückzukehren.

Fast alle Empfehlungen, das kreative Denken zu verbessern, bauen deswegen auf der Idee auf, das Gleichgewicht zwischen dem divergenten und dem konvergenten Denken zu unterstützen: Ein Ortswechsel fördert neue Ideen, weil das Grundeinstellungsnetzwerk neue Inspiration bekommt. So entwickeln Menschen neue Einfälle, wenn sie durch die Natur spazieren, ihren Arbeitsplatz wechseln oder auf Reisen sind.[21]

Ein kritikfreier Raum, in dem Ideen offen ausgesprochen werden können, fördert zunächst eine Vielzahl an Ideen (»Ideenflüssigkeit«) und später auch deren Vielfalt (»Ideenoriginalität«). Denn je früher man die Ideen anderer sieht, desto eher gerät der eigene Ideenfluss ins Stocken.[22] Schlicht deswegen, weil dadurch zu früh das kritische Kontrollnetzwerk im Stirnbereich aktiviert wird, was wiederum das Grundeinstellungsnetzwerk hemmt.

Eine anregende Umgebung mit leichtem Hintergrundgeräusch (etwa 45 Dezibel, also etwas leiser als eine direkte Unterhaltung) fördert die Kreativität,[23] weil sie das Stressniveau senkt, was normalerweise zu geistiger Engstirnigkeit führt (erinnern Sie sich an Kapitel 6 zum Thema »Stressresistenz«: Noradrenalin, das unter Stress ausgeschüttet wird, wirkt wie eine biochemische Scheuklappe.)

Ausreichend Schlaf fördert die Entwicklung kreativer Ideen, weil das Gehirn den reizfreien Raum der Nacht nutzt, um ein tagesaktuelles Problem mit bekanntem Wissen oder schon entwickelten Konzepten abzugleichen. Die dadurch entstehenden Neukombinationen können tatsächlich am nächsten Morgen zu einer Lösungseinsicht führen, vorausgesetzt, Traum- und Tiefschlafphasen konnten sich regelmäßig abwechseln (was vor allem dann der Fall ist, wenn man ausschlafen kann).[24]

Die kreative Geheimwaffe

Nicht alle kreativen Ideen entstehen dadurch, dass Menschen nach vielen Ideen suchen und wilde Assoziationen herstellen. Bestimmt kennen Sie auch ein anderes typisches Phänomen: den Aha-Moment. Man trägt ein Problem mit sich herum, kommt aber einfach nicht auf die Lösung. In einem unerwarteten Augenblick taucht sie dann wie aus dem Nichts auf und entfaltet sich klar vor einem. »Einsicht« (engl. *insight*) nennt man diese zweite Variante kreativer Ideen, die sich ein bisschen vom divergenten Denken unterscheidet.

Natürlich kommen Ideen nicht wirklich aus dem Nichts. Denn auch wenn Sie denken, dass Sie sich nicht mit einem Problem beschäftigen, prüft Ihr Gehirn dennoch, ob es passende Lösungen findet. Konkret untersucht man das im Labor mit sogenannten *»remote associates tests«*, auf Deutsch könnte man sinngemäß »Test für entfernte Verbindungen« sagen. Konkretes Beispiel: Welches Wort ergänzt diese drei Wörter – Natur, Tüte, Welt – sinnvoll jeweils zu einem neuen Wort? Wenn Sie ein bisschen nachdenken, kommen Sie auf das Wort »Wunder«: Naturwunder, Wundertüte, Weltwunder.[25]

Nun gibt es zwei Möglichkeiten, diese Art von Rätsel zu lösen. Entweder Sie gehen analytisch vor. Sie würden also für das erste Wort eine mögliche Ergänzung testen, vielleicht »Schutz«. Aber weder »Schutztüte« noch »Tütenschutz« passen. Auf diese Weise probieren Sie verschiedene Möglichkeiten durch, bis Sie mit »Wunder« jedes Wort sinnvoll ergänzen können. Eine andere Möglichkeit wäre, dass Sie die Begriffe anschauen und dann wieder den Blick schweifen lassen. Sie treten kurzzeitig von dem Problem zurück, bis Ihnen spontan die Eingebung kommt: »Wunder« muss es sein.

Interessanterweise ist das Gehirn bei solchen spontanen Problemlösungen etwas anders aktiviert als beim divergenten Denken.[26] Wie es scheint, spielt das Grundeinstellungsnetzwerk eine geringere Rolle, während Bereiche des rechten Schläfenlappens, des Hippocampus (Sie erinnern sich an Kapitel 5: den »Dirigenten« unseres Gedächtnisses) und seitliche Regionen des vorderen Gehirns, die für Sprachverarbeitung zuständig sind, aktiver sind. So kombiniert das Gehirn aus Erinnerungen mögliche Lösungen für ein konkretes Problem und lässt diese Lösung erst ganz zum Schluss bewusst werden. Denn eine halbe Sekunde bevor Menschen von ihrem Aha-Moment berichten, kommt es im vorderen Gehirn zu einer besonders intensiven Aktivität.[27]

Das schwere Problem der Kreativität

Die soeben genannten Denkprinzipien und Kreativitätstechniken konzentrieren sich auf das divergente Denken oder (im Falle von Aha-Momenten) auf das Finden einer konkreten Lösung für ein Problem. Die Frage lautet jedoch: Brauchen wir das überhaupt noch? Wenn Sie ein richtig kreativer Typ sind, dann können Sie in einem Test zur Verwendungsmöglichkeit einer Zahnbürste ein, vielleicht zwei Dutzend neue Ideen finden. Mithilfe von ChatGPT & Co kann ich mir auf Knopfdruck 100 Antworten erzeugen lassen. Sie brauchen zehn neue Marketingslogans? Kein Problem, passgenaue Antworten bekommen Sie durch KI en masse. Das sollte nicht verwundern, denn die Architektur großer Sprachmodelle ermöglicht genau das: aus praktisch allen jemals aufgeschriebenen Wörtern Verbindungen herzustellen, die Menschen niemals entdecken würden. Niemand hat schließlich alle Texte der Welt gelesen. Es ist daher keine Überraschung, dass genau in den von Guilford und Torrance erdachten klassischen Kreativaufgaben zum divergenten Denken heutige KI systematisch besser abschneidet als der Mensch.[28]

»*Creativity is just connecting the dots*«, »Kreativität ist bloß das Verbinden von Punkten«, soll Steve Jobs gesagt haben. Doch nie lag das kreative Apple-Genie weniger richtig. Denn allein neue Verbindungen herzustellen ist keine Kunst. Man kann auch völlig unkreativ und ohne Sinn und Verstand unzählige neuartige Kombinationen testen, in der Hoffnung, dass jemand sie toll findet. Wenn Sie genügend Rechenpower und Zugriff auf eine große Datenmenge haben, dann können Sie beliebig viele Punkte neu verbinden, selbst wenn Sie keine Ahnung haben, was Sie tun. Es ist ein mathematisches Problem, und wie wir heute wissen, ist es durch große Sprachmodelle gelöst worden.

Divergentes Denken, also das Herstellen neuartiger gedanklicher Verbindungen, ist das »leichte Problem« der Kreativität. Menschliche Kreativität muss in Zukunft weit darüber hinausgehen. Wichtiger als viele Ideen zu finden, ist das absichtsvolle Brechen von Denkmustern, Regeln und Konventionen. Das ist das »schwere Problem« der Kreativität. Nicht zu fragen: Wie kann ich die Regeln in der Aufgabe perfekt anwenden, um möglichst viele Verwendungsmöglichkeiten für einen Ziegelstein zu finden? Sondern zu überlegen: Ist es überhaupt sinnvoll, nach Verwendungsmöglichkeiten für einen Ziegelstein zu suchen? Oder erreiche ich das Ziel auch auf eine ganz andere Art und Weise? Oder sollte ich vielleicht ein vollkommen anderes Ziel anstreben?

Wenn Kreativität bisher darin bestand, ein Ziel neuartig zu erreichen, wird es in Zukunft darum gehen, neuartige

Ziele zu verfolgen. Oder anders gesagt: Intelligenz ist die Fähigkeit, schnell die richtigen Antworten zu finden. Kreativität hingegen besteht darin, die richtigen Fragen zu stellen. Das bewusste Hinterfragen, der absichtliche Bruch im Denken, das gezielte Ausprobieren von neuen Dingen, ohne zu wissen, ob es funktioniert, das ist das, was uns von der unkreativen Maschine unterscheidet. Um es an einem Beispiel zu verdeutlichen: Wenn Sie im Schachspiel auf bisher unbekannte Züge stoßen, ist das das »leichte Problem« der Kreativität. Sie wenden immer noch den Regelrahmen an, um ein optimales Ergebnis zu erzeugen. Am Ende können Sie auch klar sagen, ob der Zug gut oder schlecht war (vielleicht ist es deswegen gar nicht kreativ, sondern bloß intelligent). Diese Messbarkeit gibt es beim »schweren Problem« der Kreativität nicht: Kümmere dich nicht mehr um die bestehenden Schachregeln, brich sie und entwirf stattdessen etwas Neues! Mach das Spiel besser! Erfinde eine neue Schachfigur!

Ob diese Ideen funktionieren, zeigt sich beim Ausprobieren. Manche Menschen finden sie gut, andere nicht. Aber das macht eine der wichtigsten Denkfähigkeiten in Zukunft aus: Bestehendes zu hinterfragen, um es durch etwas anderes zu ersetzen. Sich zu lösen von dem, wie man bisher gedacht hat, um bewusst zu überlegen, wie man es verändern kann. Widersprechen zu können, das macht uns zu Menschen.

Nebenbei: Das ist eine unersetzliche Fähigkeit. Niemand würde eine künstliche Intelligenz oder einen Roboter bauen, der einem aktiv widerspricht. Das wäre ein schlechtes Produkt. Wer würde für eine KI bezahlen, die nicht das tut, was man von ihr verlangt? Jeder, der pubertierende Kinder hat, weiß, wovon ich spreche: Sie sind schwierig und kompliziert, widersprechen den »Alten«. Doch wenn sie das nicht seit Jahrtausenden machen würden, würden wir vielleicht noch immer in einer Steinzeithöhle sitzen und das intelligent optimieren, worauf wir uns einmal geeinigt haben. Wie langweilig wäre die Welt ohne Widerspruch.

Kreatives Denken in der Zukunft braucht deswegen sehr viel mehr Mut als divergentes Denken. Es gehört nicht viel Courage dazu, sich Assoziationen zu Bildern, Wörtern oder Konzepten einfallen zu lassen. Doch das »schwere Problem« der Kreativität, nämlich das Hinterfragen dessen, was einem vorgegeben wird, um Probleme neu zu definieren, neue Fragen zu stellen und Regeln zu brechen – dazu braucht man Mumm. Nicht falsch verstehen: Es geht nicht darum, auf Teufel komm raus alle bestehenden Regeln niederzureißen, sondern mit Sinn und Verstand die Dinge zu hinterfragen. Denn die großen Ideen der Zukunft werden mit Sicherheit bestehende Denkgewohnheiten durchbrochen haben, um die Welt besser zu machen. Die Geschichte des menschlichen Denkens ist voll solcher Beispiele. Von diesen kann man lernen.

Ansatz 1: Nutzen Sie Beschränkungen!

Im Jahr 2010 hatten Formel-1-Teams ein handfestes Problem: Es war praktisch unmöglich, ein Auto zu bauen, das auf gerader Strecke möglichst windschlüpfrig und schnell war, gleichzeitig in langsamen Kurven jedoch so viel Abtrieb erzeugte, dass es auf der Straße kleben blieb. Eigentlich würde man dieses Problem lösen, indem man Spoiler und Flügel aktiv verstellt: Auf geraden Streckenabschnitten stellt man die Flügel flach, um möglichst wenig Luftwiderstand zu bieten und Höchstgeschwindigkeiten zu erreichen. In kurvigen Abschnitten stellt man die Flügel steiler in den Wind, um mehr Abtrieb zu erzeugen und die Haftung auf der Straße zu verbessern. Doch die Regeln des Automobilverbandes waren gerade geändert worden und eindeutig: Es war verboten, aerodynamische Teile am Auto aktiv zu verstellen. Was also tun? Ein schnelles Auto auf die Strecke stellen? Oder eines mit maximaler Bodenhaftung?

Das Formel-1-Team McLaren kam auf eine geniale Idee. Wer sich das umfangreiche technische Regelwerk genau durchliest, stellt fest, dass nur bewegliche Teile *am Auto* verboten sind. Doch es gibt etwas, das sich weiterhin bewegen darf: der Fahrer. Wie wäre es, so überlegte das Technikteam um die Ingenieure Paddy Lowe und Tim Goss, wenn der Fahrer aktiv die Luftströmung des Autos beeinflussen könnte? McLaren baute ein Loch ins Chassis, das der Fahrer während der Fahrt mit seinem Knie verschließen oder öffnen konnte. War die Öffnung frei, strömte die Luft durch ein Schachtsystem durch das Auto, verwirbelte am Heck und erzeugte so größtmöglichen Abtrieb in Kurven. Drückte der Fahrer jedoch sein Knie gegen das Loch, war es geschlossen, und die Luft wurde daraufhin im Tunnelsystem des Autos umgeleitet, was einen Strömungsabriss am Heck erzeugte, wodurch das Auto auf den Geraden deutlich schneller wurde.[29] Um zehn Kilometer pro Stunde konnte man die Höchstgeschwindigkeit erhöhen und anschließend für maximalen Abtrieb in Kurven sorgen. Vorausgesetzt, der Fahrer nahm sein Knie rechtzeitig von der Öffnung weg.

Diese geniale Lösung trug den Namen »F-Schacht«, weil die Lüftungsschlitze, durch die die Luft ins Chassis geleitet wurde, im »F« des Vodafone-Logos auf der Motorhaube versteckt waren. Natürlich blieb diese Konstruktion im Fahrerlager nicht lange unentdeckt. Schon nach wenigen Rennen zogen nahezu alle anderen Teams nach und entwickelten eigene Lösungen, bei denen der Fahrer ein ähnliches Loch mit einem Ellenbogen oder der Hand abdecken konnte.

Nun die Frage: Ist der menschliche Körper ein »bewegliches Teil« des Autos, das die Aerodynamik verändert und daher verboten sein müsste? Die Antwort: Nein, ist er nicht. Der F-Schacht war legal. Trotzdem wurde er später verboten: Man befürchtete, dass Fahrer nicht ständig beide Hände am Lenkrad hielten, weil sie vor jeder Geraden gegen irgendwelche Löcher drücken mussten. Überhaupt gilt die Saison 2010 als eine der kreativsten in der Formel-1-Geschichte. Ferrari und Red Bull Racing hatten einen »Flatterflügel« eingeführt, einen Frontflügel, der sich bei hohen Geschwindigkeiten nicht aktiv, sondern passiv verformte und so die Geschwindigkeit erhöhte. Red Bull entwickelte den »angeblasenen Diffusor«. Hierbei wurden die Autoabgase auf den Diffusor am Heck geleitet, was den Anpressdruck deutlich erhöhte. Moderne Formel-1-Fahrzeuge sind mittlerweile so aerodynamisch, dass sie theoretisch ab Geschwindigkeiten von knapp 200 km/h an der Decke fahren könnten, weil der Anpressdruck größer ist als ihr Eigengewicht.

Kreativität entsteht nicht im leeren Raum oder in totaler Freiheit, sondern, wenn man Menschen Beschränkungen auferlegt. Dazu ein kurzes Beispiel an dieser Stelle: Seien Sie mal kreativ! Jetzt! Legen Sie das Buch kurz zur Seite und machen Sie etwas Originelles! Was soll das, werden Sie sagen. Was will der Autor von mir? Wie soll man »einfach so« kreativ sein? Soll ich jetzt tanzen, ein Bild malen, ein Gedicht schreiben, etwas erfinden? Wenn ich Ihnen jedoch sage: »Schreiben Sie einen kreativen Reim!«, dann ist das immer noch nicht einfach, aber nicht mehr so schwer wie zuvor. Vielleicht kommt Ihnen sogar ein kurzer Reim in den Sinn.

Denn wenn Vorschrift droht, da sprudelt's heiter,
der Geist, er turnt auf kleinem Raum.
Der Mensch denkt schräg, doch kommt viel weiter,
als frei im grenzenlosen Traum.

Anders gesagt: Wenn Kreativität bedeutet, über den Tellerrand zu schauen, dann braucht es eben diesen Tellerrand erst. Gute Poesie gilt gerade deswegen als kreativ, weil sie Sprachregeln unerwartet anwendet. Gedichte sind ein hochreguliertes Konstrukt: Versmaß, Reimformen, Silbenanzahl – all das ist definiert, bevor die kreative Freiheit beginnt. Ein Gedicht, das keinerlei sprachlichen Regeln folgt, wird kaum als kreativ erachtet. So ähnlich wie das McLaren-Team vor einem umfassenden Regelkatalog stand, der genau die Ingenieure herausforderte.

Interessanterweise entsteht Kreativität, wenn Menschen die Gelegenheit haben, sich an Beschränkungen abzuarbeiten, und weniger, wenn alle Beschränkungen aufgehoben werden. In einer konkreten Laborsituation sollten Teilnehmer ein Computerspiel spielen, in dem sie eine Figur durch ein Labyrinth führen mussten. Für eine Gruppe war der Ausgang ohne Hindernisse erreichbar, während die andere Gruppe auf Hindernisse stieß und gezwungen war, neue Routen zu finden. Das Ergebnis des anschließenden Kreativitätsexperiments war interessant: Je intensiver die Probanden zuvor nach neuen Wegen gesucht hatten, desto besser lösten sie die Kreativaufgabe, und generell fiel es ihnen leichter, bei Problemstellungen einen Schritt zurückzutreten und eine größere Perspektive einzunehmen.[30]

Das deckt sich mit anderen Studien, in denen Probanden an ihrem Arbeitsplatz untersucht werden. Auch im Berufsleben begegnet man schließlich öfter der widersprüchlichen Aufgabe, ein Problem zu lösen, ohne alle notwendigen Ressourcen dafür zu haben. Mal fehlen finanzielle Mittel, mal Unterstützung von Kollegen, in anderen Fällen sind Dinge regulatorisch ausgeschlossen, oder die Zeit wird knapp, weil ein Konkurrent ein besseres Produkt entwickelt hat. Konkret zeigte sich jedoch: Genau diese Hindernisse sind wichtig, damit Menschen auf neue Ideen kommen können. Wer gezielt dazu angehalten wird, die Regeln nicht permanent zu akzeptieren, sondern sie als Ansatzpunkt für eine neue

Idee interpretiert, kommt auf kreativere Einfälle.[31] Natürlich muss man eine Balance finden: Wer Regeln missachtet, kann kriminell werden. Doch eine Übersichtsarbeit von 145 Einzelstudien aus dem Jahr 2018 zeigte, dass das Einbringen von Hindernissen die Kreativität fördert.[32] Nicht zu viele, damit nicht alle Lösungen sofort abgewürgt werden, aber auch nicht zu wenige, sodass man nicht weiß, in welche Richtung man denken soll.

Beschränkungen als Chance umzudeuten ist ein besonderer Trick, den kreative Menschen gerne nutzen. Tatsächlich zeigt die Forschung, dass dies der größte Unterschied zwischen »kreativen« und »unkreativen« Menschen ist: die Bereitschaft, Hindernisse als Möglichkeit für neue Ideen zu interpretieren.[33] Steht man vor der Herausforderung, ein Problem kreativ zu lösen, kann es deswegen helfen, sich konkrete und spielerische Regeln aufzuerlegen. Sie sollen einen Stuhl entwickeln. Wie würde ein Stuhl ohne Beine aussehen? Oder ein Stuhl ohne feste Sitzfläche? Oder ein Stuhl, auf dem zwei Menschen sich anschauen können? Das gezielte Fragestellen, das Nutzen von Beschränkungen ist die eigentliche Kraft des menschlichen Denkens. Vor allem dann, wenn der Mut hinzukommt, die Denkregeln aktiv zu brechen.

Ansatz 2: Beherrsche dein Handwerk – und brich dann die Regeln!

Simon Ammann gilt als einer der erfolgreichsten Skispringer aller Zeiten. Zumindest gibt es keinen zweiten Athleten, der viermal olympisches Gold im Einzelspringen gewinnen konnte. Sowohl 2002 als auch 2010 wurde er Doppelolympiasieger von der Normal- und der Großschanze.

2010 reist er zwar als Mitfavorit nach Vancouver, aber der

eigentliche Topfavorit auf Gold ist der Österreicher Gregor Schlierenzauer. Doch Ammann ist schlau, er entdeckt vor den Olympischen Spielen einen Trick, um die Regularien der Skibindung zu umgehen. Normalerweise sprangen Skispringer mit einer speziellen Bindung: Der Schuh war vorn über ein Scharnier mit den Skiern verbunden, während die Ferse über ein Band oder einen geraden Stab fixiert wurde. So war es möglich, dass sich die Skier beim Absprung von der Ferse lösten, sich steiler in den Wind stellten und mehr Tragfläche boten.

Simon Ammann tüftelt jedoch an einer anderen Bindung. Er fixiert die Ferse nicht mit einem Band, sondern mit einem gebogenen Stab am Ski. Nach dem Absprung klappen die Skier dadurch vom Fuß weg und drehen sich zusätzlich auch noch ein bisschen in die Sprungrichtung. Das Ergebnis: noch mehr Tragfläche, ein entscheidender Vorteil, wenn man weit springen will. Diese Technik war nicht explizit verboten – aber auch nicht im Regelwerk vorgesehen.

Gut zwei Wochen vor den Olympischen Spielen testet Ammann die neue Bindung erstmals in einem Wettkampf im sächsischen Klingenthal. Und gewinnt prompt. »Pass auf, deine Bindung ist kaputt«, ruft ihm ein Starter noch hinterher, um ihn auf die ungewohnt verbogene Bindung aufmerksam zu machen.[34] Doch Ammann hat einen Plan.

Er lässt den Vorbereitungswettkampf in Willingen aus und reist mit seiner siegerprobten Bindung nach Vancouver. »Die Konkurrenz hat das wohl zur Kenntnis genommen. Aber Gedanken machte sich keiner«, erinnert sich Sepp Gratzer, damaliger Materialchef des Skisprungweltverbandes, gegenüber einer Schweizer Nachrichtenseite.[35] Hier springt Ammann die favorisierten Österreicher in Grund und Boden und holt sein erstes Gold. Österreichs Nordisch-Ski-Direktor Toni Innauer ist außer sich und stellt Ammann ein Ultimatum: »Meines Erachtens ist die Bindung nicht regelkonform. (…) Ammann bekommt die Chance, sich der Sache zu entziehen, indem er auf das alte genehmigte Material (…) umsteigt.«[36] Das tut er nicht. Er gewinnt auch das zweite Einzelspringen und später alle weiteren Weltcups der Saison 2009/2010. Die Bindung wurde nicht verboten, in der folgenden Skisprungsaison waren alle Nationen auf die neue Technik umgestiegen. Sie gilt heute als die größte Revolution im Skispringen seit der Einführung des V-Stils.

Die Zeiten, in denen Kreativität vor allem darin bestand, viele und neuartige Verknüpfungen zu finden, neigen sich dem Ende zu. In Zukunft wird es vielmehr darauf ankommen, Grenzen aktiv zu hinterfragen und überhaupt das auf die Probe zu stellen, was wir als selbstverständlich ansehen. Wie Sie bereits im Kapitel über das flexible Denken gelesen haben: Die Richtung zu ändern ist Voraussetzung für neue Ideen. Sie auch gegen bestehende Denkmuster durchzusetzen ist die eigentliche Kunst. Das gelingt aber nur, wenn man das Problem, das man kreativ lösen will, wirklich durchdrungen hat. Wer sich hinsetzt und darauf wartet, dass einen die Muse küsst, hat eine schöne Zeit – aber wenig Erfolg. Sie müssen die Muse anlocken. Wie sagte schon Louis Pasteur: Der Zufall trifft den vorbereiteten Geist.

In Kapitel 4 zum Thema »Lernen & Verstehen« haben Sie schon gesehen, wie man Sachverhalte systemisch durchdringt. Nichts ist wichtiger als eine solche Expertise, um zu kreativen Ideen zu kommen. Praktisch alle großen kreativen Denker der Geschichte, von Künstlern bis hin zu Wissenschaftlern, waren Experten auf ihrem Gebiet. Die Vorstellung, dass ein kreativer Einfall aus dem Nichts käme, ein zufälliger Geistesblitz, ist nicht nur wissenschaftlich überholt,[37] sondern auch trügerisch. Sie macht uns faul. Denn wer glaubt, Kreativität sei bloß eine glückliche Eingebung, macht sein Denken abhängig von günstiger Fügung.

Selbst in der Kunst spielt Expertise eine entscheidende

Rolle. Wenn man Laien gegen professionelle Künstler antreten lässt mit der Aufgabe, möglichst »schöne Bilder« zu schaffen, kann eine Jury später nicht unterscheiden, welche Werke von Amateuren und welche von Profis stammen. Doch wenn es darum geht, besonders »kreative Bilder« herzustellen, schneiden die Profis deutlich besser ab: Ihre Arbeiten werden eindeutig als kreativer, origineller und ideenreicher bewertet.[38] Denn nur wer ein Thema wirklich versteht, kann die Regeln clever umgehen und etwas wirklich Neues entwickeln.

Wenn Sie sich mit etwas auskennen (und bestimmt haben Sie etwas, von dem Sie sagen, dass Sie das besonders gut können), dann haben Sie die größte Freiheit, Denkregeln zu brechen: Was würde passieren, wenn man es ein bisschen anders macht? Oder den Prozess gänzlich verändert? Könnte man das Ziel erreichen, ohne den klassischen Weg zu gehen? Ohne die üblichen Methoden zu nutzen? Wo sind die Lücken im Regelwerk, in die man stoßen könnte, die noch kein anderer gesehen hat? Wenn Sie genau wissen, wie etwas funktioniert, dann können Sie viel besser diese Grenzen austesten. Falls es schiefgeht, scheitern Sie nicht zufällig, sondern zielgerichtet – und Sie verstehen den Sachverhalt danach noch besser. Bereit für die nächste Runde Regelbrüche.

Auch wenn in Zukunft einige wichtige Bestandteile des kreativen Denkens von künstlicher Intelligenz übernommen werden könnten (und divergentes Denken gehört womöglich dazu), wird es umso wichtiger, das zu tun, was wir Menschen besonders gut können: Regeln gezielt zu hinterfragen und infrage zu stellen. *»Here's to the crazy ones. The misfits. The rebels. The troublemakers. The round pegs in the square holes. The ones who see things differently. They're not fond of rules. And they have no respect for the status quo. (…) They push the human race forward«*, formulierte Apple 1997 in seiner ikonischen Kampagne *»Think different«* (auf Deutsch:

»Denke das Andere«). Im Hintergrund zeigte man Bilder von menschlichen Legenden, die sich genau nicht an bestehende Abmachungen hielten und dadurch bahnbrechend wurden: Albert Einstein, Martin Luther King Jr., Picasso. Gerade bei Letzterem lohnt ein genauerer Blick, denn sein Lebenswerk demonstriert einen weiteren wichtigen Aspekt menschlicher Kreativität.

Ansatz 3: Ein Ziel haben

Letztes Jahr lief ich über eine Kunstmesse in Frankfurt, auf der zeitgenössische Künstler ihre aktuellen Werke ausstellten, Gemälde, Zeichnungen und Skulpturen. Ich bin offen und direkt: Das meiste war für mich moderner Kitsch. Eine Mickey Maus auf einer Banane, verwaschene Wellen, ein Sonnenuntergang über einer Hochhausschlucht. Als ich einen Künstler fragte, was er mit seinen Bildern ausdrücken wolle, sagte er: »Es geht hauptsächlich darum, ein schönes Gefühl auszulösen.« Ach, hätte ich in dem Moment nur die erwähnte *Nature*-Studie zur Hand gehabt, die eindrucksvoll zeigt, dass man für Schönheit nun wirklich kein Kunstprofi sein muss.

Meine Prognose: Diese Art von Gefälligkeitskunst wird verschwinden. Ich kann mir in Zukunft mithilfe von KI jedes beliebige Bild, jede Art von Musik oder Skulpturen passgenau nach meinen ästhetischen Vorlieben erstellen lassen – günstig und grenzenlos verfügbar. Warum sollten wir künftig noch Menschen dafür bezahlen, dass sie etwas herstellen, das bloß gefällt?

Kreativität ist mehr als wohlfeile Neuartigkeit. Wenn Sie einem Elefanten einen Pinsel in den Rüssel stecken, ein paar Farbeimer danebenstellen und darauf warten, dass der Dickhäuter schöne Farben auf die Leinwand kleckst, ist das dann Kreativität? Ist es Kunst? Oder doch nur das spontane, wenngleich neuartige Resultat von Instinkt und Naturgesetzen? Wohl Letzteres. Sie würden schließlich auch kaum behaupten, dass Wolkenformationen, ein Ahornblatt oder Termitenbauten Kunst sind oder das Ergebnis eines kreativen Prozesses.

Echte Kreativität braucht immer Absicht, einen Vorsatz des Künstlers. Fragen Sie sich: Was will mir der Künstler damit sagen? Wenn Sie darauf keine Antwort finden, dann ist es keine Kunst, sondern bloß ein Spiel mit schönen Farben. Ähnlich verhält es sich mit Kreativität. Wenn nicht erkennbar ist, welches Problem eine Idee löst, dann ist es keine Kreativität, sondern reine Fantasie.

Wir hängen künstlerische Meisterwerke nicht in Museen, weil sie die schönsten Bilder sind. Sondern weil sie mit dem brechen, was zuvor galt, und weil ihre Schöpfer eine neuartige Botschaft hatten. Die größten Meilensteine des menschlichen Denkens perfektionieren keine Technik. Sie eröffnen eine neue Richtung. Genau deswegen wirken sie anfangs oft verstörend. Claude Monets Bild »Impression, Sonnenaufgang« von 1872 wurde bei seiner ersten Ausstellung verspottet. »Eine Tapete im Urzustand ist ausgearbeiteter als dieses Seestück«, so der Kunstkritiker Louis Leroy im Jahr 1874. Monet verkaufte das Bild für 800 Franc, vier Jahre später war es nur noch ein Viertel wert.[39] Heute hängt es in Paris, und sollte es je wieder versteigert werden, läge der Preis wohl im dreistelligen Millionenbereich. Denn dieses Werk steht symbolhaft für den Beginn des Impressionismus. Erst durch tragbare Staffeleien und moderne Farben war es möglich geworden, das Atelier zu verlassen und die Flüchtigkeit der Natur einzufangen, eine Grundvoraussetzung für diese neue Kunstrichtung. Gepaart mit der Idee, nicht länger ein idealisiertes Bild der Natur zu schaffen, sondern ihre Wirkung einzufangen, entstand eine neue Idee von Kunst.

Es gibt ein »vor Monet« und ein »nach Monet«, ein »vor van Gogh« und ein »nach van Gogh«, ein »vor Picasso« und ein »nach Picasso«. Alle drei haben mit ihren Werken Erwartungen gebrochen, die bis dahin galten. Picassos vielleicht wichtigstes Gemälde »Les Demoiselles d'Avignon« war so verstörend, dass er es zunächst nur seinen engsten Kunstkollegen (unter anderem Georges Braque und Henri Matisse) zeigte, die es, obschon selbst Ausnahmekönner, nicht verstanden. Fast ein Jahrzehnt lang hielt Picasso das Gemälde verborgen, obwohl er es mühevoll vorbereitet hatte: Über 800 Skizzen und Vorstudien sind dokumentiert.[40] Seine kontraintuitive Fragestellung war bahnbrechend: Wie sähe ein Bild aus, wenn man auf den Fluchtpunkt verzichtet? Sein Bild war verstörend: mehrere Perspektiven gleichzeitig, eckige Körperformen, nackte Prostituierte. Heute gilt es als Wendepunkt der Kunstgeschichte – und vielleicht musste es verstören, denn ohne Widerspruch wäre es in zeitgenössischer Gefälligkeit untergegangen.

Interessant ist, dass die Form der abstrakten Kunst gerade deshalb entstand, weil die Fotografie die gegenständliche Malerei weitgehend überflüssig gemacht hatte. Früher verdienten Maler Geld damit, das Abbild der Wirklichkeit zu zeigen: Porträts, Landschaften, Gegenstände. Wenn man das nun billiger und schneller fotografieren konnte, wozu brauchte es dann noch den menschlichen Pinselstrich? Um zu zeigen, wie die Natur wirkt (so die Impressionisten). Um zu zeigen, was in einem ist (so die Expressionisten). Um die Dinge zu dekonstruieren, um eine neue Botschaft zu vermitteln (so die Kubisten).

Genauso stellt sich heute die Frage: Wenn künstliche Intelligenz die leichten Probleme der Kreativität löst (also Assoziationen herstellt, Verknüpfungen findet und Ideenvielfalt erzeugt), welchen Weg wird dann das menschliche Denken in der Zukunft einschlagen?

Vielleicht sollte man sich an denen orientieren, die zuerst verstörten und später Geschichte schrieben. Elvis, die Beatles, Nirvana machten vielleicht nicht die »schönste« Musik. Aber sie gaben den Menschen einen Ausdruck. Ihre Musik folgte einem Zweck, und genau dieses absichtsvolle und vorsätzliche Verfolgen eines Ziels, das Ausprobieren neuer Wege und das Aufwerfen von Fragen und Problemen, die vorher keiner stellte, wird kreatives Denken in Zukunft vermutlich am meisten ausmachen.

Das bedeutet konkret: Jede gute Idee wird in Zukunft die Wozu-Frage ins Zentrum stellen. Wir werden Techniken haben, die uns auf Knopfdruck vielfältige Lösungen liefern. Aber keine Technik wird uns die wichtigen Probleme aufzeigen, die wir eigentlich lösen müssten. Es ist nämlich verdammt schwer, die richtigen Fragen zu stellen. Schließlich sind wir darauf trainiert, schnell Antworten zu geben. Schon ab dem ersten Schultag werden Menschen dafür belohnt, Antworten zu finden. Aber nicht dafür, Fragen zu stellen.

Im Grunde vereint kreatives Denken all das, was Sie in diesem Buch erfahren haben: die Balance zwischen Konzentration und Abschweifen, das absichtliche Brechen von Gewohnheiten, das Lernen und Verstehen von Zusammenhängen, der Mut, riskante Entscheidungen zu treffen und dazu zu stehen, wenn es schwierig wird, die Fähigkeit, sich anpassungsfähig auf Neues einzustellen, und die Bereitschaft, sich selbst und die Welt um einen herum permanent kritisch zu hinterfragen. Kreativität ist die Königsdisziplin des menschlichen Denkens. Nicht, weil es am schwersten wäre, kreativ zu sein. Sondern weil unser Erfolg in Zukunft davon abhängt.

Nachwort

Neulich las ich einen Artikel, in dem der Autor mit schonungsloser Klarheit auf die vielleicht größte Gefahr für unser Denken hinwies: unsere eigene Bequemlichkeit. Der Text gipfelte in der Aussage: »Ich habe nicht nötig zu denken, wenn ich nur bezahlen kann.« Ein Satz, den man über jede Bürotür nageln könnte, hinter der Menschen 20 US-Dollar im Monat für ChatGPT, Llama oder Gemini ausgeben. Selten war dieser Satz so bedrohlich und zugleich so aktuell wie heute. Dabei schrieb Immanuel Kant diese Worte bereits vor über 240 Jahren in seiner berühmten Schrift *Was ist Aufklärung?*.

Von einer Gesellschaft, deren kultureller, technologischer und wirtschaftlicher Fortschritt seit jeher auf klugen Ideen beruht, erwarte ich auch mehr als ein Vierteljahrtausend später, dass sie ihr eigenes Denken einsetzt, um Probleme zu lösen. Vielleicht in Kombination mit KI – aber mit der nötigen Mündigkeit, sie sinnvoll zu nutzen. Andernfalls droht eine wachsende Abhängigkeit von neuen Technologien. Das ist gefährlich.

Denn in diesem Buch haben Sie gesehen, worin unsere geistige Achillesferse liegt. Nicht darin, dass wir nicht clever denken könnten, sondern darin, dass wir es uns selbst schwer machen oder zu bequem sind, in wichtigen Momenten bewusst zu denken. Das größte Hindernis auf dem Weg zum besseren Denken sind oft wir selbst: Nicht das Smartphone lenkt uns ab – wir greifen bewusst danach, um unserem eigenen Arbeitsrhythmus zu entkommen. Und wundern uns hinterher, warum es uns so schwerfällt, konzentriert zu arbeiten. Wir schieben Aufgaben vor uns her, weil wir unser zukünftiges Ich wie eine fremde Person behandeln. Wir bauen Gewohnheiten auf, um wenig zu denken. Unter Druck versagen wir – und zwar nicht, weil uns plötzlich die Fähigkeit zum Denken fehlt, sondern weil wir uns selbst so sehr unter Stress setzen, dass wir genau dann keine Leistung bringen, wenn es darauf ankommt. Wir halten an Altbewährtem fest, weil es einfacher ist, als sich infrage zu stellen. Überhaupt: Kritisch zu denken, Regeln zu brechen, kreativ zu sein, all das ist beschwerlich. Auch deswegen verkaufen wir uns viel zu oft unter unserem geistigen Wert.

Seit Jahrtausenden entwickelt die Menschheit Techniken, um weniger denken zu müssen. Mittlerweile scheint das Spuren zu hinterlassen. Denn mit jeder neuen Möglichkeit steigt auch unser Anspruch. Noch nie haben wir neue Technologien eingesetzt, um Zeit zu sparen, sondern um in derselben Zeit mehr zu schaffen. Seit der Erfindung der Schrift vor gut 5.000 Jahren befindet sich daher die Menschheit geistig immer am Limit. Aber eben auch nie darüber hinaus. Unser heutiges Jammern darüber, wie schnell und kompliziert das Leben geworden ist, wird in der Rückschau vermutlich genauso lächerlich wirken wie die Überforderung der Menschen im späten 19. Jahrhundert, als sie sich von den rasenden Eisenbahnen, wachsenden Städten und steigendem Leistungsdruck überrollt fühlten. Die Sorge, mit dem Tempo technologischer Entwicklung nicht mehr Schritt halten zu können, ist wahrscheinlich so alt wie der Fortschritt selbst.

Die schlechte Nachricht: Wenn es darum geht, klug zu denken, stehen wir uns oft selbst im Weg. Die gute Nachricht: Es liegt vornehmlich an uns, das Beste aus unserem Denkvermögen herauszuholen. Wie Sie im Kapitel über »Resistenz« gesehen haben: Reframing, also das Umdeuten einer konkreten Situation, ist eines der wirksamsten Mittel, um die Kontrolle über das eigene Denken zurückzugewinnen. Sobald wir erkennen, wo genau wir ansetzen können, gewinnen wir die Freiheit, etwas zu verändern. Das heißt nicht, dass es dann einfach wäre, aber es ist möglich. Der Mensch ist schließlich das einzige Lebewesen, das planvoll und mit Absicht an sich arbeiten kann, um sich zu verbessern. Genau das hat uns erfolgreich gemacht. Nicht das ewige Klagen darüber, wie anstrengend gutes Denken sei. Und schon gar nicht das Gejammere darüber, dass das Leben so beschwerlich sei.

Seit Jahrtausenden wird die Geschichte der Menschheit von jenen geprägt, die bessere Ideen hatten als andere. Die mutigere Entscheidungen trafen, ihr Denken flexibler anpassen konnten oder alte Regeln brachen, um neue aufzustellen. Gewiss, nicht jeder Schritt auf diesem Weg war gut. Doch nur die wenigsten werden bestreiten, dass wir heute besser dastehen als vor Jahrmillionen, als unsere kognitive Reise in Afrika ihren Anfang nahm.

Was also wird die nächste große Idee sein, die alles verändert? Ich habe keine Ahnung. Niemand weiß das. Aber ich bin ziemlich sicher, dass die kommende geniale Idee von einem Gehirn stammen wird. Vielleicht mit Unterstützung von künstlicher Intelligenz, aber nicht ersetzt von dieser. Nicht, weil wir intelligenter oder schneller oder effizienter wären als KI, sondern genau deshalb, weil wir langsam, manchmal unkonzentriert und abgelenkt sind. Doch wir probieren aus, wir verstehen Zusammenhänge, wir öffnen uns für neue Perspektiven. Nichts spornt unseren Einfallsreichtum mehr an als das lästige Gefühl eines Problems. Wer dann mutig genug ist, die Rahmenbedingungen zu hinterfragen, Lücken in bisherigen Denkregeln zu entdecken und bereit ist, Regeln zu brechen, um bessere zu entwickeln, braucht vor der Zukunft keine Angst zu haben. Er nutzt sein Gehirn auf die beste Weise.

Anmerkungen

Kapitel 1

1 https://clintonwhitehouse4.archives.gov/WH/Work/120999.html.

2 Ucar I et al. (2021) News or social media? Socio-economic divide of mobile service consumption. *Journal of The Royal Society Interface, 18*(185):20210350.

3 Udry J. & Barber S. J. (2024) The illusory truth effect: A review of how repetition increases belief in misinformation. *Current Opinion in Psychology,* 56:101736.

4 https://edition.cnn.com/2021/11/16/media/steve-bannon-reliable-sources/index.html.

5 Heitmayer M. & Lahlou S. (2021) Why are smartphones disruptive? An empirical study of smartphone use in real-life contexts. *Computers in Human Behavior,* 116:106637.

6 Hartanto A. et al. (2023) Smartphone use and daily cognitive failures: A critical examination using a daily diary approach with objective smartphone measures. *British Journal of Psychology,* 114(1):70–85.

7 https://www.careerbuilder.ca/share/aboutus/pressreleasesdetail.aspx?sd=6%2F9%2F2016&id=pr954&ed=12%2F31%2F2016.

8 https://www.screeneducation.org/digital-distraction-and-workplace-safety.html.

9 https://www.klicksafe.eu/en/news/kinder-und-jugendliche-verbringen-taeglich-gut-zwei-stunden-am-smartphone.

10 Mark, G. et al. (2016) Neurotics can't focus: An in situ study of online multitasking in the workplace. Proceedings of the 2016 CHI conference on human factors in computing systems, 1739–1744.

11 Starker, V. et al. (2022), Kosten von Arbeitsunterbrechungen für deutsche Unternehmen. Auswirkungen von Fragmentierung auf Produktivität und Stressentwicklung.

12 Simon, A.J. et al. (2023) Quantifying attention span across the lifespan. *Frontiers in Cognition*, 2:1207428.

13 Lui, T.K.Y. et al. (2023) Slow neural oscillations explain temporal fluctuations in distractibility. *Progress in Neurobiology*, 226:102458.

14 https://web.archive.org/web/20061129052650/http://www.humanized.com/weblog/2006/04/25/no_more_more_pages/.

15 Ihssen N. & Wadsley M. (2021) A reward and incentive-sensitization perspective on compulsive use of social networking sites-wanting but not liking predicts checking frequency and problematic use behavior. *Addictive Behaviors*, 116:106808.

16 https://theharrispoll.com/briefs/gen-z-social-media-smart-phones/.

17 https://omr.com/de/daily/google-second-screen-sponsored.

18 Mann S et al. (2025) The Common Sense census: Media use by kids zero to eight. San Francisco, CA: Common Sense Media.

19 Radesky JS et al. (2022) Video-sharing platform viewing among preschool-aged children: differences by child characteristics and contextual factors. *Cyberpsychology, Behavior, and Social Networking*, 25(4):230–236.

20 Luo, Y et al. (2022) The neural habituation to hedonic and eudaimonic rewards: evidence from reward positivity. *Psychophysiology*, 59(3):e13977.

21 Dora, J. et al. (2021) Fatigue, boredom and objectively mea-

sured smartphone use at work. *Royal Society Open Science, 8*(7): 201915.

22 Oldemburgo de Mello V et al. (2024) Twitter (X) use predicts substantial changes in well-being, polarization, sense of belonging, and outrage. *Communications Psychology, 2*(1):15.

23 Tam KY & Inzlicht M (2024) Fast-forward to boredom: How switching behavior on digital media makes people more bored. *Journal of Experimental Psychology: General, 153*(10): 2409.

24 https://www.directlinegroup.co.uk/en/news/brand-news/2020/10022020.html.

25 Kaminske, A et al. (2022) Cell Phone Notifications Harm Attention: An Exploration of the Factors That Contribute to Distraction. *European Journal of Educational Research, 11*(3): 1487–1494.

26 Peng M et al. (2018) Attentional scope is reduced by internet use: A behavior and ERP study. *PLOS ONE*, 13(6):e0198543.

27 Loh KK & Kanai R (2014) Higher media multi-tasking activity is associated with smaller gray-matter density in the anterior cingulate cortex. *PLOS ONE*, 9(9):e106698.

28 Heintzelman, SJ & King LA (2014) (The feeling of) meaning-as-information. *Personality and Social Psychology Review, 18*(2):153–167.

29 https://www.dekra.de/de/volle-konzentration-ist-gefragt/.

30 Ferrari MA et al. (2022) Behavioral analysis of habit formation in modern slot machine gambling. *International Gambling Studies*, 22(2):317–336.

31 Hsu KE et al. (2008) Experienced surgeons can do more than one thing at a time: effect of distraction on performance of a simple laparoscopic and cognitive task by experienced and novice surgeons. *Surgical endoscopy*, 22: 196–201.

32 https://uproxx.com/music/akon-eminem-work-hours/.

33 https://desktime.com/blog/52-17-updated.

34 Castelo N et al. (2025) Blocking mobile internet on smart-

phones improves sustained attention, mental health, and subjective well-being. *PNAS nexus, 4*(2):pgaf017.
35 Keller J (2016) The flow experience revisited: the influence of skills-demands-compatibility on experiential and physiological indicators. *Flow experience: Empirical research and applications,* 351–374.
36 Abuhamdeh S (2020) Investigating the »flow« experience: Key conceptual and operational issues. *Frontiers in psychology, 11*:158.
37 Van Der Linden D et al. (2021) Go with the flow: A neuroscientific view on being fully engaged. *European Journal of Neuroscience, 53*(4):947–963.
38 Marty-Dugas J et al. (2021) Sustained attention and the experience of flow. *Psychological research, 85*(7):2682–2696.
39 Van Der Linden D et al. (2021) The neuroscience of the flow state: involvement of the locus coeruleus norepinephrine system. *Frontiers in Psychology, 12*:645498.
40 Leroy A & Cheron G (2020) EEG dynamics and neural generators of psychological flow during one tightrope performance. *Scientific reports, 10*(1):12449.
41 Ulrich M et al. (2016) Neural signatures of experimentally induced flow experiences identified in a typical fMRI block design with BOLD imaging. *Social cognitive and affective neuroscience, 11*(3):496–507.
42 Ulrich M et al. (2014) Neural correlates of experimentally induced flow experiences. *Neuroimage, 86*:194–202.
43 Weintraub J et al. (2021) Nudging flow through ›SMART‹ goal setting to decrease stress, increase engagement, and increase performance at work. *Journal of Occupational and Organizational Psychology, 94*(2):230–258.
44 Rosen D et al. (2024) Creative flow as optimized processing: Evidence from brain oscillations during jazz improvisations by expert and non-expert musicians. *Neuropsychologia, 196*: 108824.

45 Gold J & Ciorciari J (2020) A review on the role of the neuroscience of flow states in the modern world. *Behavioral Sciences, 10*(9):137.

46 Zabelina DL et al. (2015) Creativity and sensory gating indexed by the P50: selective versus leaky sensory gating in divergent thinkers and creative achievers. *Neuropsychologia, 69*:77–84.

47 Carpenter SM et al. (2020) Creativity and aging: Positive consequences of distraction. *Psychology and aging, 35*(5):654.

Kapitel 2

1 American College Health Association. American College Health Association-National College Health Assessment III: Undergraduate Student.
Reference Group Executive Summary Spring 2022. Silver Spring, MD: American College Health Association; 2022.

2 Paulsen R (2015) Non-work at work: Resistance or what? *Organization, 22*(3):351–367.

3 Nguyen B et al. (2013) Procrastination's impact in the workplace and the workplace's impact on procrastination. *Int. J. Sel. Assess. 21*:388–399.

4 Kim KR et al. (2015) The relationship between procrastination and academic performance: a meta-analysis. *Personal. Individ. Differ. 82*:26–33.

5 Johansson F et al. (2023) Associations between procrastination and subsequent health outcomes among university students in Sweden. *JAMA Netw. Open 6*:e2249346.

6 Harriott J & Ferrari JR (1996) Prevalence of procrastination among samples of adults. *Psychol. Rep. 78*:611–616.

7 Hill VM (2022) Go to bed! A systematic review and meta-analysis of bedtime procrastination correlates and sleep outcomes. *Sleep. Med. Rev. 66*:101697.

8 Beutel ME et al. (2016) Procrastination, distress and life satisfaction across the age range – a German representative community study. *PLOS ONE 11*:e0148054.
9 Steinvik LM (2023) Delay of dental care: an exploratory study of procrastination, dental attendance, and self-reported oral health. *Dent. J. 11*:56.
10 Johansson F et al. (2023) Associations between procrastination and subsequent health outcomes among university students in Sweden. JAMA Netw. Open 6:e2249346.
11 Steel P (2007) The nature of procrastination: a meta-analytic and theoretical review of quintessential self-regulatory failure. *Psychol. Bull. 133*:65–94.
12 Mahy CE et al. (2024) Mutual implications of procrastination research in adults and children for theory and intervention. *Nature Reviews Psychology, 3*(9):589–605.
13 Mitchell JP et al. (2011) Medial prefrontal cortex predicts intertemporal choice. *Journal of Cognitive Neuroscience, 23*(4): 857–866.
14 Kapogli E & Quoidbach J (2022) Stranger or a clone? Future self-connectedness depends on who you ask, when you ask, and what dimension you focus on. *Current Opinion in Psychology, 43*: 266–270.
15 Pronin E et al. (2008) Doing unto future selves as you would do unto others: psychological distance and decision making. *Pers Soc Psychol Bull. 34*(2):224–36.
16 Molouki S & Bartels DM (2020) Are future selves treated like others? Comparing determinants and levels of intrapersonal and interpersonal allocations. *Cognition, 196*:104150.
17 Wittmann M (2013) The inner sense of time: how the brain creates a representation of duration. *Nat Rev Neurosci, 14*(3):217–23.
18 Buehler R, & Griffin D (2003) Planning, personality, and prediction: The role of future focus in optimistic time predictions. *Organizational Behavior and Human Processes, 92*, 80–90.

19 Hebing, M. (2016) Perceived Task Difficulty and Procrastination in College Students (Doctoral dissertation, Western Oregon University).
20 Froese A et al. (1984) The effects of task interest and difficulty on procrastination. Transactions of the Kansas Academy of Science. Kansas Academy of Science, 87 3–4, 119–128.
21 Svartdal F et al. (2020) How study environments foster academic procrastination: Overview and recommendations. *Frontiers in Psychology, 11*:54091.
22 Miyake A & Kane MJ (2022) Toward a holistic approach to reducing academic procrastination with classroom interventions. *Current Directions in Psychological Science, 31*(4):291–304.
23 https://www.nytimes.com/2019/03/25/smarter-living/why-you-procrastinate-it-has-nothing-to-do-with-self-control.html.
24 Almalki K et al. (2020) Anti-procrastination online tool for graduate students based on the pomodoro technique. In Learning and Collaboration Technologies. Human and Technology Ecosystems: 7th International Conference, LCT 2020, Held as Part of the 22nd HCI International Conference, HCII 2020, Copenhagen, Denmark, July 19–24, 2020, Proceedings, Part II 22 (pp. 133–144). Springer International Publishing.
25 Wohl MJ et al. (2010) I forgive myself, now I can study: How self-forgiveness for procrastinating can reduce future procrastination. *Personality and individual differences, 48*(7), 803–808.
26 Adachi M & Adachi K (2021) Should we start with an easy task having a short deadline, or a difficult task having a long deadline. *Psychology, 12*(11):1878–1885.
27 Rusou Z. et al. (2020) The psychology of task management: The smaller tasks trap. *Judgment and Decision Making, 15*(4):586–599.

28 Wang K & Lawrence R (2023) Using Assignment Incentives to Reduce Student Procrastination and Encourage Code Review Interactions. In 2023 International Conference on Computational Science and Computational Intelligence (CSCI) (pp. 1628–1633). IEEE.
29 Herweg F & Müller D (2011) Performance of procrastinators: On the value of deadlines. *Theory and Decision, 70*:329–366.
30 Gollwitzer PM & Sheeran P (2006) Implementation intentions and goal achievement: A meta-analysis of effects and processes. *Advances in experimental social psychology, 38*:69–119.
31 Whillans AV (2022) People overestimate the self-presentation costs of deadline extension requests. *Journal of Experimental Social Psychology, 98*:104253.
32 Reinecke L et al. (2018) Permanently online and permanently procrastinating? The mediating role of Internet use for the effects of trait procrastination on psychological health and well-being. *New Media & Society, 20*(3):862–880.
33 Hinsch C (2013) The impact of frequent social Internet consumption: Increased procrastination and lower life satisfaction. *Journal of Consumer Behaviour, 12*(6):496–505.
34 Böttger T et al. (2023) Does the brain drain effect really exist? A meta-analysis. *Behavioral Sciences, 13*(9):751.
35 Skowronek et al. (2023) The mere presence of a smartphone reduces basal attentional performance. *Scientific reports, 13*(1):9363.
36 Hartanto A et al. (2024) The effect of mere presence of smartphone on cognitive functions: A four-level meta-analysis.
37 Parry DA (2024) Does the mere presence of a smartphone impact cognitive performance? A meta-analysis of the »brain drain effect«. *Media Psychology, 27*(5):737–762.
38 https://blog.idonethis.com/wp-content/uploads/2019/01/The-Busy-Persons-Guide-to-the-Done-List.pdf?ref=solist.blog, Orginalversion des Buches von Janet Choi, Walter Chen, kindle Edition, 2014.

39 Masicampo EJ & Baumeister RF (2011) Consider it done! Plan making can eliminate the cognitive effects of unfulfilled goals. *J Pers Soc Psychol. 101*(4):667–83.
40 Chowdhury SF & Pychyl, TA (2018) A critique of the construct validity of active procrastination. *Personality and Individual Differences, 120*:7–12.
41 https://www.spiegel.de/international/zeitgeist/spiegel-interview-with-umberto-eco-we-like-lists-because-we-don-t-want-to-die-a-659577.html.

Kapitel 3

1 Mazar A & Wood W (2022) Illusory feelings, elusive habits: People overlook habits in explanations of behavior. *Psychological science, 33*(4):563–578.
2 Bayer JB et al. (2022) Building and breaking social media habits. *Current Opinion in Psychology, 45*:101303.
3 https://www.statista.com/forecasts/1418549/social-media-ad-spend-worldwide.
4 https://www.accenture.com/us-en/insights/software-platforms/why-shopping-set-social-revolution.
5 https://www.statista.com/outlook/amo/media/games/worldwide?currency=usd#:~:text=In%202025%2C%20the%20Video%20Games,US%24363.20bn%20by%202027.
6 https://www.globenewswire.com/news-release/2025/02/25/3031732/0/en/Cigarette-Market-Report-2025-Revenues-to-Increase-from-1-14-Trillion-in-2024-to-1-38-Trillion-by-2033-Dominated-by-China-National-Tobacco-Phillip-Morris-and-British-America-Tobacco.html.
7 Oliver Gansser & Christina Reich: FOM VerhaltensRadar – Weihnachtsstudie 2024, ifes Institut für Empirie und Statistik.
8 Guida P (2022) An fMRI meta-analysis of the role of the

striatum in everyday-life vs laboratory-developed habits. *Neuroscience & Biobehavioral Reviews, 141*:104826.

9 de Wit S et al. (2012) Corticostriatal connectivity underlies individual differences in the balance between habitual and goal-directed action control. *Journal of Neuroscience, 32*(35): 12066–12075.

10 Mazar A et al. (2023) The unintentional nonconformist: Habits promote resistance to social influence. *Personality and social psychology bulletin, 49*(7):1058–1070.

11 Hackel LM (2022) Group value learned through interactions with members: A reinforcement learning account. *Journal of Experimental Social Psychology, 99*:104267.

12 Ceylan G et al. (2023) Sharing of misinformation is habitual, not just lazy or biased. *Proceedings of the National Academy of Sciences, 120*(4): e2216614120.

13 Mazar A & Wood W (2022) Illusory feelings, elusive habits: People overlook habits in explanations of behavior. *Psychological science, 33*(4):563–578.

14 Neal DT (2012) How do habits guide behavior? Perceived and actual triggers of habits in daily life. *Journal of experimental social psychology, 48*(2):492–498.

15 https://www.stiftungfuerzukunftsfragen.de/deutschland-im-lesefieber-doch-haelt-der-buecher-boom-an/.

16 Albarracín D et al. (2024) Determinants of behaviour and their efficacy as targets of behavioural change interventions. *Nature Reviews Psychology, 3*(6):377–392.

17 Buyalskaya A et al. (2023) What can machine learning teach us about habit formation? Evidence from exercise and hygiene. *Proceedings of the National Academy of Sciences, 120*(17): e2216115120.

18 Vandaele Y & Janak PH (2023) Lack of action monitoring as a prerequisite for habitual and chunked behavior: Behavioral and neural correlates. *IScience, 26*(1).

19 Judah G (2013) Forming a flossing habit: An exploratory

study of the psychological determinants of habit formation. *British journal of health psychology, 18*(2):338–353.

20 Singh B et al. (2024) Time to Form a Habit: A Systematic Review and Meta-Analysis of Health Behaviour Habit Formation and Its Determinants. *Healthcare 12*(23):2488.

21 Magro DO et al. (2008) Long-term weight regain after gastric bypass: a 5-year prospective study. *Obesity surgery:18,* 648–651.

22 https://de.statista.com/infografik/28950/beliebteste-snacks-beim-kinobesuch/.

23 Neal DT (2011) The pull of the past: when do habits persist despite conflict with motives? *Personality and social psychology bulletin, 37*(11):1428–1437.

24 Anderson IA & Wood W (2023) Social motivations' limited influence on habitual behavior: Tests from social media engagement. *Motivation Science, 9*(2):107.

25 Wood W et al. (2005) Changing circumstances, disrupting habits. *Journal of personality and social psychology, 88*(6): 918.

26 Hollis JF et al. (2008) Weight loss during the intensive intervention phase of the weight-loss maintenance trial. *American journal of preventive medicine, 35*(2):118–126.

27 https://www.aerzteblatt.de/news/pandemie-bringt-keinen-lerneffekt-bei-handhygiene-010a2c46-49fa-4225-ba55-3b00dc631a5f.

28 Houten RV (1981) Reducing elevator energy use: A comparison of posted feedback and reduced elevator convenience. *Journal of Applied Behavior Analysis, 14*(4):377–387.

29 Greg Linden schrieb über diese Zahl erstmals in seinem Blog hier: https://glinden.blogspot.com/2006/11/marissa-mayer-at-web-20.html und zitierte diese Zahl später bei einem Vortrag in Stanford: https://glinden.blogspot.com/2006/12/slides-from-my-talk-at-stanford.html, andere Statistiken beschreiben ähnliche Effekte, wenngleich für Ladezeitverkürzun-

gen von einer Sekunde: https://www.fastcompany.com/1825005/how-one-second-could-cost-amazon-16-billion-sales.

30 Judah G (2020) A habit-based randomised controlled trial to reduce sugar-sweetened beverage consumption: The impact of the substituted beverage on behaviour and habit strength. *International Journal of Behavioral Medicine, 27*:623–635.

31 Valshtein TJ (2020) Using mental contrasting with implementation intentions to reduce bedtime procrastination: two randomised trials. *Psychology & Health, 35*(3):275–301.

32 Malaguti A (2020) Effectiveness of the use of implementation intentions on reduction of substance use: A meta-analysis. *Drug and alcohol dependence, 214*:108120.

Kapitel 4

1 Cook A (2023) Virtual first impressions: Zoom backgrounds affect judgements of trust and competence. *PLOS ONE, 18*(9):e0291444.

2 https://www.wsj.com/articles/the-summers-most-unread-book-is-1404417569.

3 Lujan HL & DiCarlo SE (2025) The Paradox of Knowledge: Why Medical Students Know More But Understand Less. *Medical Science Educator*, 1–6.

4 Witt EE et al. (2022) Medical students and the drive for a single right answer: teaching complexity and uncertainty. *ATS scholar, 3*(1):27–37.

5 Ghaleb BDS (2024) Effect of exam-focused and teacher-centered education systems on students' cognitive and psychological competencies. *International Journal of Multidisciplinary Approach Research and Science*, 2(2):611–631.

6 https://www.unesco.org/en/articles/whose-education-future-learning-labour-and-living-age-ai.

7 Klemme L. & Noack M. (2024): Kompetenzen für morgen – Diese Future Skills suchen Unternehmen schon heute. Gütersloh: Bertelsmann Stiftung.

8 O'Neill J (2010) Play it again: reactivation of waking experience and memory, *Trends Neurosci, 33*(5):220–9.

9 Liao Z & Losonczy A (2024) Learning, fast and slow: Single- and many-shot learning in the hippocampus. *Annual Review of Neuroscience, 47.*

10 Dubinsky JM & Hamid, AA (2024) The neuroscience of active learning and direct instruction. *Neuroscience & Biobehavioral Reviews,* 105737.

11 Diamond NB et al. (2025) Sleep selectively and durably enhances memory for the sequence of real-world experiences. *Nature Human Behaviour,* 1–12.

12 Zeithamova D et al. (2019) Brain mechanisms of concept learning. *Journal of Neuroscience, 39*(42):8259–8266.

13 Gilboa A & Marlatte H (2017) Neurobiology of schemas and schema-mediated memory. *Trends in cognitive sciences, 21*(8): 618–631.

14 Ebbinghaus H. (1885): *Über das gedächtnis: untersuchungen zur experimentellen psychologie*. Duncker & Humblot.

15 McCabe J (2011) Metacognitive awareness of learning strategies in undergraduates. *Memory & cognition, 39*:462–476.

16 Kirk-Johnson A et al. (2019) Perceiving effort as poor learning: The misinterpreted-effort hypothesis of how experienced effort and perceived learning relate to study strategy choice. *Cognitive psychology, 115*:101237.

17 Morehead K et al. (2016) Instructor and student knowledge of study strategies. *Memory, 24*(2):257–271.

18 Dunlosky J et al. (2013) Improving students' learning with effective learning techniques: Promising directions from cognitive and educational psychology. *Psychological Science in the Public interest, 14*(1):4–58.

19 Greving CE, Richter T (2019) Distributed Learning in the

Classroom: Effects of Rereading Schedules Depend on Time of Test. *Front Psychol,* doi: 10.3389/fpsyg.2018.02517.
20 Cepeda NJ et al. (2008) Spacing effects in learning: a temporal ridgeline of optimal retention. *Psychol Sci, 19*(11):1095–110.
21 Donoghue GM & Hattie JA (2021) A meta-analysis of ten learning techniques. *Frontiers in Education, 6*:581216.
22 Kapler IV et al. (2015) Spacing in a simulated undergraduate classroom: Long-term benefits for factual and higher-level learning. *Learning and Instruction, 36*:38–45.
23 Wade S & Kidd C (2019) The role of prior knowledge and curiosity in learning. *Psychonomic bulletin & review, 26,* 1377–1387.
24 Corral D & Carpenter SK (2023) Long-term hypercorrection, return errors, and the transfer of learning in the classroom. *Journal of Applied Research in Memory and Cognition, 12*(2): 208.
25 Larsen DP et al. (2013) Comparative effects of test-enhanced learning and self-explanation on long-term retention. *Medical education, 47*(7):674–682.
26 Carpenter SK (2022) The science of effective learning with spacing and retrieval practice. *Nature Reviews Psychology, 1*(9):496–511.
27 Rozenblit L & Keil F (2002) The misunderstood limits of folk science: An illusion of explanatory depth. *Cognitive science, 26*(5):521–562.
28 https://www.youtube.com/watch?v=GnSvy3nH7l0.
29 Es gibt viele Varianten dieser Geschichte, in denen Richard Feynman davon erzählt, welche Namen sich sein Vater für die Vögel ausgedacht hatte (unter anderem auf YouTube: https://www.youtube.com/watch?v=ga_7j72CVlc&t=86s, in seinem Buch *What Do You Care What Other People Think?*, 1988, W.W. Norton oder unter https://scientistinresidence.ca/pdf/physical-science/Concepts%20in%20Electricity/

SRP_298_Concepts_Electricity_Lesson1_Making_of_a_Scientist_Printable.pdf). Die Namen der Vögel sind austauschbar (und Feynman widerspricht sich manchmal in den Erzählungen), was nichts an der Aussagekraft der Anekdote ändert.

30 https://provost.caltech.edu/programs-and-resources/feynmanteachingprize.

31 Reyes EP et al. (2021) Feynman technique as a heutagogical learning strategy for independent and remote learning. *Recoletos Multidisciplinary Research Journal, 9*(2):1–13.

32 Bsharat TR et al. (2024) Empowering Language Learners: Unleashing the Potential of The Feynman Technique in English Language Acquisition. *PANYONARA: Journal of English Education, 6*(2):67–78.

33 Pi Z et al. (2022) Is self-explanation better than explaining to a fictitious student when learning from video lectures? *British Journal of Educational Technology, 53*(6):2012–2028.

34 Ribosa J & Duran D (2022) Do students learn what they teach when generating teaching materials for others? A meta-analysis through the lens of learning by teaching. *Educational Research Review, 37*:100475.

35 Shook J (2009) Toyota's Secret: The A3 Report, MITSloan Management Review.

36 https://kbjanderson.com/toyota-leadership-lessons-part-8-the-a3-isnt-a-magical-tool/.

37 https://www.lean.org/the-lean-post/articles/how-the-a3-came-to-be-toyotas-go-to-management-process-for-knowledge-work-intro-by-john-shook/.

38 Kanyinda K et al. (2020) A3 problem solving: a case of assembly line downtime. *Proceedings of the International Conference on Industrial Engineering and Operations Management,* 284–295.

39 Bassuk JA & Washington IM (2013) The A3 problem solving report: a 10-step scientific method to execute performance

improvements in an academic research vivarium. *PLOS ONE, 8*(10):e76833.

40 Anderson JS et al. (2011) Using Toyota's A3 thinking for analyzing MBA business cases. *Decision Sciences Journal of Innovative Education, 9*(2):275–285.

41 Hu M et al. (2019) Empirical evidence that concept mapping reduces neurocognitive effort during concept generation for sustainability. *Journal of Cleaner Production, 238*:117815.

42 Sorte SR et al. (2024) Concept mapping a potential pedagogical strategy to foster meaningful learning in physiology students. *Journal of Education and Health Promotion, 13*(1):2.

Kapitel 5

1 https://www.boersenverein.de/markt-daten/marktforschung/wirtschaftszahlen/buchproduktion/.

2 https://www.forbes.com/sites/briancaulfield/2011/10/11/steve-jobs-tried-to-get-apple-employees-to-wear-uniforms/.

3 https://www.youtube.com/watch?v=IatovFVJrjI.

4 https://www.vanityfair.com/news/2012/10/michael-lewis-profile-barack-obama.

5 https://deadline.com/2019/07/streaming-overload-netflix-nielsen-report-average-viewer-takes-7-minutes-to-pick-what-to-watch-1202640213/.

6 Kahneman D (2012) *Thinking, Fast and Slow*, Penguin.

7 Tversky A & Kahneman D (1974) Judgment under Uncertainty: Heuristics and Biases: Biases in judgments reveal some heuristics of thinking under uncertainty. *science, 185*(4157):1124–1131.

8 Morewedge CK & Kahneman D (2010) Associative processes in intuitive judgment. *Trends in cognitive sciences, 14*(10):435–440.

9 World Bank Group (2015) world development report 2015: mind, society, and behavior, S. 26–40.

10 Melnikoff DE & Bargh JA (2018) The mythical number two. *Trends in cognitive sciences, 22*(4):280–293.

11 Eyster E et al. (2021) A theory of ex post rationalization. *arXiv preprint arXiv:2107.07491.*

12 Petrov NB et al. (2023). Sunk cost effects for time versus money: Replication and extensions Registered Report of Soman (2001). *International Review of Social Psychology, 36*(1).

13 Wilson TD (1993) Introspecting about reasons can reduce post-choice satisfaction. *Personality and Social Psychology Bulletin, 19*(3):331–339.

14 Galla BM & Duckworth AL (2015) More than resisting temptation: Beneficial habits mediate the relationship between self-control and positive life outcomes. *Journal of personality and social psychology, 109*(3):508.

15 Fishbach A & Shen L (2014) The explicit and implicit ways of overcoming temptation. *Dual process theories in the social mind,* 454–467.

16 Asutay E & Västfjäll D (2024) Affective integration in experience, judgment, and decision-making. *Communications Psychology,* 2(1):126.

17 Samanez-Larkin GR & Knutson B (2015) Decision making in the ageing brain: changes in affective and motivational circuits. *Nature Reviews Neuroscience, 16*(5):278–289.

18 Iyengar SS & Lepper MR (2000) When choice is demotivating: Can one desire too much of a good thing? *Journal of personality and social psychology, 79*(6):995.

19 Misuraca R (2024) On the advantages and disadvantages of choice: future research directions in choice overload and its moderators. *Frontiers in Psychology, 15*:1290359.

20 Jacob B & Joseph J (2023) Choice Overload: A Systematic Literature Review. *SSRN 4434106.*

21 Park JY & Jang SS (2013) Confused by too many choices? Choice overload in tourism. *Tourism Management, 35*:1–12.
22 Long X (2025) The Choice Overload Effect in Online Recommender Systems. *Manufacturing & Service Operations Management, 27*(1):249–268.
23 Reutskaja E et al. (2022) Choice deprivation, choice overload, and satisfaction with choices across six nations. *Journal of International Marketing, 30*(3):18–34.
24 Mogilner C (2008) The mere categorization effect: How the presence of categories increases choosers' perceptions of assortment variety and outcome satisfaction. *Journal of Consumer Research, 35*(2):202–215.
25 Chernev A et al. (2015) Choice overload: A conceptual review and meta-analysis. *Journal of Consumer Psychology, 25*(2): 333–358.
26 Levav J et al. (2010) Order in product customization decisions: Evidence from field experiments. *Journal of Political Economy, 118*(2):274–299.
27 Novemsky N et al. (2007) Preference fluency in choice. *Journal of marketing research, 44*(3):347–356
28 Misuraca R et al. (2020) How much choice is »good enough«? Moderators of information and choice overload. In *Routledge handbook of bounded rationality* (S. 637–649) Routledge.
29 Medvegy Z (2022) When do expert decision makers trust their intuition? *Applied Cognitive Psychology, 36*(4):748–757.
30 Liebowitz J (2019) If numbers could »feel«: How well do executives trust their intuition? *VINE Journal of Information and Knowledge Management Systems, 49*(4):531–545.
31 Remmers C et al. (2024) Go with your gut! The beneficial mood effects of intuitive decisions. *Emotion.*
32 Pronk TM & Denissen JJA (2020) A rejection mind-set: Choice overload in online dating. *Social Psychological and Personality Science, 11 (3):388–396.*
33 Apostolou, M et al. (2024) Mate Choice Plurality, Choice

Overload, and Singlehood: Are More Options Always Better? *Behavioral Sciences, 14*(8):703.
34 Luan M et al. (2022) Taking decisions too seriously: Why maximizers often get mired in choices. *Frontiers in Psychology, 13*:878552.
35 Iyengar SS (2006) Doing better but feeling worse: Looking for the »best« job undermines satisfaction. *Psychological Science, 17*(2):143–150.
36 Luan M et al. (2022) Taking decisions too seriously: Why maximizers often get mired in choices. *Frontiers in Psychology, 13*:878552.
37 Jugovac M et al. (2018) Investigating the decision-making behavior of maximizers and satisficers in the presence of recommendations. In *Proceedings of the 26th Conference on User Modeling, Adaptation and Personalization*, 279–283.
38 Kamiya ASM et al. (2021) Regulating regret via decreasing goal level: Comparing maximizers and satisficers. *Personality and Individual Differences, 178*:110870.
39 https://www.brigitte.de/aktuell/dominik-stuckmann--das-ist-der-neue--bachelor--13128896.html
40 Baer T & Schnall S (2021) Quantifying the cost of decision fatigue: suboptimal risk decisions in finance. *Royal Society open science, 8*(5):201059.
41 Sinclair AH et al. (2024) First impressions or good endings? Preferences depend on when you ask. *Journal of Experimental Psychology: General.*
42 Mark Lawrence W et al. (2020) The protective effect of daytime sleep on planning and risk-related decision-making in emerging adults. *Social cognitive and affective neuroscience, 15*(11):1228–1237.
43 https://pcg.church/articles/6219/not-signed-not-sent.
44 Ein Beispiel für einen solchen nie abgesendeten Brief: https://www.historyplace.com/civilwar/lett-6.htm.
45 Siddiqui MAM & Farooq A (2019) Mergers and Acquisitions:

Failures and causes, an evidence-based approach. *International Journal of Interdisciplinary Research and Innovations, 7*(2):147–152.

46 Hillerin ID (2019) Two Approaches To Fear Of Failure And Success. *European Proceedings of Social and Behavioural Sciences, 55.*

47 Morris MH (2024) Fear and the poverty entrepreneur: The paradox of failure and success. *Business Horizons, 67*(1):41–54.

48 https://medium.productcoalition.com/the-product-pre-mortem-d466237f6b7a?gi=3678e92a9cf2.

49 https://hbr.org/2007/09/performing-a-project-premortem.

50 Parolin G et al. (2023) The effects of scenarios on decision-making quality in early design-An empirical study. *Proceedings of the Design Society, 3*:3375–3384.

51 Veinott B et al. (2010) Evaluating the effectiveness of the Pre-Mortem technique on plan confidence. *ISCRAM.*

52 Grossmann I & Kross E (2014) Exploring Solomon's paradox: Self-distancing eliminates the self-other asymmetry in wise reasoning about close relationships in younger and older adults. *Psychological science, 25*(8):1571–1580.

53 Rousseau DM (2018) Making evidence-based organizational decisions in an uncertain world. *Organizational Dynamics, 47*(3):135–146.

54 https://www.aboutamazon.com/news/company-news/2016-letter-to-shareholders.

Kapitel 6

1 https://techjury.net/blog/how-many-websites-run-on-aws/.

2 https://www.handelsblatt.com/unternehmen/handel-konsumgueter/aws-serverausfall-amazon-mitarbeiter-legte-mit-tippfehler-teile-des-internets-lahm/19468246.html.

3 Mahatma Gandhi, *An Autobiography or The Story of My Experiments with Truth*, Chapter 2: The First Case, Printed and Published by Navajivan Mudranalaya, Ahemadabad 380014, India.
4 Yoshie M et al. (2016) Why I tense up when you watch me: Inferior parietal cortex mediates an audience's influence on motor performance. *Sci Rep, 6*:19305.
5 Sosnowski, M.J., & Brosnan, S.F. (2023). Under pressure: the interaction between high-stakes contexts and individual differences in decision-making in humans and non-human species. *Animal cognition, 26*(4), 1103–1117.
6 Huang C & Yu R (2018) Making mistakes in public: Being observed magnifies physiological responses to errors. *Neuropsychologia, 119*:214–222.
7 Lazarus RS & Folkman S (1984) *Stress, appraisal, and coping.* Springer publishing company.
8 Mattarella-Micke A et al. (2011) Choke or thrive? The relation between salivary cortisol and math performance depends on individual differences in working memory and math-anxiety. *Emotion, 11*(4), 1000–1005.
9 Lyons IM & Beilock SL (2012) Mathematics anxiety: Separating the math from the anxiety. *Cerebral cortex, 22*(9):2102–2110.
10 Cicero (55 v. Chr.): *De Oratore*, Buch 1, Abschnitt 121.
11 Bosshard M & Gomez P (2024) Effectiveness of stress arousal reappraisal and stress-is-enhancing mindset interventions on task performance outcomes: a meta-analysis of randomized controlled trials. *Scientific Reports, 14*(1):7923.
12 https://www.atptour.com/en/players/novak-djokovic/d643/player-stats?year=all&surface=all.
13 http://www.asapsports.com/show_interview.php?id=151866.
14 https://www.cbsnews.com/news/novak-djokovic-hungry-young-tennis-players-awaken-beast-60-minutes-transcript/.
15 https://www.youtube.com/watch?v=zugK5Tf4vJ8.

16 https://www.espn.com/tennis/french12/story/_/id/8019942/french-open-why-rafael-nadal-needs-break-habits.
17 Rupprecht AG et al (2024) The effectiveness of pre-performance routines in sports: a meta-analysis. *International Review of Sport and Exercise Psychology, 17*(1):39–64.
18 Tief VJ & Gröpel P (2021) Pre-performance routines for music students: An experimental pilot study. *Psychology of Music, 49*(5):1261–1272.
19 Gorgulu R (2019) An examination of ironic effects in air-pistol shooting under pressure. *Journal of functional morphology and kinesiology, 4*(2):20.
20 Gray R et al. (2017) Ironic and reinvestment effects in baseball pitching: How information about an opponent can influence performance under pressure. *Journal of Sport and Exercise Psychology, 39*(1):3–12.
21 Land W & Tenenbaum G (2012) An outcome- and process-oriented examination of a golf-specific secondary task strategy to prevent choking under pressure. *Journal of Applied Sport Psychology, 24*(3):303–322.
22 Mesagno C et al. (2009) Alleviating choking: The sounds of distraction. *Journal of Applied Sport Psychology, 21*(2):131–147.
23 Yang L & Wang Y (2023) The effect of motivational and instructional self-talk on attentional control under noise distraction. *PLOS ONE, 18*(9): e0292321.
24 Ich danke meinem guten Freund Hans-Dieter Hermann für diesen Gedanken.
25 https://www.watson.ch/sport/unvergessen/512387842-wimbledon-2008-federer-verliert-das-beste-tennis-match-ever-gegen-nadal.
26 Lee TG & Grafton ST (2015) Out of control: Diminished prefrontal activity coincides with impaired motor performance due to choking under pressure. *Neuroimage, 105*:145–155.

27 Plieger T & Reuter M (2020) Stress & executive functioning: A review considering moderating factors. *Neurobiology of Learning and Memory, 173*:107254.

28 Arnsten AF (2009) Stress signalling pathways that impair prefrontal cortex structure and function. *Nature reviews neuroscience, 10*(6):410–422.

29 Eberspächer H. (1990): *Mentale Trainingsformen in der Praxis. Ein Handbuch für Trainer und Sportler,* Sportinform-Verl. Wöllzenmüller.

30 https://www.reuters.com/article/sports/olympics/coach-reveals-tricks-he-used-to-prepare-phelps-idUSSP276582/.

31 https://www.essentiallysports.com/us-sports-news-swimming-news-breaking-my-goggles-on-purpose-michael-phelps-coach-used-a-harsh-training-technique-to-prepare-him-for-the-challenges/.

32 https://www.theguardian.com/football/2018/jun/29/gareth-southgate-lay-ghost-euro-96-penalty-shootout.

33 https://www.nytimes.com/athletic/5493635/2024/05/17/england-penalties-chris-markham-world-cup/.

34 https://www.theguardian.com/football/2018/jul/05/england-gareth-southgate-penalties-overcome-hoodoo.

Kapitel 7

1 https://www.post-it.com/3M/en_US/post-it/contact-us/about-us/.

2 https://reports.weforum.org/docs/WEF_Future_of_Jobs_Report_2025.pdf.

3 https://petapixel.com/how-steve-sasson-invented-the-digital-camera/.

4 https://www.invent.org/inductees/steven-sasson.

5 https://www.annualreports.com/HostedData/AnnualReportArchive/e/NASDAQ_KODK_2000.pdf.

6 https://ir.fujifilm.com/en/investors/ir-materials/integrated-report/main/0112/teaserItems1/01/linkList/0/link/ff_ar_2000_001.pdf.
7 https://ir.fujifilm.com/en/investors/performance-and-finance/result1.html.
8 Yeatts PP & Strag GA (1971) Flexibility of cognitive style and its relationship to academic achievement in fourth and sixth grades. *The Journal of Educational Research, 64*(8):345–346.
9 Zmigrod L et al. (2019) The psychological roots of intellectual humility: The role of intelligence and cognitive flexibility. *Personality and Individual Differences, 141*:200–208.
10 Bock AM (2015) Specifying links between executive functioning and theory of mind during middle childhood: Cognitive flexibility predicts social understanding. *Journal of cognition and development, 16*(3):509–521.
11 Yu X et al. (2023) Cognitive flexibility and entrepreneurial creativity: the chain mediating effect of entrepreneurial alertness and entrepreneurial self-efficacy. *Frontiers in Psychology, 14*:1292797.
12 https://www.basf.com/global/de/media/news-releases/2025/02/p-25-026.
13 Watzek J et al. (2019) Capuchin and rhesus monkeys but not humans show cognitive flexibility in an optional-switch task. *Scientific reports, 9*(1):13195.
14 Pope-Caldwell SM & Washburn DA (2022) Overcoming cognitive set bias requires more than seeing an alternative strategy. *Scientific Reports, 12*(1):2179.
15 Thomas C & Didierjean A (2016) Magicians fix your mind: How unlikely solutions block obvious ones. *Cognition, 154*:169–173.
16 ErEl H & Meiran N (2011) Mindset changes lead to drastic impairments in rule finding. *Cognition, 119*(2):149–165.
17 Hoehl S et al. (2019) ›Over-imitation‹: A review and appraisal of a decade of research. *Developmental Review, 51*:90–108.

18 McGuigan N (2011) From over-imitation to super-copying: Adults imitate causally irrelevant aspects of tool use with higher fidelity than young children. *British Journal of Psychology, 102*(1):1–18.
19 Schwarze SA et al. (2024) Cognitive flexibility across the lifespan: developmental differences in the neural basis of sustained and transient control processes during task switching. *Current Opinion in Behavioral Sciences, 58*:101395.
20 Pope-Caldwell S et al. (2024) Variability and harshness shape flexible strategy-use in support of the constrained flexibility framework. *Scientific Reports, 14*(1):7236.
21 https://www.golem.de/news/startups-siemens-hat-in-80er-jahren-idee-fuer-voip-abgelehnt-1605-120754.html.
22 https://www.heise.de/news/Siemens-verteilt-die-Mitarbeiter-der-Com-Sparte-155935.html.
23 Bilalić M et al. (2008) Inflexibility of experts-Reality or myth? Quantifying the Einstellung effect in chess masters. *Cognitive Psychology, 56*(2):73–102.
24 Beilock SL et al. (2007) From poor performance to success under stress: working memory, strategy selection, and mathematical problem solving under pressure. *Journal of Experimental Psychology: Learning, Memory, and Cognition, 33*(6): 983.
25 Dane E (2010) Reconsidering the trade-off between expertise and flexibility: A cognitive entrenchment perspective. *Academy of management review, 35*(4):579–603.
26 O'Farrell S et al. (2019) Disturbance modifies payoffs in the explore-exploit trade-off. *Nature communications, 10*(1):3363.
27 Hohl K & Dolcos S (2024) Measuring cognitive flexibility: A brief review of neuropsychological, self-report, and neuroscientific approaches. *Frontiers in Human Neuroscience, 18*: 1331960
28 Dajani DR (2020) Measuring cognitive flexibility with the flexible item selection task: From fMRI adaptation to indivi-

dual connectome mapping. *Journal of cognitive neuroscience, 32*(6):1026–1045.

29 Zühlsdorff K et al. (2023) Cognitive flexibility: neurobehavioral correlates of changing one's mind. *Cerebral Cortex, 33*(9):5436–5446.

30 Uddin LQ (2021) Cognitive and behavioural flexibility: neural mechanisms and clinical considerations. *Nature Reviews Neuroscience, 22*(3):167–179.

31 Samani J & Pan SC (2021) Interleaved practice enhances memory and problem-solving ability in undergraduate physics. *npj Science of Learning, 6*(1):32.

32 Firth J et al. (2021) A systematic review of interleaving as a concept learning strategy. *Review of Education, 9*(2):642–684.

33 Ritter SM et al. (2012) Diversifying experiences enhance cognitive flexibility. *Journal of experimental social psychology, 48*(4):961–964.

34 van Hooijdonk M et al. (2022) Creativity and change of context: The influence of object-context (in) congruency on cognitive flexibility. *Thinking Skills and Creativity, 45*:101044.

35 Lee S et al. (2021) Change is good for the brain: Activity diversity and cognitive functioning across adulthood. *The Journals of Gerontology: Series B, 76*(6):1036–1048.

36 Richardson DC et al. (2022) Can extreme experiences enhance creativity? The case of the underwater nightclub. *Frontiers in Psychology, 13*:785278.

37 Fürst G & Grin F (2023) Multilingualism, multicultural experience, cognition, and creativity. *Frontiers in Psychology, 14*:1155158.

38 Mlekus L & Maier GW (2021) More hype than substance? A meta-analysis on job and task rotation. *Frontiers in psychology, 12*:633530.

39 Toh WX (2024) The role of executive function in cognitive reappraisal: A meta-analytic review. *Emotion.*

40 https://mashable.com/article/youtube-turns-20-years-old.

41 https://www.nj.com/business/2014/01/made_in_jersey_dover_teacher_made_a_household_item_into_a_household_word_with_play-doh.html.

42 Porter T (2022) Predictors and consequences of intellectual humility. *Nature Reviews Psychology, 1*(9):524–536.

43 Porter T & Schumann K (2018) Intellectual humility and openness to the opposing view. *Self and Identity, 17*(2):139–162.

44 Zmigrod Let al. (2019) The psychological roots of intellectual humility: The role of intelligence and cognitive flexibility. *Personality and Individual Differences, 141*:200–208.

Kapitel 8

1 Platon, *Phaidros*, 275 a, Übersetzung: Friedrich Schleiermacher.

2 https://www.nibis.de/uploads/2medfach/files/Ein_Blick_auf_Platons_Schriftkritik.pdf.

3 Vaswani A et al. (2017) Attention is all you need. Advances in neural information processing systems, 30.

4 https://www.wired.com/story/eight-google-employees-invented-modern-ai-transformers-paper/.

5 Bloom BS et al. (1956) *Handbook I: cognitive domain.* New York: David McKay.

6 Krathwohl DR (2002) A revision of Bloom's taxonomy: An overview. *Theory into practice, 41*(4):212–218.

7 Van Damme D & D Zahner (eds.) (2022) *Does Higher Education Teach Students to Think Critically?* OECD Publishing, Paris, https://doi.org/10.1787/cc9fa6aa-en.

8 SHL, Building a 21st Century Workforce, Whitepaper (2019), https://www.shl.com/assets/documents/rebranded-assets/premium-content/21st-century-workforce-whitepaper-en.pdf.

9 https://www.forbes.com/sites/bryanrobinson/2024/

06/17/2024-graduates-lack-skills-in-communication-collaboration-and-critical-thinking-study-finds/.

10 Lee HPH et al. (2025) *The Impact of Generative AI on Critical Thinking: Self-Reported Reductions in Cognitive Effort and Confidence Effects From a Survey of Knowledge Workers.*

11 https://www.ey.com/content/dam/ey-unified-site/ey-com/de-de/newsroom/2025/05/ey-praesentation-ai-sentiment-index-2025.pdf.

12 Prather J (2024) The widening gap: The benefits and harms of generative ai for novice programmers. In *Proceedings of the 2024 ACM Conference on International Computing Education Research-Volume 1*:469–486.

13 Soares JS & Storm BC (2022) Does taking multiple photos lead to a photo-taking-impairment effect? *Psychonomic Bulletin & Review, 29*(6):2211–2218.

14 Lurie R & Westerman DL (2021) Photo-taking impairs memory on perceptual and conceptual memory tests. *Journal of Applied Research in Memory and Cognition, 10*(2):289–297.

15 Gong C & Yang Y (2024) Google effects on memory: a meta-analytical review of the media effects of intensive Internet search behavior. *Frontiers in public health, 12*:1332030.

16 Grinschgl S et al. (2023) Mutual interplay between cognitive offloading and secondary task performance. *Psychonomic Bulletin & Review, 30*(6):2250–2261.

17 Dell'Acqua F (2025) *The Cybernetic Teammate: A Field Experiment on Generative AI Reshaping Teamwork and Expertise (No. w33641).* National Bureau of Economic Research.

18 Ahmad SF (2023). Impact of artificial intelligence on human loss in decision making, laziness and safety in education. *Humanities and Social Sciences Communications, 10*(1):1–14.

19 Fan Y (2025) Beware of metacognitive laziness: Effects of generative artificial intelligence on learning motivation, processes, and performance. *British Journal of Educational Technology, 56*(2):489–530.

20 https://regmedia.co.uk/2024/12/10/tesla-mendoza-complaint.pdf.
21 Dratsch T (2023) Automation bias in mammography: the impact of artificial intelligence BI-RADS suggestions on reader performance. *Radiology, 307*(4):e222176.
22 Kupfer C (2023). Check the box! How to deal with automation bias in AI-based personnel selection. *Frontiers in Psychology, 14*:1118723.
23 Klingbeil A et al. (2024) Trust and reliance on AI-An experimental study on the extent and costs of overreliance on AI. *Computers in Human Behavior, 160*:108352.
24 Robinette P (2016) Overtrust of robots in emergency evacuation scenarios. In *2016 11th ACM/IEEE international conference on human-robot interaction (HRI)* (pp. 101–108). IEEE.
25 Zhai C et al. (2024) The effects of over-reliance on AI dialogue systems on students' cognitive abilities: a systematic review. *Smart Learning Environments, 11*(1):28.
26 Hamilton KA & Qi L (2023) Search fluency mistaken for understanding: ease of information retrieval from the internet inflates internal knowledge confidence. *Social Media+ Society, 9*(3):20563051231195547.
27 Bertolazzi A et al. (2023) I Know That I Know: Online Health Information Seeking, Self-Care and the Overconfidence Effect 1, 2. *Sociological Forum, 38*(3):793–812.
28 Schäfer S (2020) Illusion of knowledge through Facebook news? Effects of snack news in a news feed on perceived knowledge, attitude strength, and willingness for discussions. *Computers in human behavior, 103*:1–12.
29 Vicente L & Matute H (2023) Humans inherit artificial intelligence biases. *Scientific reports, 13*(1):15737.
30 Glickman M & Sharot T (2024) How human-AI feedback loops alter human perceptual, emotional and social judgements. *Nature Human Behaviour*, 1–15.

31 https://www.britannica.com/story/the-great-moon-hoax-of-1835-was-sci-fi-passed-off-as-news.

32 https://brewminate.com/hearst-yellow-journalism-and-media-sensationalism-1895-1898/.

33 Wineburg S & McGrew S (2019) Lateral reading and the nature of expertise: Reading less and learning more when evaluating digital information. *Teachers College Record, 121*(11):1–40.

34 https://time.com/5803936/coronavirus-misinformation/.

35 Thomas Jefferson to John Norvell, 14 June 1807, *Works 10*:417–418.

36 AIR FORCE HANDBOOK 14–133 (2017) S. 29 ff.

37 Nelson J et al. (2023) Evaluating the Efficacy of Structured Analytic Techniques (SATs) as a Support System to Enhance Decision-Making within ISR Mission Environments. 10.54941/ahfe1004458.

38 Breakstone J et al. (2018) Teaching students to navigate the online landscape. *Social Education, 82*(4):219–221.

39 McGrew S et al. (2019). Improving university students' web savvy: An intervention study. *British Journal of Educational Psychology, 89*: 485–500.

40 https://md-bund.de/presse/pressemitteilungen/neueste-pressemitteilungen/behandlungsfehlerbegutachtung-2023-meldepflicht-fuer-never-events-einfuehren.html.

41 Lee JY (2021) The medical pause: Importance, processes and training. *Medical Education, 55*(10):1152–1160.

42 Royce CS (2019) Teaching critical thinking: a case for instruction in cognitive biases to reduce diagnostic errors and improve patient safety. *Academic Medicine, 94*(2):187–194.

43 https://haas.berkeley.edu/wp-content/uploads/UCB_Playbook_R10_V2_spreads2.pdf.

44 Wer will, kann das Spiel auch in der deutschen Variante ausprobieren: https://www.getbadnews.com/books/german/.

45 Roozenbeek J & Van der Linden S (2019) Fake news game confers psychological resistance against online misinformation. *Palgrave Communications, 5*(1):1–10.

46 Neylan J (2023) How to »inoculate« against multimodal misinformation: A conceptual replication of Roozenbeek and van der Linden (2020). *Scientific Reports, 13*(1):18273.

Kapitel 9

1 https://www.bbc.com/news/articles/cpqdvz4w45wo.

2 https://www.ai-darobot.com/.

3 https://www.spiegel.de/netzwelt/web/colorado-state-fair-ki-generiertes-werk-gewinnt-bei-kunstwettbewerb-a-00530d0b-ae0f-4547-9729-16518e01dc4a.

4 https://www.bbc.com/news/entertainment-arts-65296763.

5 Frank J et al. (2024) A representative study on human detection of artificially generated media across countries. In *2024 IEEE Symposium on Security and Privacy (SP)*, 55–73.

6 Samo A & Highhouse S (2023) Artificial intelligence and art: Identifying the aesthetic judgment factors that distinguish human-and machine-generated artwork. *Psychology of Aesthetics, Creativity, and the Arts.*

7 Neef NE et al. (2024) Drawing the full picture on diverging findings: adjusting the view on the perception of art created by artificial intelligence. *AI & SOCIETY:* 1–21.

8 White CW et al. (2025) Humans Perceive Ai-Generated Music as Less Expressive than Comparable Human-Made Content. SSRN 5087035.

9 Parada-Cabaleiro E et al. (2024) Song lyrics have become simpler and more repetitive over the last five decades. *Scientific Reports, 14*(1):5531.

10 Di Marco N et al. (2025). Decoding Musical Evolution Through Network Science. *arXiv preprint arXiv*:2501.07557.

11 https://www.statista.com/statistics/1383183/skills-on-the-rise/.
12 Runco MA et al. (2010) Torrance tests of creative thinking as predictors of personal and public achievement: A fifty-year follow-up. *Creativity Research Journal, 22*(4):361–368.
13 Yeh CW (2022) The influence of natural environments on creativity. *Frontiers in Psychiatry, 13*:895213.
14 Irving ZC et al. (2022) The shower effect: Mind wandering facilitates creative incubation during moderately engaging activities. *Psychology of Aesthetics, Creativity, and the Arts.*
15 Brucks MS & Levav J (2022) Virtual communication curbs creative idea generation. *Nature, 605*(7908):108–112.
16 Menon V (2023) 20 years of the default mode network: A review and synthesis. *Neuron, 111*(16):2469–2487.
17 Garrison KA (2015) Meditation leads to reduced default mode network activity beyond an active task. *Cognitive, Affective, & Behavioral Neuroscience, 15*:712–720.
18 Shofty B et al. (2022) The default network is causally linked to creative thinking. *Molecular Psychiatry, 27*(3):1848–1854.
19 Bartoli E et al. (2024) Default mode network electrophysiological dynamics and causal role in creative thinking. *Brain, 147*(10):3409–3425.
20 Chen Q et al. (2025) Dynamic switching between brain networks predicts creative ability. *Communications Biology, 8*(1):54.
21 Lee JH & Lee S (2023) Relationships between physical environments and creativity: A scoping review. *Thinking skills and creativity, 48*:101276.
22 Hofstetter R et al. (2021) Constraining ideas: How seeing ideas of others harms creativity in open innovation. *Journal of Marketing Research, 58*(1):95–114.
23 Awada M et al. (2022) Cognitive performance, creativity and stress levels of neurotypical young adults under different white noise levels. *Scientific Reports, 12*(1):14566.

24 Lewis PA, Knoblich G, Poe G (2018) How Memory Replay in Sleep Boosts Creative Problem-Solving. *Trends Cogn Sci,* 22(6):491–503.

25 Landmann N. et al. (2014): »Entwicklung von 130 deutschsprachigen compound remote associate (CRA)-Worträtseln zur Untersuchung kreativer Prozesse im deutschen Sprachraum«. *Psychologische Rundschau.*

26 Kuang C et al. (2022) Uncovering neural distinctions and commodities between two creativity subsets: A meta-analysis of fMRI studies in divergent thinking and insight using activation likelihood estimation. *Human brain mapping, 43*(16: 4864–4885.

27 Oh Y et al. (2020) An insight-related neural reward signal. *NeuroImage, 214*:116757.

28 Hubert KF (2024) The current state of artificial intelligence generative language models is more creative than humans on divergent thinking tasks. *Scientific Reports, 14*(1):3440.

29 https://www.formel1.de/news/news/2020-04-25/formel-1-technik-2010-so-funktionierte-der-f-schacht-von-mclaren?utm_source=chatgpt.com&exclusive=1#exclusive.

30 Marguc J et al. (2011) Stepping back to see the big picture: When obstacles elicit global processing. *Journal of Personality and Social Psychology, 101*(5):883.

31 Petrou P (2020) When breaking the rules relates to creativity: The role of creative problem-solving demands and organizational constraints. *The Journal of Creative Behavior, 54*(1): 184–195.

32 Acar OA et al. (2019) Creativity and innovation under constraints: A cross-disciplinary integrative review. *Journal of Management, 45*(1):96–121.

33 Cromwell JR (2024) How combinations of constraint affect creativity: A new typology of creative problem solving in organizations. *Organizational Psychology Review, 14*(1):3–24.

34 https://www.blick.ch/sport/wintersport/skispringen/ist-die-erfindung-von-simon-ammann-zu-gefaehrlich-der-wunderbindung-droht-das-aus-id68573.html.

35 https://www.blick.ch/sport/wintersport/skispringen/ist-die-erfindung-von-simon-ammann-zu-gefaehrlich-der-wunderbindung-droht-das-aus-id68573.html.

36 https://www.diepresse.com/540806/bindung-oesv-stellt-olympiasieger-ammann-ultimatum.

37 Baer J (2015) The importance of domain-specific expertise in creativity. *Roeper Review, 37*(3):165–178.

38 Mutter Y & Hübner R (2024) The effect of expertise on the creation and evaluation of visual compositions in terms of creativity and beauty. *Scientific Reports, 14*(1):13675.

39 https://www.deutschlandfunk.de/monets-aufgehende-sonne-als-der-impressionismus-begann-100.html.

40 https://www.singulart.com/blog/de/2018/08/24/les-demoiselles-davignon-von-pablo-picasso/.

Die neue Lernmethode von Bestsellerautor und Neurowissenschaftler Henning Beck

In der Nacht vor der Klausur noch schnell den Lernstoff in den Kopf bekommen, das versuchen viele. Doch schon zwei Wochen später ist alles wieder vergessen. Wie aber gelingt es, Wissen langfristig zu behalten? Noch dazu in einer Welt, in der Wissen Vorsprung schafft? Verstehen ist die Zauberformel – und die wahre Stärke menschlichen Denkens. Hirnforscher Henning Beck zeigt, wie es geht.

»Zu zeigen, was zu einer zeitgemäßen Bildung wirklich gehört, ist das Verdienst dieses brillanten Buches.« Gert Scobel

Henning Beck
Das neue Lernen
heißt Verstehen

Taschenbuch
Auch als E-Book erhältlich
www.ullstein.de

ullstein